"十三五"国家重点出版物出版规划项目
面向可持续发展的土建类工程教育丛书

组合结构设计原理

主　编　薛建阳　王静峰
副主编　李　威　王文达
参　编　胡红松　刘祖强
主　审　韩林海　童岳生

机 械 工 业 出 版 社

本书为普通高等学校土木工程专业的专业课教材,是根据我国最新颁布的有关建筑结构及钢与混凝土组合结构的技术标准和相关研究成果编写而成的。全书共分9章,内容包括绪论、结构设计方法和材料性能、压型钢板-混凝土组合楼板、型钢混凝土结构、钢管混凝土结构、钢-混凝土组合梁、钢-混凝土组合剪力墙、其他组合结构以及混合结构设计等。本书主要介绍钢与混凝土组合结构及构件的受力性能、设计计算方法、构造措施,以及一些新型组合结构和混合结构的相关知识与设计要点。内容由浅入深、循序渐进。书中每章都有必要的例题、小结、思考题和习题,重点突出,便于读者自学理解。

本书可作为普通高等学校土木工程专业、高年级本科生和研究生的教材,也可供相关专业的广大工程技术人员参考。

图书在版编目(CIP)数据

组合结构设计原理/薛建阳,王静峰主编. —北京:机械工业出版社,2019.11(2022.7重印)

(面向可持续发展的土建类工程教育丛书)

"十三五"国家重点出版物出版规划项目

ISBN 978-7-111-64020-2

Ⅰ.①组⋯ Ⅱ.①薛⋯②王⋯ Ⅲ.①组合结构-结构设计-高等学校-教材 Ⅳ.①TU398

中国版本图书馆CIP数据核字(2019)第227740号

机械工业出版社(北京市百万庄大街22号 邮政编码100037)

策划编辑:林 辉 责任编辑:林 辉 高凤春

责任校对:王 欣 封面设计:张 静

责任印制:刘 媛

涿州市般润文化传播有限公司印刷

2022年7月第1版第2次印刷

184mm×260mm·15.25印张·371千字

标准书号:ISBN 978-7-111-64020-2

定价:49.80元

电话服务　　　　　　　网络服务

客服电话:010-88361066　机 工 官 网:www.cmpbook.com

010-88379833　机 工 官 博:weibo.com/cmp1952

010-68326294　金 书 网:www.golden-book.com

封底无防伪标均为盗版　机工教育服务网:www.cmpedu.com

前　言

由两种及两种以上材料组合在一起，形成的能够共同受力、协调变形的结构，称为组合结构，其中钢与混凝土组合而成的结构是一类主要的组合结构，它与木结构、砌体结构、钢结构、钢筋混凝土结构并称为五大结构。钢与混凝土组合结构具有承载能力高、刚度大、延性和抗震性能好、施工速度快等优点，在高层和超高层建筑、地震区建筑、大跨空间结构、桥梁等土木建筑工程中得到了越来越广泛的应用，取得了显著的经济效益和社会效益。

近年来，随着建筑业的不断发展以及建筑功能的日趋多样化，还出现了一些新型组合结构，如中空夹层钢管混凝土柱、部分包裹混凝土组合柱、钢管混凝土叠合柱以及 FRP 包裹型钢混凝土柱和 FRP 包裹钢管混凝土柱等。它们都是利用混凝土与其他高强度材料（如钢材或 FRP 材料）相组合，充分发挥各自的优点，以满足结构特定条件下的应用需求。此外，还有采用不同结构构件或结构体系相混合的新型结构，如外部采用钢框架或型钢混凝土框架、钢管混凝土框架，内部采用钢筋混凝土核心筒的平面混合结构、巨型柱框架-核心筒混合结构，以及下部楼层采用钢筋混凝土或型钢混凝土结构，上部楼层采用钢结构的竖向混合结构。这些新型混合结构体系从广义上来讲也属于组合结构的范畴，它们经过合理的计算、设计并采取良好的抗震构造措施，可以具有较为优越的结构性能。

虽然我国对钢与混凝土组合结构的研究起步较晚，主要始于 20 世纪 80 年代，但是在各科研单位与施工企业等的共同努力下，已取得了较为丰硕的研究成果，对钢与混凝土组合结构的受力性能及设计方法的认识也日趋成熟，相继颁布了一些具有我国自己特色的钢与混凝土组合结构方面的技术标准，对推动我国钢与混凝土组合结构的应用和发展起到了积极作用。

本书是根据国家最新颁布的 GB 50068—2018《建筑结构可靠性设计统一标准》、GB 50017—2017《钢结构设计标准》、JGJ 138—2016《组合结构设计规范》等编写而成的，阐述了钢与混凝土组合结构及构件的一些主要受力性能、计算理论和设计方法，主要内容包括绪论、结构设计方法和材料性能、压型钢板-混凝土组合楼板、型钢混凝土结构、钢管混凝土结构、钢-混凝土组合梁、钢-混凝土组合剪力墙、其他组合结构以及混合结构设计等。本书在编写过程中，注重内容的系统性、先进性和适用性，力求做到由浅入深、循序渐进、重点突出，对钢与混凝土组合结构涉及的基本概念讲解清楚。为便于学生理解和掌握相关知识，书中配有相当数量的例题，各章最后还给出了小结、思考题和习题。

全书共分 9 章，其中第 1~3 章由西安建筑科技大学薛建阳编写，第 4 章由西安建筑科技大学刘祖强编写，第 5 章由清华大学李威编写，第 6 章和第 8 章由合肥工业大学王静峰编写，第 7 章由华侨大学胡红松编写，第 9 章由兰州理工大学王文达编写。全书由薛建阳统稿。

本书承蒙清华大学韩林海教授和西安建筑科技大学童岳生教授审阅，他们提出了许多宝贵意见和有建设性的建议，在此一并表示衷心的感谢。

由于作者的水平和学识有限，不妥或错误之处在所难免，恳请广大读者不吝指正。

编　者

目　录

第1章

绪　论

1.1　组合结构的定义及分类

土木工程中较常使用的承重材料有木材、混凝土、钢材、砌体材料、塑料、合成纤维等。它们中的两种或者两种以上组合在一起，形成的能够共同受力、协调变形的结构或构件，称为组合结构或组合结构构件。本书介绍的组合结构主要是由钢材和混凝土组成的结构。钢材可以分为钢筋和钢骨（型钢）两大类，由钢筋和混凝土组成的钢筋混凝土（Reinforced Concrete，RC）结构或预应力混凝土（Prestressed Concrete，PC）结构本质上也属于组合结构的范畴，但因其各成体系，在本书中不再赘述。在建筑结构中，通常将由钢筋、钢骨（型钢）以及混凝土，或者由钢骨（型钢）和混凝土组成的结构作为组合结构来考虑。

所谓组合结构构件，是指由型钢、钢管或钢板与钢筋混凝土组合能整体受力的结构构件。图 1-1a 所示的型钢混凝土（Steel Reinforced Concrete，SRC）柱是在型钢的外部设置钢筋并浇筑混凝土形成的柱，图 1-1b 所示为在型钢的外部包裹钢筋混凝土而成的型钢混凝土梁。以上两者统称为型钢混凝土构件，其型钢埋置在钢筋混凝土截面中。在钢管中填入混凝土而成的钢管混凝土（Concrete-Filled Steel Tubular，CFST）柱，又可分为圆形钢管混凝土柱（图 1-2a）和方形钢管混凝土柱（图 1-2b）。图 1-3 所示为将 RC 板与钢梁以一定的方式结合起来而成的组合梁，其型钢通常是非埋入式的。我们通常所讲的钢-混凝土组合梁即是该种形式的梁。

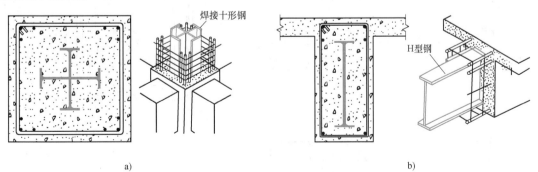

a)　　　　　　　　　　　　　　　　　　　　b)

图 1-1　型钢混凝土柱、梁构件

a）型钢混凝土柱　b）型钢混凝土梁

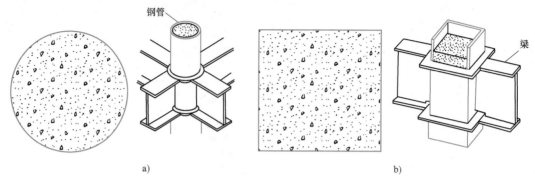

图 1-2　钢管混凝土柱

a）圆形钢管混凝土柱　b）方形钢管混凝土柱

除了柱和梁之外，在压型钢板上浇筑混凝土使之一体化而形成的组合楼板（图 1-4）、在 RC 抗震墙中埋入钢骨或在其中设置钢板（或钢斜撑）的组合墙（图 1-5）等都是组合结构构件的形式。

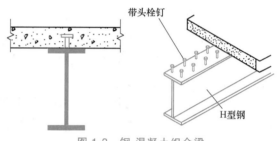

图 1-3　钢-混凝土组合梁

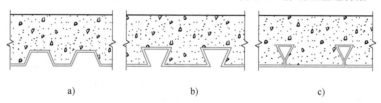

图 1-4　压型钢板-混凝土组合楼板

a）开口型压型钢板　b）缩口型压型钢板　c）闭口型压型钢板

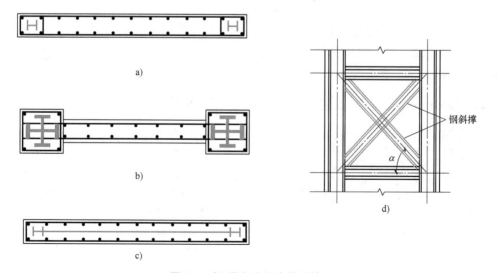

图 1-5　钢-混凝土组合剪力墙

a）型钢混凝土剪力墙　b）带边框型钢混凝土剪力墙　c）钢板混凝土剪力墙　d）带钢斜撑混凝土剪力墙

由组合结构构件组成的结构，以及由组合结构构件与钢构件、钢筋混凝土构件组成的结构，称为组合结构。也就是说，可以采用钢骨（S）、钢筋混凝土（RC）、型钢混凝土（SRC）或钢管混凝土（CFST）进行任意形式的构件组合。例如，可以采用 SRC 柱-SRC 梁（图 1-6）、SRC 柱-S 梁（图 1-7）、CFST 柱-S 梁（图 1-8）、SRC 柱-RC 梁（图 1-9）、CFST 柱-SRC 梁（或钢与混凝土组合（SC）梁，即梁纵筋在柱内不锚固，如图 1-10 所示）、RC 柱-S 梁（图 1-11）的组合方式，也可以采用含组合梁的钢框架结构、含 SRC 柱的钢框架结构或含 CFST 柱的钢框架结构，这些都是不同类型结构构件之间的组合。结构系统的组合或混合，如高层建筑的上部采用 RC 结构下部采用 SRC 结构（图 1-12），或者上部楼层采用钢（S）结构，其余的地面以上部分采用 SRC 结构，地面以下到基础部分采用 RC 结构（图 1-13），都是在高度方向上由不同类型的结构进行组合或混合的。此外，由 RC 墙和 S 框架组成的结构以及由 S 墙和 RC 框架组合而成的结构等在实际工程中也多有应用。近些年，在高层或超高层建筑中还出现了由钢框架（框筒）、型钢混凝土框架（框筒）、钢管混凝土框架（框筒）与钢筋混凝土核心筒体所组成的共同承受水平和竖向作用的混合结构，它们是在平面上由不同结构组合而成的结构形式，如外部 S 框架-内部 RC 核心筒混合结构（图 1-14）、

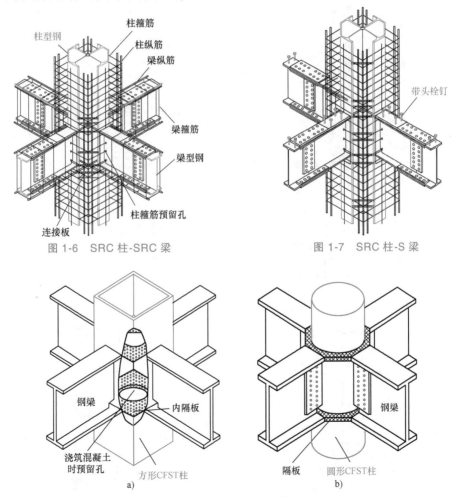

图 1-6　SRC 柱-SRC 梁

图 1-7　SRC 柱-S 梁

图 1-8　CFST 柱-S 梁

a）方形 CFST 柱-S 梁　b）圆形 CFST-S 梁

外部 RC 框架-内部 S 框架混合结构（图 1-15）。

　　钢-混凝土组合结构或混合结构与一般由单一材料组成的结构不同，它可以充分发挥钢材与混凝土两种材料各自的优点，而克服其缺点，具有承载能力高、刚度大、变形性能好等突出特点，且造价相对较低、施工便捷，因而具有十分广阔的应用和发展前景。

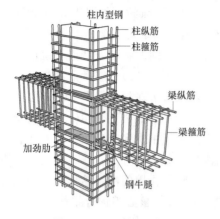

图 1-9　SRC 柱-RC 梁

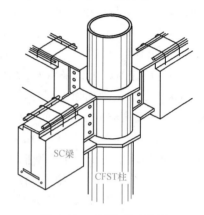

图 1-10　CFST 柱-SC 梁

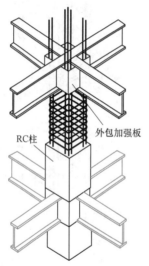

图 1-11　RC 柱-S 梁

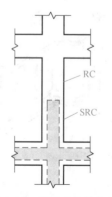

图 1-12　SRC-RC 转换柱

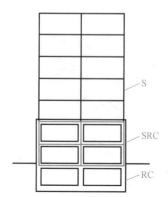

图 1-13　S-SRC-RC 混合框架

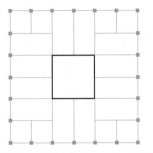

图 1-14　外部 S 框架-内部 RC 核心筒混合结构

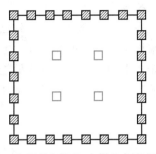

图 1-15　外部 RC 框架-内部 S 框架混合结构

1.2　组合结构与混合结构的发展历史及现状

1. 型钢混凝土（SRC）结构

型钢混凝土（SRC）结构是在钢结构和钢筋混凝土结构的基础上发展起来的一种新型结构。其起源于欧美，最早的形式是在钢构件外包裹砖砌体，砖主要作为钢材的防火材料，之后砖砌体逐渐被混凝土构件尤其是钢筋混凝土构件所取代，形成了型钢混凝土结构，其承载力显著提高。在日本，由内藤多仲设计的兴业银行是一幢地下 1 层，地上 7 层，高约 30m 的型钢混凝土结构房屋。它建成于 1923 年，并经历了同年 9 月发生的关东大地震。震后的震害调查发现，外包砖钢结构、钢筋混凝土结构、砖砌体结构都发生了较大的破坏，而兴业银行基本没有损坏。从此以后，型钢混凝土（SRC）结构优越的抗震性能逐渐被人们所认知，并在 6~9 层的多高层建筑中得到应用。1991 年至 1995 年期间，日本平均每年建造的建筑物中，6 层以上房屋采用型钢混凝土（SRC）结构的栋数占总数的 27%，建筑面积占全部的 45%，可见 SRC 结构已经成为日本多高层建筑的主要结构形式。但是，在 1995 年 1 月发生的兵库县南部地震中，有 32 栋 SRC 结构的房屋发生较严重的破坏。经调查发现，倒塌的房屋都是 1975 年以前建造的，其柱子均采用空腹式配钢柱，而 1975 年以后建造的采用实腹式配钢的 SRC 结构房屋基本没有破坏。目前 SRC 结构主要用于中层、高层住宅及办公楼等抗震建筑中。前苏联对型钢混凝土结构的研究也相当重视，并在第二次世界大战后的恢复重建中，大量地使用型钢混凝土结构建造主厂房。我国自 20 世纪 80 年代中期以后，掀起了型钢混凝土结构的研究热潮，在 20 世纪 90 年代末和 21 世纪初相继颁布了型钢混凝土结构的设计标准，促进了这种结构在我国的推广应用。

2. 钢管混凝土（CFST）结构

钢管混凝土结构的应用由来已久，最早于 1879 年被应用在英国建造的 Severn 铁路桥的桥墩中，在钢管内浇筑混凝土以防止钢管内部锈蚀。20 世纪初，美国在一些单层和多层厂房中采用了圆形钢管混凝土柱作为承重柱。20 世纪 60 年代以后，前苏联、欧美及日本等地的专家和学者对钢管混凝土开展了大量的试验研究和理论分析，阐明了套箍作用及其工作机理，并用极限平衡法推导出钢管混凝土轴心受压短柱承载力的计算公式。日本在 20 世纪 50 年代开始将钢管混凝土用于地铁车站的承重柱，60 年代又用于送变电塔的弦杆中；在建筑结构中采用钢管混凝土是在 20 世纪 70 年代，至 90 年代进入建设的高峰期，各种高度、各类用途的建筑物均有采用钢管混凝土结构的，其抗震性能非常优越。日本兵库县南部地震中，在建筑物破坏最严重的神户市三宫地区，至少有 5 栋 7~12 层的钢管混凝土建筑物没有发生破坏。在日本钢管混凝土结构已经非常普及，如在 21 世纪最初的 3 年中，东京采用钢管混凝土结构建造的高度在 100m 以上的房屋就有 20 余栋。自 20 世纪 70 年代以后，我国在冶金、造船、电力和市政等行业的工程建设中也已开始广泛推广和应用钢管混凝土结构。目前，钢管混凝土结构已发展成为强风、强震区高层、超高层建筑和大跨拱桥结构的一种重要结构形式。

3. 钢-混凝土组合梁

人们对混凝土板与 H 型钢通过抗剪连接件连接在一起形成的组合梁的研究和开发，始于 20 世纪 50 年代前后。最初，组合梁基本上是按换算截面法进行计算的，即将组合梁视为一个整体，先将组合截面换算成同一材料的截面，然后根据弹性理论进行截面设计。20 世纪 60 年代以后，则逐渐转入塑性理论进行分析，重点研究抗剪连接件的计算方法、组合梁的静力和动力性能、部分抗剪连接组合梁的工作性能、连续组合梁和预应力组合梁的受力性能以及钢梁与混凝土翼板交界面上的相对滑移对组合梁受力性能的影响等。近年来，我国许多研究单位又对钢-高强混凝土组合梁、预应力钢-混凝土组合梁、压型钢板-混凝土组合梁以及组合梁的竖向抗剪性能、组合梁的弯剪扭复合受力性能等进行了大量的试验研究，丰富了钢-混凝土组合梁的形式，拓宽了其应用范围。在国外，钢-混凝土组合梁最早应用于桥梁结构中，前苏联于 1944 年建成了第一座组合公路桥。自 20 世纪 50 年代开始，我国已将钢-混凝土组合梁应用于工业与民用建筑及桥梁结构中，进入 20 世纪 80 年代，组合梁的应用范围已涉及（超高层）建筑、桥梁、高耸结构、地下结构、工程加固等各个领域，取得了良好的效果。

4. 压型钢板-混凝土组合板

20 世纪 60 年代，欧美等一些西方国家和日本开始将压型钢板与混凝土形成的板应用于多高层民用建筑和工业厂房，当时仅把压型钢板当作永久性模板及用作施工作业的平台。后来人们认识到，在压型钢板上做出凹凸肋或压出不同形式的槽纹，可以改善钢板与混凝土之间的粘结性能，保证两者的共同工作，使压型钢板像钢筋一样受拉或受压，并为此开展了大量的试验研究与理论分析，探讨了压型钢板受压翼缘有效宽度的计算方法，组合板纵向剪切粘结承载力的计算方法，以及组合板正截面抗弯、斜截面抗剪、抗冲切承载力及耐火等性能。

20 世纪 80 年代中期，我国引入压型钢板-混凝土组合板，广大科技工作者对压型钢板的板型、加工工艺、抗剪连接设计，以及压型钢板-混凝土组合板的破坏模式、承载力计算、挠曲变形的实用计算方法、组合板在一定耐火时限内温度变化与变形发展规律等进行了大量的研究和应用开发。目前，我国的一些高层钢结构房屋的楼盖系统中已广泛采用压型钢板-混凝土组合板。

5. 钢-混凝土组合剪力墙

钢-混凝土组合剪力墙包括型钢混凝土剪力墙、钢板混凝土剪力墙、带钢斜撑混凝土剪力墙以及带型钢（钢管）混凝土边框的剪力墙等多种类型。日本在 1987 年修订的《型钢混凝土结构设计规范》（AIJ-SRC）中给出了关于剪力墙的计算公式。Yamada、Kwan、Matsumoto 等对各种型钢混凝土剪力墙的承载机制、破坏特征、刚度退化、抗震性能等进行了探讨；美国加州洛杉矶大学的 Wallace 研究了边缘构件中埋入宽翼缘型钢的组合剪力墙的滞回特性，并进行了拟合分析。自 20 世纪 90 年代开始，我国对型钢混凝土剪力墙的抗弯性能、抗剪性能、极限变形，以及洞口、边框、内藏钢桁架对剪力墙抗震性能的影响规律进行了系统研究，JGJ 138—2001《型钢混凝土组合结构技术规程》[⊖]中编入了型钢混凝土剪力墙设计的内容。

钢板混凝土剪力墙由内填钢板和一侧或者两侧现浇或者预制钢筋混凝土板组成，它们之间通过抗剪连接件（如栓钉）进行连接。美国加州伯克利大学的 Astaneh-Asl 等对钢框架内填充单侧钢板混凝土剪力墙进行了研究，并提出一种改进的措施，即在混凝土墙板和钢框架之间留缝，以减轻混凝土材料的破坏。日本的 Emori、Wright 等对双面钢板内填混凝土的剪力墙进行了抗压和抗剪性能试验。我国于 1995 年开展了钢板外包混凝土剪力墙在低周反复荷载作用下的试验研究。

目前，带钢管混凝土边框的剪力墙主要有两种形式：一种是带钢管混凝土边框的钢板剪力墙，即在钢管混凝土框架中内嵌一块钢板；另一种是带钢管混凝土边框的钢筋混凝土剪力墙。1999—2001 年，美国加州伯克利大学的 Astaneh-Asl 和 Zhao 等进行了带钢管混凝土边框的钢板剪力墙模型的抗震性能试验，试验结果表明这种剪力墙具有良好的延性和耗能能力。

2004 年开始实施的 CECS 159《矩形钢管混凝土结构技术规程》给出了带矩形钢管混凝土边框的剪力墙的设计方法。2008 年之后，我国的一些科研单位又对钢管混凝土边框-钢板（组合）剪力墙或内藏斜撑肋钢板组合墙进行了低周反复加载试验，对这种组合墙的承载力、延性、刚度及其衰减、滞回特性、耗能能力及破坏特征等进行了研究，建立了组合墙体承载力计算模型。

6. 钢-混凝土混合结构

1972 年在美国建造的 Gateway Ⅲ Building 是世界上较早的一栋钢-混凝土混合结构房屋，该建筑 35 层，总高 137m。20 世纪 80 年代，上部采用钢（S）结构、下部采用型钢混凝土（SRC）结构、地下部分采用钢筋混凝土（RC）结构的建筑物，或者在 10 层左右的办公楼建筑中，上部 6 层左右采用钢混凝土结构、下部其余几层采用型钢混凝土结构的工程在日本也相继出现。以前，钢结构建筑的柱和梁都采用钢构件，型钢混凝土结构的柱和梁都采用型钢混凝土构件，而近年来柱采用型钢混凝土构件、梁采用钢构件，或者柱采用钢筋混凝土柱、梁采用钢梁的各类组合或混合结构在工程中也日渐普及。

由于钢（S）、钢筋混凝土（RC）或型钢混凝土（SRC）结构的刚度、承载力、延性等均不相同，根据各种材料各自的特性，选择合理且经济的结构形式很有必要。例如，在超高层建筑的上部采用钢（S）结构，可以减小结构质量并降低地震作用。这种混合结构的设计会在今后的工程中得到推广。

1.3　钢与混凝土的组合作用

将钢和混凝土这两种不同的材料组合在一起形成组合结构，其优点是将两种材料各自的优越性充分展现出来。钢在受拉时强度和塑性变形性能都非常好，但在受压时容易发生屈曲破坏。混凝土能承担较大的压力，但是抗拉强度较低。如果将这两种材料组合起来形成构

⊖ 2016 年 12 月 1 日起实施 JGJ 138—2016《组合结构设计规范》，原 JGJ 138—2001《型钢混凝土组合结构技术规程》同时废止。

件，其抗拉和抗压方面的优越性都能得到发挥，两种材料得到充分利用。

为了使钢和混凝土能够组合在一起，形成具有良好受力性能的组合结构，两种材料必须整体共同工作，其前提是钢与混凝土之间存在粘结力，依靠两者的粘结作用来传递内力。

钢与混凝土之间的组合效应一般反映在两个方面：一是能起到传递钢与混凝土界面上纵向剪力的作用；二是还能抵抗钢与混凝土之间的掀起作用。下面就对这种组合作用及其基本原理进行介绍。

假设两根匀质、材料和截面都相同的矩形截面梁叠置在一起，两者之间无任何连接，梁的跨中作用有集中荷载 P，每根梁的宽度均为 b，截面高度为 h，跨度为 l，如图 1-16 所示。由于两根梁之间为光滑的交界面，只能传递相互之间的压力而不能传递剪力作用，每根梁的变形情况相同，均只能承担 $1/2$ 的荷载作用。按照弹性理论，每根梁跨中截面的最大弯矩均为 $Pl/8$，最大正应力发生在各自截面的最外边缘纤维处，其值为

$$\sigma_{max} = \frac{My_{max}}{I} = \frac{Pl}{8} \times \frac{h}{2} \div \frac{bh^3}{12} = \frac{3}{4} \times \frac{Pl}{bh^2} \tag{1-1}$$

沿截面高度的正应力分布如图 1-17a 中粗实线所示。

每根梁最大剪力为 $V = P/4$。根据材料力学可知，梁截面沿高度方向剪应力的分布如图 1-17b 中粗实线所示。每根梁的剪应力呈抛物线分布，最大剪应力发生在各自的中和轴处，其值为

$$\tau_{max} = \frac{3}{2} \times \frac{V}{bh} = \frac{3}{2} \times \frac{P}{4} \times \frac{1}{bh} = \frac{3}{8} \times \frac{P}{bh} \tag{1-2}$$

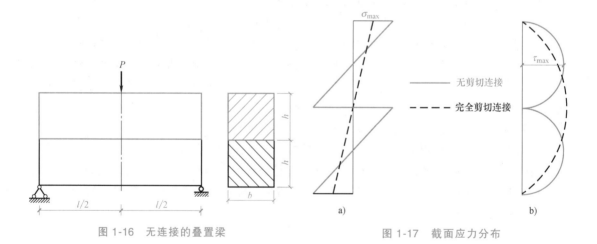

图 1-16　无连接的叠置梁　　　　图 1-17　截面应力分布
　　　　　　　　　　　　　　　　　　a）正应力　b）剪应力

此时跨中的最大挠度为

$$\delta_{max} = \frac{1}{48} \times \frac{\frac{P}{2}l^3}{EI} = \frac{1}{48} \times \frac{P}{2} \times \frac{l^3}{E\frac{bh^3}{12}} = \frac{1}{8} \times \frac{Pl^3}{Ebh^3} \tag{1-3}$$

如果两根梁之间可靠连接，完全组合在一起而没有任何滑移，则可以作为一根截面宽度为 b、高度为 $2h$ 的整体受力梁来计算。此时，跨中截面的最大正应力为

$$\sigma_{\max} = \frac{My_{\max}}{I} = \frac{\frac{1}{4}Plh}{\frac{b(2h)^3}{12}} = \frac{3}{8} \times \frac{Pl}{bh^2} \tag{1-4}$$

与式（1-1）相比可知，组合梁的最大正应力仅为无连接的叠置梁的最大正应力的 1/2，中和轴在两根梁的交界面上，应力分布如图 1-17a 中粗虚线所示。

组合梁截面的最大剪应力为

$$\tau_{\max} = \frac{3}{2} \times \frac{V}{b(2h)} = \frac{3}{2} \times \frac{\frac{P}{2}}{b(2h)} = \frac{3}{8} \times \frac{P}{bh} \tag{1-5}$$

与式（1-2）相比可知，组合梁的最大剪应力与无连接的叠置梁的最大剪应力在数值上相等，不过并非发生在上、下梁各自截面高度的 1/2 处，而是发生在两根梁的交界面上，即组合梁截面高度的 1/2 位置处。此时沿截面高度剪应力的分布如图 1-17b 中粗虚线所示。从总体上看，剪应力的分布趋于均匀。

跨中最大挠度为

$$\delta_{\max} = \frac{1}{48} \times \frac{Pl^3}{EI} = \frac{1}{48} \times \frac{Pl^3}{E\frac{b(2h)^3}{12}} = \frac{1}{32} \times \frac{Pl^3}{Ebh^3} \tag{1-6}$$

与式（1-3）相比可知，组合梁的跨中挠度仅为无连接的叠置梁的跨中挠度的 1/4。

以上例子说明，通过将两根梁组合在一起，能够在不增加材料用量和截面高度的情况下，使构件的正截面承载力和抗弯刚度均显著提高，即构件的受力性能得到显著改善。

无抗剪连接的叠置梁，荷载作用后的变形如图 1-18 所示。由于上梁底面纤维受拉而伸长，下梁顶面纤维受压而缩短，原来界面处上、下梁对应各点产生了明显的纵向错动，即产生了相对滑移。如果要使上、下梁完全连接成整体，可采用以下几种方法：

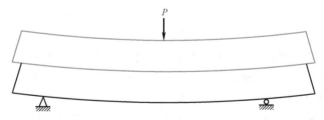

图 1-18 无抗剪连接的叠置梁的变形

1）如果是木梁连接，可采用结构胶或其他界面粘合剂（图 1-19a）。

2）采用机械连接的方法，在上、下梁界面上设置足够强度和刚度的抗剪连接件（图 1-19b），如钢-混凝土组合梁的连接。

3）采用对拉螺栓的方法（图 1-19c），依靠螺栓的抗剪作用及界面的摩擦力，使得上、下梁协调变形。

4）通过端部连接，阻止上、下梁的相对滑动，保证两者共同工作（图 1-19d）。例如，

型钢混凝土构件的两端通过节点与其他构件相连，则钢骨与钢筋混凝土部分之间不产生滑移。

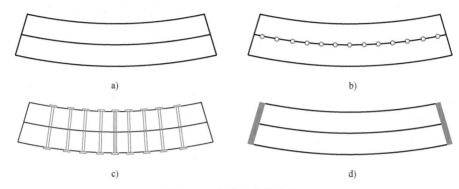

图 1-19 组合连接的方法

对钢与混凝土组合结构而言，设置在型钢与混凝土之间的抗剪连接件还有另一功能，即抵抗钢与混凝土交界面上的"掀起力"。以图 1-20 为例，A 梁叠置于 B 梁上，其上作用有集中荷载 P。如果 A 梁的抗弯刚度比 B 梁的抗弯刚度大很多，则 B 梁所产生的挠曲变形远远超过 A 梁的变形，则二者的变形曲线不能协调一致，产生了相互分离的趋势。另一方面，A 梁传至 B 梁的荷载，不再通过整个 A 界面传递，而只能通过 A 梁与 B 梁的接触点传递，这就改变了 B 梁的受力状态。因此，抗剪连接件还应能承受上、下梁间引起分离趋势的"掀起力"，并且本身不能发生破坏或产生过大的变形。

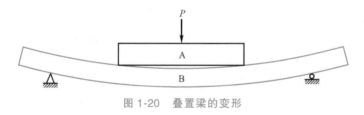

图 1-20 叠置梁的变形

本 章 小 结

1）由两种或者两种以上不同的材料组合在一起，形成的能够共同受力、协调变形的结构或构件，称为组合结构或组合结构构件。本书中所讲的组合结构构件，是指由型钢、钢管或钢板与钢筋混凝土组合能整体受力的结构构件。最基本的组合结构构件包括型钢混凝土柱、型钢混凝土梁、钢管混凝土柱、钢-混凝土组合梁、压型钢板-混凝土组合板、组合剪力墙等。由组合结构构件组成的结构，以及由组合结构构件与钢构件、钢筋混凝土构件组成的结构，称为组合结构。也就是说，可以采用钢骨（S）、钢筋混凝土（RC）、型钢混凝土（SRC）或钢管混凝土（CFST）进行任意的形式的构件组合，即形成组合结构。

2）在房屋高度方向上由不同类型的结构进行组合，如高层建筑的上部采用钢筋混凝土（RC）结构，下部采用型钢混凝土（SRC）结构，或者上部楼层采用钢（S）结构，其余的地面以上部分采用型钢混凝土（SRC）结构，地面以下到基础部分采用钢筋混凝土（RC）结构，为竖向混合结构。由钢框架（框筒）、型钢混凝土框架（框筒）、钢管混凝土框架

（框筒）与钢筋混凝土核心筒体所组成的共同承受水平和竖向作用的结构，为平面混合结构，如高层或超高层建筑中常采用的外部钢（S）框架-内部钢筋混凝土（RC）核心筒混合结构、外部钢筋混凝土（RC）框架-内部钢（S）框架混合结构。

3）钢-混凝土组合结构或混合结构具有承载能力高、刚度大、延性和耗能性能好等优点，并且经济性好，施工快捷方便，因此越来越广泛地应用于大跨重载结构、高耸结构和高层、超高层建筑，尤其是地震区建筑。

4）组合效应是钢与混凝土共同工作的前提条件。组合效应一般反映在两个方面：一是传递钢与混凝土界面上纵向剪力的作用；二是抵抗钢与混凝土之间的掀起作用。由于钢与混凝土之间的组合效应，使构件的受弯承载力和刚度显著提高，变形减小。

第2章

结构设计方法和材料性能

2.1 结构设计原则

钢-混凝土组合结构采用以概率理论为基础、以分项系数表达的极限状态设计方法进行设计，以可靠指标度量结构的可靠度。

2.1.1 组合结构的预定功能

按照 GB 50068—2018《建筑结构可靠性设计统一标准》（以下简称《统一标准》），组合结构在规定的设计使用年限内应满足下列功能要求：

1) 能承受在施工和使用期间可能出现的各种作用（如荷载、外加变形、约束变形等）。

2) 保持良好的使用性能，如不发生过大的变形、振幅和引起使用者不安的裂缝等。

3) 具有足够的耐久性能，如不发生严重的钢材锈蚀，以及混凝土的严重风化、腐蚀、脱落等而影响结构的使用寿命。

4) 当发生火灾时，在规定的时间内可保持足够的承载力。

5) 当发生爆炸、撞击、人为错误等偶然事件时，结构能保持必要的整体稳固性，不出现与起因不相称的破坏后果，防止出现结构的连续倒塌。

在上述五项功能要求中，第 1)、4)、5) 项是结构安全性的要求，第 2) 项是结构适用性的要求，第 3) 项是结构耐久性的要求，安全性、适用性和耐久性总称为结构的可靠性，其概率度量称为结构的可靠度。

2.1.2 概率极限状态设计方法

1. 极限状态

整个结构或结构的一部分超过某一特定状态就不能满足设计规定的某一功能要求，此特定状态为该功能的极限状态。结构的极限状态分为以下三类：

（1）承载能力极限状态 承载能力极限状态对应于结构或结构构件达到最大承载力或不适于继续承载的变形的状态。当出现下列状态之一时，应认为超过了承载能力极限状态：

1) 结构构件或连接因超过材料强度而破坏，或因过度变形而不适于继续承载。

2) 整个结构或其一部分作为刚体失去平衡。

3) 结构转变为机动体系。

4）结构或结构构件丧失稳定。

5）结构因局部破坏而发生连续倒塌。

6）地基丧失承载力而破坏。

7）结构或结构构件的疲劳破坏。

（2）正常使用极限状态 正常使用极限状态对应于结构或结构构件达到正常使用的某项规定限值的状态。当出现下列状态之一时，应认为超过了正常使用极限状态：

1）影响正常使用或外观的变形。

2）影响正常使用的局部损坏。

3）影响正常使用的振动。

4）影响正常使用的其他特定状态。

对结构的各种极限状态，均应规定明确的标志或限值。

（3）耐久性极限状态 耐久性极限状态对应于结构或结构构件在环境影响下出现的劣化达到耐久性能的某项规定限值或标志的状态。当出现下列状态之一时，应认为超过了耐久性极限状态：

1）影响承载能力和正常使用的材料性能劣化。

2）影响耐久性的裂缝、变形、缺口、外观、材料削弱等。

3）影响耐久性的其他特定状态。

2. 设计状况

结构设计时应区分下列设计状况：

1）持久设计状况，适用于结构使用时的正常情况。

2）短暂设计状况，适用于结构出现的临时情况，包括结构施工和维修时的情况等。

3）偶然设计状况，适用于结构出现的异常情况，包括结构遭受火灾、爆炸、撞击时的情况等。

4）地震设计状况，适用于结构遭受地震时的情况。

结构可靠性设计时，对不同的设计状况，应采用相应的结构体系、可靠度水平、基本变量和荷载组合等。

对上述四种设计状况，应分别进行下列极限状态设计：

1）对四种设计状况均应进行承载能力极限状态设计。

2）对持久设计状况尚应进行正常使用极限状态设计，并宜进行耐久性极限状态设计。

3）对短暂设计状况和地震设计状况可根据需要进行正常使用极限状态设计。

4）对偶然设计状况可不进行正常使用极限状态和耐久性极限状态设计。

3. 极限状态方程和功能函数

极限状态方程是当结构处于极限状态时各有关基本变量的关系式。影响结构可靠度的各基本变量，如结构上的各种作用、材料性能、几何参数、计算公式精确性等因素一般都具有随机性，记为符号 X_i（$i=1$，2，$\cdots$，n）。结构的功能函数 Z 可采用包括各有关基本变量 X_i 在内的函数式来表达

$$Z = g(X_1, X_2, \cdots, X_n) \tag{2-1}$$

当仅有作用效应 S 和结构抗力 R 两个基本变量时，功能函数 Z 可写为

$$Z = g(R, S) = R - S \tag{2-2}$$

其中 Z 称为结构的功能函数，可用其判别结构所处的状态：当 $Z>0$ 时，结构处于可靠状态；当 $Z<0$ 时，结构处于失效状态；当 $Z=0$ 时，结构处于极限状态。

结构所处的状态也可用图 2-1 来表达。当基本变量满足极限状态方程 $Z=R-S=0$ 时，结构达到极限状态，即图 2-1 中的 45°直线。

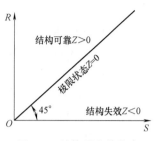

图 2-1　结构所处的状态

4. 结构可靠度与可靠指标

结构能够完成预定功能（安全性、适用性和耐久性）的概率称为可靠概率，用 p_s 表示，$p_s=P(Z>0)$；结构不能完成预定功能的概率称为失效概率，用 p_f 表示，$p_f=P(Z<0)$。显然，$p_s+p_f=1$。用失效概率 p_f 度量结构可靠性具有明确的物理意义，但失效概率 p_f 的计算比较复杂，通常采用可靠指标 β 来度量结构的可靠性。当仅有作用效应和结构抗力两个基本变量且均服从正态分布时，p_f 和 β 存在下列关系

$$p_f=\Phi(-\beta) \tag{2-3}$$

式中　$\Phi(\cdot)$——标准正态分布函数。

由式（2-3）可见，可靠指标 β 与失效概率 p_f 具有数值上的对应关系和相对应的物理意义。β 越大，失效概率 p_f 就越小，结构就越可靠。

结构设计时，应根据结构破坏可能产生的后果，即危及人的生命、造成经济损失、对社会或环境产生影响等的严重性，将建筑结构划分为三个安全等级。在设计时应采用不同的结构重要性系数 γ_0。另外，结构构件的破坏状态有延性破坏和脆性破坏之分。延性破坏发生前结构构件有明显的变形或其他预兆，而脆性破坏的发生往往比较突然，危害性较大，因此其可靠指标应高于延性破坏的可靠指标。

《统一标准》根据结构的安全等级和破坏类型，给出了结构构件持久设计状况承载能力极限状态设计的可靠指标，见表 2-1；结构构件持久设计状况正常使用极限状态设计的可靠指标，宜根据其可逆程度取 0~1.5；结构构件持久设计状况耐久性极限状态设计的可靠指标，宜根据其可逆程度取 1.0~2.0。

表 2-1　房屋建筑结构的安全等级与结构构件承载能力极限状态设计的可靠指标 β

安全等级	破坏后果	示例	可靠指标 β	
			延性破坏	脆性破坏
一级	很严重:对人的生命、经济、社会或环境影响很大	大型的公共建筑等重要的结构	3.7	4.2
二级	严重:对人的生命、经济、社会或环境影响较大	普通的住宅和办公楼等一般的结构	3.2	3.7
三级	不严重:对人的生命、经济、社会或环境影响较小	小型的或临时性储存建筑等次要的结构	2.7	3.2

注：建筑结构抗震设计中的甲类建筑和乙类建筑，其安全等级宜规定为一级；丙类建筑，其安全等级宜规定为二级；丁类建筑，其安全等级宜规定为三级。

2.1.3　分项系数设计方法

为了实用上的简便和考虑广大工程设计人员的习惯，《统一标准》采用了由荷载的代表

值、材料性能的标准值、几何参数的标准值和各相应的分项系数构成的极限状态设计表达式进行设计。

1. 承载能力极限状态

对于承载能力极限状态，应按荷载的基本组合或偶然组合计算荷载组合的效应设计值，并应采用下列设计表达式进行设计

$$\gamma_0 S_d \leqslant R_d \tag{2-4}$$

$$R_d = R(f_k / \gamma_M, a_d) \tag{2-5}$$

式中　γ_0——结构重要性系数，对持久设计状况和短暂设计状况，安全等级为一级时，不应小于 1.1；安全等级为二级时，不应小于 1.0；安全等级为三级时，不应小于 0.9；对偶然设计状况和地震设计状况，不应小于 1.0；

　　　S_d——荷载组合的效应设计值，如轴力、弯矩、剪力、扭矩等的设计值；

　　　R_d——结构或结构构件的抗力设计值；

　　　γ_M——材料性能的分项系数；

　　　f_k——材料性能的标准值；

　　　a_d——几何参数的设计值，可采用几何参数的标准值 a_k。当几何参数的变异性对结构性能有明显影响时，几何参数的设计值可按下式确定

$$a_d = a_k \pm \Delta_a \tag{2-6}$$

式中　Δ_a——几何参数的附加量。

（1）基本组合　对持久设计状况和短暂设计状况，应采用荷载的基本组合。荷载基本组合的效应设计值 S_d，应按下式进行计算

$$S_d = \sum_{i \geqslant 1} \gamma_{G_i} S_{G_{ik}} + \gamma_{Q_1} \gamma_{L_1} S_{Q_{1k}} + \sum_{j > 1} \gamma_{Q_j} \psi_{cj} \gamma_{L_j} S_{Q_{jk}} \tag{2-7}$$

式中　γ_{G_i}——第 i 个永久荷载的分项系数；当永久荷载效应对承载力不利时，取 1.3；当永久荷载效应对承载力有利时，不应大于 1.0；

　　　γ_{Q_j}——第 j 个可变荷载的分项系数，其中 γ_{Q_1} 为第 1 个（主导）可变荷载 Q_1 的分项系数；当可变荷载效应对承载力不利时，取 1.5；当可变荷载效应对承载力有利时，取 0；

　　　γ_{L_j}——第 j 个考虑结构设计使用年限的荷载调整系数，其中 γ_{L_1} 为第 1 个（主导）可变荷载 Q_1 考虑结构设计使用年限的荷载调整系数；楼面和屋面活荷载考虑设计使用年限的荷载调整系数，应按表 2-2 采用；

　　　$S_{G_{ik}}$——第 i 个永久荷载标准值 G_{ik} 的效应；

　　　$S_{Q_{1k}}$——第 1 个可变荷载标准值 Q_{1k} 的效应；

　　　$S_{Q_{jk}}$——第 j 个可变荷载标准值 Q_{jk} 的效应；

　　　ψ_{cj}——第 j 个可变荷载 Q_j 的组合值系数，其值不应大于 1。

表 2-2　楼面和屋面活荷载考虑设计使用年限的调整系数 γ_L

结构的设计使用年限(年)	5	50	100
γ_L	0.9	1.0	1.1

注：对设计使用年限为 25 年的结构构件，γ_L 应按各种材料结构设计标准的规定采用。

应当指出，基本组合中的效应设计值仅适用于荷载与荷载效应为线性的情况；当对 $S_{Q_{1k}}$ 无法明显判断时，应轮次以各可变荷载效应作为 $S_{Q_{1k}}$，并选取其中最不利的荷载组合的效应设计值。

（2）偶然组合　对偶然设计状况，应采用荷载的偶然组合。荷载偶然组合的效应设计值 S_d 按下式计算

$$S_d = \sum_{i \geqslant 1} S_{G_{ik}} + S_{A_d} + (\psi_{f1} \text{ 或 } \psi_{q1}) S_{Q_{1k}} + \sum_{j > 1} \psi_{qj} S_{Q_{jk}} \tag{2-8}$$

式中　S_{A_d}——偶然荷载设计值的效应；

ψ_{f1}——第 1 个可变荷载的频遇值系数；

ψ_{q1}、ψ_{qj}——第 1 个和第 j 个可变荷载的准永久值系数。

以上偶然组合中的效应设计值，仅适用于荷载与荷载效应为线性的情况。

2. 正常使用极限状态

对于正常使用极限状态，应根据不同的设计要求，采用荷载的标准组合、频遇组合或准永久组合，并应按下列设计表达式进行设计

$$S_d \leqslant C \tag{2-9}$$

式中　S_d——荷载组合的效应设计值，如变形、裂缝等的效应设计值；

C——设计对变形、裂缝等规定的相应限值。

1）荷载标准组合的效应设计值 S_d 应按下式进行计算

$$S_d = \sum_{i \geqslant 1} S_{G_{ik}} + S_{Q_{1k}} + \sum_{j > 1} \psi_{cj} S_{Q_{jk}} \tag{2-10}$$

2）荷载频遇组合的效应设计值 S_d 应按下式进行计算

$$S_d = \sum_{i \geqslant 1} S_{G_{ik}} + \psi_{f1} S_{Q_{1k}} + \sum_{j > 1} \psi_{qj} S_{Q_{jk}} \tag{2-11}$$

3）荷载准永久组合的效应设计值 S_d 应按下式进行计算

$$S_d = \sum_{i \geqslant 1} S_{G_{ik}} + \sum_{j \geqslant 1} \psi_{qj} S_{Q_{jk}} \tag{2-12}$$

以上组合中的效应设计值仅适用于荷载与荷载效应为线性的情况。

2.1.4　耐久性极限状态设计

结构的设计使用年限应根据建筑物的用途和环境的侵蚀性确定，宜按表 2-3 的规定采用。必须定期涂刷的防腐蚀涂层等结构的设计使用年限可为 20~30 年。预计使用时间较短的建筑物，其结构的设计使用年限不宜小于 30 年。

表 2-3　结构的设计使用年限

类别	设计使用年限（年）	类别	设计使用年限（年）
临时性建筑结构	5	普通房屋和构筑物	50
易于替换的结构构件	25	标志性建筑和特别重要的建筑结构	100

结构的耐久性极限状态设计，应使结构构件出现耐久性极限状态标志或限值的年限不小于其设计使用年限。结构构件的耐久性极限状态设计，应包括保证构件质量的预防性处理措施、减小侵蚀作用的局部环境改善措施、延缓构件出现损伤的表面防护措施和延缓材料性能

劣化速度的保护措施。

对钢管混凝土结构的外包钢管和组合钢结构的型钢构件等，宜以下列现象之一作为达到耐久性极限状态的标志：

1）构件出现锈蚀迹象。

2）防腐涂层丧失作用。

3）构件出现应力腐蚀裂纹。

4）特殊防腐保护措施失去作用。

对外包混凝土等构件，宜以下列现象之一作为达到耐久性极限状态的标志：

1）混凝土构件表面出现锈蚀裂缝、冻融损伤、介质侵蚀造成的损伤、风沙和人为作用造成的磨损。

2）表面出现高速气流造成的空蚀损伤。

3）因撞击等造成的表面损伤。

4）出现生物性作用损伤。

结构构件耐久性极限状态的标志或限值及其损伤机理，应作为采取各种耐久性措施的依据。

结构的耐久性可采用下列三种方法进行设计：经验的方法、半定量的方法、定量控制耐久性失效概率的方法。对缺乏侵蚀作用或作用效应统计规律的结构或结构构件，宜采取经验方法确定耐久性的系列措施。具有一定侵蚀作用和作用效应统计规律的结构构件，可采取半定量的耐久性极限状态设计方法。具有相对完善的侵蚀作用和作用效应相应统计规律的结构构件且具有快速检验方法予以验证时，可采取定量的耐久性极限状态设计方法。

2.2 材料性能

2.2.1 钢材

钢-混凝土组合结构中的钢材，宜采用镇定钢，并应具有屈服强度、抗拉强度、伸长率、冲击韧性和硫、磷含量的合格保证，对焊接结构尚应具有碳含量的合格保证及冷弯试验的合格保证，以确保结构具有必要的强度、塑性和可焊性的必要条件。

钢材宜采用 Q355、Q390、Q420 和 Q460 低合金高强度结构钢及 Q235 碳素结构钢，质量等级不宜低于 B 级，且应分别符合 GB/T 1591—2018《低合金高强度结构钢》和 GB/T 700—2006《碳素结构钢》的规定。当采用较厚的钢板时，可选用材质、材性符合 GB/T 19879—2015《建筑结构用钢板》的各牌号钢板，其质量等级不宜低于 B 级。当采用其他牌号的钢材时，尚应符合国家现行有关标准的规定。

钢板厚度大于或等于 40mm，且承受沿板厚方向拉力的焊接连接板件，钢板厚度方向截面收缩率，不应小于 GB/T 5313—2010《厚度方向性能钢板》中 Z15 级规定的允许值。

考虑地震作用的结构用钢，其屈强比不应大于 0.85，同时钢材应有明显的屈服台阶，伸长率应大于 20%。屈强比是指钢材的屈服强度实测值与极限抗拉强度实测值的比值。对钢材的屈强比进行规定主要是使极限抗拉强度与屈服强度不会太接近，以确保结构具有必要的安全储备和足够的塑形变形能力。

钢材强度指标按表 2-4 和表 2-5 采用。

表 2-4 钢材强度指标

钢材牌号		钢材厚度或直径（mm）	强度设计值			屈服强度 f_y	抗拉强度 f_u
			抗拉、抗压、抗弯 f	抗剪 f_v	端面承压（刨平顶紧）f_{ce}		
碳素结构钢	Q235	≤16	215	125	320	235	370
		>16, ≤40	205	120		225	
		>40, ≤100	200	115		215	
低合金高强度结构钢	Q355	≤16	305	175	400	355	470
		>16, ≤40	295	170		345	
		>40, ≤63	290	165		335	
		>63, ≤80	280	160		325	
		>80, ≤100	270	155		315	
	Q390	≤16	345	200	415	390	490
		>16, ≤40	330	190		380	
		>40, ≤63	310	180		360	
		>63, ≤100	295	170		340	
	Q420	≤16	375	215	440	420	520
		>16, ≤40	355	205		410	
		>40, ≤63	320	185		390	
		>63, ≤100	305	175		370	
	Q460	≤16	410	235	470	460	550
		>16, ≤40	390	225		450	
		>40, ≤63	355	205		430	
		>63, ≤100	340	195		410	

表 2-5 冷弯成型矩形钢管强度设计值

钢材牌号	抗拉、抗压、抗弯 $f_a/(N/mm^2)$	抗剪 $f_{av}/(N/mm^2)$	端面承压（刨平顶紧）$f_{ce}/(N/mm^2)$
Q235	205	120	310
Q355	300	175	400

钢材的物理性能指标见表 2-6。

表 2-6 钢材的物理性能指标

弹性模量 $E_a/(N/mm^2)$	剪变模量 $G_a/(N/mm^2)$	线膨胀系数 α（以每℃计）	质量密度/（kg/m³）
2.06×10^5	79×10^3	12×10^{-6}	7850

注：压型钢板采用冷轧钢板时，弹性模量取 $1.90 \times 10^5 N/mm^2$。

压型钢板质量应符合 GB/T 12755—2008《建筑用压型钢板》的规定，压型钢板的基板应选用热浸镀锌钢板，不宜选用镀铝锌板。镀锌层应符合 GB/T 2518—2008《连续热镀锌薄钢板及钢带》的规定。

压型钢板宜采用符合 GB/T 2518—2008《连续热镀锌钢板及钢带》规定的 S250（S250GD + Z、S250GD + ZF）、S350（S350GD + Z、S350GD + ZF）、S550（S550GD + Z、S550GD+ZF）牌号的结构用钢，其强度标准值、设计值应按表 2-7 的规定采用。

表 2-7 压型钢板强度标准值、设计值

牌号	强度标准值	强度设计值	
	抗拉、抗压、抗弯 $f_{ak}/(N/mm^2)$	抗拉、抗压、抗弯 $f_a/(N/mm^2)$	抗剪 $f_{av}/(N/mm^2)$
S250	250	205	120
S350	350	290	170
S550	470	395	230

2.2.2 焊接材料

手工焊接用焊条应与主体金属力学性能相适应，且应符合 GB/T 5117—2012《非合金钢及细晶粒钢焊条》、GB/T 5118—2012《热强钢焊条》的规定。自动焊接或半自动焊接采用的焊丝和焊剂应与主体金属力学性能相适应，且应符合 GB/T 5293—2018《埋弧焊用非合金钢及细晶粒钢实心焊丝、药芯焊丝和焊丝-焊剂组合分类要求》、GB/T 12470—2018《埋弧焊用热强钢实心焊丝、药芯焊丝和焊丝-焊剂组合分类要求》、GB/T 8110—2008《气体保护电弧焊用碳钢、低合金钢焊丝》的规定。

焊缝质量等级应符合 GB 50205—2020《钢结构工程施工质量验收标准》的规定，焊缝强度设计值应按表 2-8 的规定采用。

表 2-8 焊缝强度设计值

焊接方法和焊条型号	构件钢材		对接焊缝强度设计值				角焊缝强度设计值
	牌号	厚度或直径（mm）	抗压 f_c^w	抗拉 $f_t^w/(N/mm^2)$		抗剪 f_v^w	抗拉、抗压和抗剪 f_f^w
				一级、二级	三级		
自动焊、半自动焊和 E43 型焊条的手工焊	Q235	≤16	215[205]	215[205]	185[175]	125[120]	160[140]
		>16, ≤40	205	205	175	120	
		>40, ≤400	200	200	170	115	
自动焊、半自动焊和 E50、E55 型焊条的手工焊	Q355	≤16	305[295]	305[295]	260[250]	180[170]	200[195]
		>16, ≤40	295	295	250	170	
		>40, ≤63	290	290	245	165	
		>63, ≤80	280	280	240	160	
		>80, ≤100	270	270	230	155	
	Q390	≤16	345	345	295	200	200（E50）220（E55）
		>16, ≤40	330	330	280	190	
		>40, ≤63	310	310	265	180	
		>63, ≤100	295	295	250	170	

（续）

焊接方法和焊条型号	构件钢材		对接焊缝强度设计值				角焊缝强度设计值
	牌号	厚度或直径（mm）	抗压 f_c^w	抗拉 f_t^w/（N/mm²）		抗剪 f_v^w	抗拉、抗压和抗剪 f_f^w
				一级、二级	三级		
自动焊、半自动焊和 E55、E60 型焊条的手工焊	Q420	≤16	375	375	320	215	220（E55）240（E60）
		>16，≤40	355	355	300	205	
		>40，≤63	320	320	270	185	
		>63，≤100	305	305	260	175	
自动焊、半自动焊和 E55、E60 型焊条的手工焊	Q460	≤16	410	410	350	235	220（E55）240（E60）
		>16，≤40	390	390	330	225	
		>40，≤63	355	355	300	205	
		>63，≤100	340	340	290	195	

注：1. 表中所列一级、二级、三级指焊缝质量等级。
　　2. 方括号中的数值用于冷成型薄壁型钢。

2.2.3　螺栓和锚栓

钢-混凝土组合结构中钢构件连接使用的螺栓、锚栓材料应符合下列规定：

1）普通螺栓应符合 GB/T 5782—2016《六角头螺栓》和 GB/T 5780—2016《六角头螺栓　C 级》的规定；A 级、B 级螺栓孔的精度和孔壁表面粗糙度，C 级螺栓孔的允许偏差和孔壁表面粗糙度，均应符合 GB 50205—2020《钢结构工程施工质量验收标准》的规定。

2）高强度螺栓应符合 GB/T 1228—2006《钢结构用高强度大六角头螺栓》、GB/T 1229—2006《钢结构用高强度大六角螺母》、GB/T 1230—2006《钢结构用高强度垫圈》、GB/T 1231—2006《钢结构用高强度大六角头螺栓、大六角螺母、垫圈技术条件》或 GB/T 3632—2008《钢结构用扭剪型高强度螺栓连接副》的规定。

3）螺栓连接的强度设计值应按表 2-9 采用；高强度螺栓连接的钢材摩擦面抗滑移系数值应按表 2-10 采用；高强度螺栓连接的设计预拉力应按表 2-11 采用。

4）锚栓可采用符合 GB/T 700—2006《碳素结构钢》、GB/T 1591—2018《低合金高强度结构钢》规定的 Q235 钢和 Q355 钢。

表 2-9　螺栓连接的强度设计值　　　　　　　　（单位：N/mm²）

螺栓的性能等级、锚栓和构件钢材的牌号		普通螺栓						锚栓	承压型连接高强度螺栓		
		C 级螺栓			A 级、B 级螺栓						
		抗拉	抗剪	承压	抗拉	抗剪	承压	抗拉	抗拉	抗剪	承压
		f_t^b	f_v^b	f_c^b	f_t^b	f_v^b	f_c^b	f_t^b	f_t^b	f_v^b	f_c^b
普通螺栓	4.6 级、4.8 级	170	140	—	—	—	—	—	—	—	—
	5.6 级	—	—	—	210	190	—	—	—	—	—
	8.8 级	—	—	—	400	320	—	—	—	—	—

（续）

螺栓的性能等级、锚栓和构件钢材的牌号		普通螺栓						锚栓	承压型连接高强度螺栓		
		C级螺栓			A级、B级螺栓						
		抗拉	抗剪	承压	抗拉	抗剪	承压	抗拉	抗拉	抗剪	承压
		f_t^b	f_v^b	f_c^b	f_t^b	f_v^b	f_c^b	f_t^b	f_t^b	f_v^b	f_c^b
锚栓（C级普通螺栓）	Q235	(165)	(125)	—	—	—	—	140	—	—	—
	Q355	—	—	—	—	—	—	180	—	—	—
承压型连接高强度螺栓	8.8级	—	—	—	—	—	—	—	400	250	—
	10.9级	—	—	—	—	—	—	—	500	310	—
承压构件	Q235	—	—	305 (295)	—	—	405	—	—	—	470
	Q355	—	—	385 (370)	—	—	510	—	—	—	590
	Q390	—	—	400	—	—	530	—	—	—	615
	Q420	—	—	425	—	—	560	—	—	—	655
	Q460	—	—	450	—	—	590	—	—	—	695

注：1. A级螺栓用于 $d \leqslant 24mm$ 和 $l \leqslant 10d$ 或 $l \leqslant 150mm$（按较小值）的螺栓；B级螺栓用于 $d > 24mm$ 和 $l > 10d$ 或 $l > 150mm$（按较小值）的螺栓。d 为公称直径，l 为螺杆公称长度。

2. 表中带括号的数值用于冷成型薄壁型钢。

表 2-10　高强度螺栓连接的钢材摩擦面抗滑移系数

连接处构件接触面的处理方法	构件的钢号牌号		
	Q235	Q355 钢或 Q390	Q420 钢或 Q460 钢
喷硬质石英砂或铸钢棱角砂	0.45	0.45	0.45
抛丸（喷砂）	0.40	0.40	0.40
钢丝刷清除浮锈或未经处理的干净轧制面	0.30	0.35	—

注：1. 钢丝刷除锈方向应与受力方向垂直。

2. 当连接构件采用不同钢材牌号时，μ 按相应较低强度者取值。

3. 采用其他方法处理时，其处理工艺及抗滑移系数值均需经试验确定。

表 2-11　高强度螺栓连接的设计预拉力　　（拉力单位：kN）

螺栓的性能等级	螺栓公称直径/mm					
	M16	M20	M22	M24	M27	M30
8.8 级	80	125	150	175	230	280
10.9 级	100	155	190	225	290	355

2.2.4　栓钉

钢-混凝土组合结构中采用的栓钉应符合 GB/T 10433—2002《电弧螺柱焊用圆柱头焊钉》的规定，其材料及力学性能应符合表 2-12 规定。

表 2-12　栓钉材料及力学性能

材料	极限抗拉强度/(N/mm²)	屈服强度/(N/mm²)	伸长率(%)
ML15、ML15Al	≥400	≥320	≥14

2.2.5　钢筋

钢-混凝土组合结构中应优先采用具有较好延性、韧性和可焊性的钢筋。纵向受力钢筋宜采用 HRB400、HRB500 热轧钢筋；箍筋宜采用 HRB400、HPB300、HRB500 热轧钢筋。其强度标准值、设计值应按表 2-13 的规定采用。

表 2-13　钢筋强度标准值、设计值

种类	符号	公称直径 d/mm	屈服强度标准值 f_{yk} /(N/mm²)	极限强度标准值 f_{stk} /(N/mm²)	最大拉力下总伸长率 δ_{gt}(%)	抗拉强度设计值 f_y /(N/mm²)	抗压强度设计值 f'_y/(N/mm²)
HPB300	Φ	6~14	300	420	不小于 10	270	270
HRB400	Φ	6~50	400	540	不小于 7.5	360	360
HRB500	Φ	6~50	500	630		435	410

注：1. 当采用直径大于 40mm 的钢筋时，应有可靠的工程经验。
　　2. 用作受剪、受扭、受冲切承载力计算的箍筋，其强度设计值 f_{yv} 应按表中 f_y 数值取用，且其数值不应大于 360N/mm²。

钢筋弹性模量 E_s 应按表 2-14 采用。

表 2-14　钢筋弹性模量

种　类	E_s/(10⁵N/mm²)
HPB300	2.1
HRB400、HRB500	2.0

2.2.6　混凝土

1）型钢混凝土结构构件采用的混凝土强度等级不宜低于 C30；有抗震设防要求时，剪力墙不宜超过 C60；其他构件，设防烈度 9 度时不宜超过 C60；8 度时不宜超过 C70。钢管中的混凝土强度等级，对 Q235 钢管，不宜低于 C40；对 Q355 钢管，不宜低于 C50；对 Q390、Q420 及 Q460 钢管，不应低于 C50。组合楼板用的混凝土强度等级不应低于 C20。

2）混凝土轴心抗压强度标准值 f_{ck}、轴心抗拉强度标准值 f_{tk} 应按表 2-15 的规定采用；轴心抗压强度设计值 f_c、轴心抗拉强度设计值 f_t 应按表 2-16 的规定采用。

表 2-15　混凝土强度标准值　　　　　　　　（单位：N/mm²）

强度	混凝土强度等级												
	C20	C25	C30	C35	C40	C45	C50	C55	C60	C65	C70	C75	C80
f_{ck}	13.4	16.7	20.1	23.4	26.8	29.6	32.4	35.5	38.5	41.5	44.5	47.4	50.2
f_{tk}	1.54	1.78	2.01	2.20	2.39	2.51	2.64	2.74	2.85	2.93	2.99	3.05	3.11

表 2-16 混凝土强度设计值 （单位：N/mm²）

强度	混凝土强度等级												
	C20	C25	C30	C35	C40	C45	C50	C55	C60	C65	C70	C75	C80
f_c	9.6	11.9	14.3	16.7	19.1	21.1	23.1	25.3	27.5	29.7	31.8	33.8	35.9
f_t	1.10	1.27	1.43	1.57	1.71	1.80	1.89	1.96	2.04	2.09	2.14	2.18	2.22

3）混凝土受压和受拉弹性模量 E_c 应按表 2-17 的规定采用，混凝土的剪切变形模量可按相应弹性模量数值的 0.4 倍采用，混凝土泊松比可按 0.2 采用。

表 2-17 混凝土弹性模量

混凝土强度等级	C20	C25	C30	C35	C40	C45	C50	C55	C60	C65	C70	C75	C80
$E_c/(\times 10^4 \text{N/mm}^2)$	2.55	2.80	3.00	3.15	3.25	3.35	3.45	3.55	3.60	3.65	3.70	3.75	3.80

4）型钢混凝土组合结构构件的混凝土最大骨料直径宜小于型钢外侧混凝土保护层厚度的 1/3，且不宜大于 25mm。对浇筑难度较大或复杂节点部位，宜采用骨料更小、流动性更强的高性能混凝土。钢管混凝土构件中混凝土最大骨料直径不宜大于 25mm。

本 章 小 结

1）钢-混凝土组合结构在规定的设计使用年限内应满足安全性、适用性、耐久性的要求，这三方面的功能要求统称为结构的可靠性。

2）整个结构或结构的一部分超过某一特定状态就不能满足设计规定的某一功能要求，此特定的状态称为该功能的极限状态。结构的极限状态分为承载能力极限状态、正常使用极限状态和耐久性极限状态三类。通过功能函数 Z 可以判别结构所处的状态，即可靠状态、失效状态和极限状态。

3）结构可靠度是结构可靠性的概率度量，《统一标准》采用可靠指标 β 来度量结构的可靠性，根据结构的安全等级和破坏类型，给出了结构构件的设计可靠指标来度量不同的可靠度水准。

4）考虑到实用上的简便和广大工程设计人员的习惯，《统一标准》采用了以基本变量标准值和各相应的分项系数构成的极限状态设计表达式进行设计。

5）钢-混凝土组合结构中的钢材，宜采用 Q355、Q390、Q420 和 Q460 低合金高强度结构钢及 Q235 碳素结构钢，质量等级不宜低于 B 级。压型钢板的基板应选用热浸镀锌钢板，不宜选用镀铝锌板。

6）钢-混凝土组合结构中应优先采用具有较好延性、韧性和可焊性的钢筋。纵向受力钢筋宜采用 HRB400、HRB500 热轧钢筋；箍筋宜采用 HRB400、HPB300、HRB500 热轧钢筋。

7）组合结构宜采用普通混凝土，其强度等级不宜过低。对型钢混凝土结构构件，混凝土强度等级不宜低于 C30；钢管混凝土构件，不宜低于 C40；组合楼板用的混凝土强度等级不应低于 C20。

思 考 题

2-1　什么是结构的极限状态？极限状态分为几类？

2-2　什么是结构的可靠度？什么是失效概率？

2-3　说明承载能力极限状态设计表达式中各符号的意义。

2-4　钢-混凝土组合结构中的钢材有哪些基本要求？

2-5　钢-混凝土组合结构中的钢筋和混凝土有哪些要求？

第3章

压型钢板-混凝土组合楼板

3.1 概述

3.1.1 压型钢板-混凝土组合楼板的概念

压型钢板-混凝土组合楼板是指在压型钢板上现浇混凝土组成压型钢板与混凝土共同承受荷载的楼板，简称为组合楼板，如图 3-1 所示。组合楼板中的压型钢板可采用开口型压型钢板、缩口型压型钢板和闭口型压型钢板（图 1-4）。

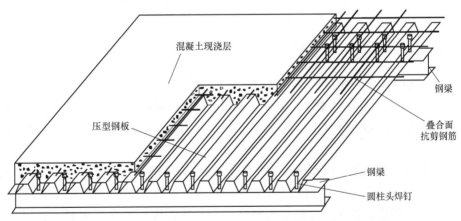

图 3-1 压型钢板-混凝土组合楼板构造示意图

在压型钢板上浇筑混凝土而成的楼板结构，通常有下面三种不同的受力情况：

1）由压型钢板承担所有的楼面荷载，其上的混凝土仅起提供平整工作面的作用，并不参与抵抗外力，在设计中作为外加荷载来考虑。

2）压型钢板作为浇筑混凝土时的永久性模板和施工平台，它仅承担施工时的外荷载，因此只需进行施工阶段的承载力计算和变形验算。待混凝土达到设计强度后，压型钢板并不拆除，但在使用阶段不考虑其承担荷载的作用。

3）压型钢板不仅用作浇筑混凝土时的永久性模板，而且待混凝土达到设计强度后，压型钢板与混凝土结合成整体共同工作，从而全部或部分取代受拉钢筋。

前两种楼板称为非组合楼板，第三种才是组合楼板。压型钢板与混凝土之间组合作用的取得，须在压型钢板表面形式、压型钢板截面形状或者压型钢板端部进行一定的构造处理以实现界面之间的纵向剪力传递。通常有以下四种做法：

1）通过压型钢板本身的形状来提高组合作用，如采用闭口型或缩口型压型钢板，或将压型钢板做成具有棱角的凸肋（图 3-2a）。

2）在压型钢板的翼缘或腹板上轧制凹凸不平的齿槽或设置加劲肋（图 3-2b）。

3）在压型钢板表面开小孔，或在其上翼缘上焊接附加横向钢筋（图 3-2c）。

4）支承在钢梁上的压型钢板，可用栓钉连接件穿透压型钢板并与钢梁上翼缘可靠地焊接，或将压型钢板端部肋压平直接焊于钢梁上（图 3-2d）。

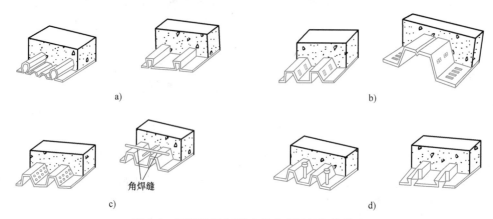

图 3-2　压型钢板-混凝土组合楼板的构造做法

3.1.2　组合楼板的优点

1）施工工期短。压型钢板可作为施工平台和浇筑混凝土的永久性模板，节省施工中支模和拆模工序以及大部分临时支撑；另外，各楼层可以同时施工，大大加快施工进度。

2）在组合楼盖的施工过程中，压型钢板可以作为钢梁的侧向支撑，提高了钢梁的整体稳定性。

3）压型钢板一般很薄，因此交叉叠放、运输和安装都非常方便。另外，压型钢板在使用阶段可替代板中受力钢筋，因而减少了钢筋的用量及制作和安装的费用。

4）自重轻，抗震性能好。组合楼板刚度大，且省去许多受拉区混凝土，因而自重较小，这对于减小地震作用非常有利。

5）压型钢板的肋部便于敷设水、电力、通信、供暖等管线；同时，压型钢板可以直接用作建筑顶棚，无须安装吊顶。

3.2　压型钢板受压翼缘的有效计算宽度

压型钢板均由薄钢板制作，由腹板和翼缘组成各种形状。翼缘与腹板上的应力是通过两者交界面上的纵向剪应力传递的。由弹性力学分析可知，受压翼缘截面上的纵向压应力并非均匀分布，存在剪力滞后效应，使得与腹板相交处的应力最大，距腹板越远，应力越小，其应力分布呈曲线形，如图 3-3a 所示。剪力滞后所导致的应力分布不均匀的情况，与翼缘的实际宽厚比、应力大小及分布情况、受压钢板的支承形式等诸多因素有关。如果翼缘板的宽厚比较大，在达到极限状态时，距腹板较远处钢板的应力可能尚小，翼缘的全截面不可能都充分发挥作用，甚至在受压的情况下先发生局部屈曲，当有刚强的周边板件时，其屈曲后的承载能力还会有较大的提高。因此在实用计算中，常根据应力等效的原则，把翼缘上的应力分布简化为在有效宽度上的均布应力，如图 3-3b 所示。

压型钢板的受压翼缘应小于表 3-1 给出的允许最大宽厚比，并按表 3-2 给出的相应公式确定受压板件的有效计算宽度和有效宽厚比。在计算压型钢板截面特征时，如果受压板件的宽厚比大于有效宽厚比，则应按图 3-4 所示位置从毛截面中扣除超出部分来确定其有效截面，并按有效翼缘宽度进行计算。

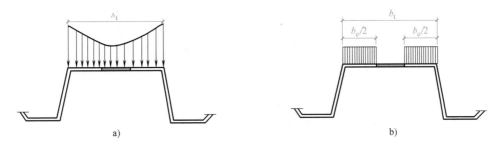

图 3-3 压型钢板翼缘上的应力分布

a）在全宽上的实际应力分布 b）在等效宽度上的假定应力分布

表 3-1 受压翼缘板件的允许最大宽厚比

翼缘板件支承条件	宽厚比 b_t/t
两边支承(有中间加劲肋时,包括中间加劲肋)	500
一边支承、一边卷边	60
一边支承、一边自由	60

表 3-2 压型钢板受压翼缘有效计算宽度的公式

板元的受力状态	计 算 公 式
1. 两边支承,无中间加劲肋 2. 两边支承,上下翼缘不对称, $b_t/t>160$ 3. 一边支承,一边卷边, $b_t/t\le60$ 4. 有 1~2 个中间加劲肋的两边支承受压翼缘, $b_t/t\le60$	当 $b_t/t\le1.2\sqrt{E/\sigma_c}$ 时, $b_e=b_t$ 当 $b_t/t>1.2\sqrt{E/\sigma_c}$ 时, $b_e=1.77\sqrt{E/\sigma_c}\left(1-\dfrac{0.387}{b_t/t}\sqrt{E/\sigma_c}\right)t$
1. 一边支承,一边卷边, $b_t/t>60$ 2. 有 1~2 个中间加劲肋的两边支承受压翼缘, $b_t/t>60$	$b_e^{re}=b_e-0.1(b_t/t-60)t$ 其中 $b_e=1.77\sqrt{E/\sigma_c}\left(1-\dfrac{0.387}{b_t/t}\sqrt{E/\sigma_c}\right)t$
一边支承,一边自由	当 $b_t/t\le0.39\sqrt{E/\sigma_c}$ 时, $b_e=b_t$ 当 $0.39\sqrt{E/\sigma_c}<b_t/t\le1.26\sqrt{E/\sigma_c}$ 时, $b_e=0.58\sqrt{E/\sigma_c}$ $\left(1-\dfrac{0.126}{b_t/t}\sqrt{E/\sigma_c}\right)t$ 当 $1.26\sqrt{E/\sigma_c}<b_t/t\le60$ 时, $b_e=1.02t\sqrt{E/\sigma_c}-0.39b_t$

注：b_e 为受压翼缘的有效计算宽度（mm）；b_e^{re} 为折减的有效计算宽度（mm）；b_t 为受压翼缘的实际宽度（mm）；t 为压型钢板的板厚（mm）；σ_c 为按有效截面计算时，受压翼缘板支承边缘处的实际应力（N/mm²）；E 为板材的弹性模量（N/mm²）。

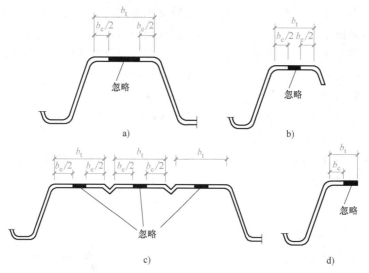

图 3-4 受压翼缘的有效计算宽度

a）无中间加劲肋的两边支承板 b）一边支承一边卷边加劲板

c）有中间加劲肋的两边支承板 d）一边支承一边自由板

应当指出，由于 σ_c 是未知的，因此计算时可先假定一个 σ_c 的初值，然后经反复迭代求解 b_e，计算相当烦琐，而通常情况下组合楼板中采用的压型钢板形状较简单，在实用计算中，常取 $b_e = 50t$。因此，当压型钢板受压翼缘的实际宽度大于有效计算宽度时，截面特征应按有效截面计算。截面的受拉部分全部有效。

3.3 施工阶段组合楼板承载力及变形计算

组合楼板应按施工阶段和使用阶段两个阶段分别进行计算。在施工阶段，压型钢板作为浇筑混凝土的模板，承担楼板上全部永久荷载和施工活荷载，此时，需按照钢结构理论对压型钢板进行承载力计算和挠度验算。

3.3.1 施工阶段承载力计算

1. 施工阶段的荷载

1）永久荷载：压型钢板、钢筋和混凝土自重。

2）可变荷载：施工荷载与附加荷载。施工荷载应包括施工人员和施工机具等，并考虑施工过程中可能产生的冲击和振动。当有过量的冲击、混凝土堆放以及管线等应考虑附加荷载。可变荷载应以工地实际荷载为依据。

3）当没有可变荷载实测数据或施工荷载实测值小于 $1.0\mathrm{kN/m^2}$ 时，施工荷载取值不应小于 $1.0\mathrm{kN/m^2}$。

2. 施工阶段验算原则

在施工阶段，压型钢板应按以下原则验算：

1）不加临时支撑时，压型钢板承受施工时的全部荷载，不考虑混凝土承载作用，即施工阶段按纯压型钢板进行承载力和变形验算。

2）在施工阶段要求压型钢板处于弹性阶段，不能产生塑性变形，所以压型钢板强度和挠度验算均采用弹性方法计算。

3）压型钢板应沿强边（顺肋）方向按单向板验算正、负弯矩和相应挠度是否满足要求，弱边（垂直肋）方向不计算，也不进行压型钢板抗剪等其他验算。

4）压型钢板的计算简图应按实际支承跨数及跨度尺寸确定，但考虑到实际施工时的下料情况，一般按简支单跨板或两跨连续板进行验算。

5）若施工阶段验算过程中出现压型钢板承载能力或挠度不能满足规范要求或设计要求时，可通过适当调整组合楼板跨度、压型钢板厚度或加设临时支撑等办法来满足要求。

6）计算压型钢板施工阶段承载力时，湿混凝土荷载分项系数应取 1.4。

7）压型钢板在施工阶段承载力应符合 GB 50018—2002《冷弯薄壁型钢结构技术规范》的规定，结构重要性系数 γ_0 可取 0.9。

3. 施工阶段截面承载力验算

压型钢板的受弯承载力应满足下列要求

$$\begin{cases} \sigma_{ac} = \dfrac{\gamma_0 M}{W_{ac}} \leq f \\ \sigma_{at} = \dfrac{\gamma_0 M}{W_{at}} \leq f \end{cases} \tag{3-1}$$

式中　M——计算宽度（一个波宽）内压型钢板施工阶段弯矩设计值；

f——压型钢板抗弯强度设计值；

γ_0——结构重要性系数，可取 0.9；

W_{ac}、W_{at}——计算宽度内压型钢板的受压区截面抵抗矩和受拉区截面抵抗矩；当压型钢板受压翼缘宽度大于有效截面宽度时，按有效截面进行计算。

受压区截面抵抗矩
$$W_{ac} = \frac{I_a}{x_c} \tag{3-2}$$

受拉区截面抵抗矩
$$W_{at} = \frac{I_a}{h_s - x_c} \tag{3-3}$$

式中　I_a——计算宽度上压型钢板对截面中和轴的惯性矩，当压型钢板受压翼缘宽度大于有效截面宽度时，按有效截面进行计算；

x_c——压型钢板中和轴到截面受压区边缘的距离；

h_s——压型钢板的总高度。

3.3.2　施工阶段变形验算

在施工阶段，混凝土尚未达到其设计强度，因此不能考虑压型钢板与混凝土的组合作用，变形计算中仅考虑压型钢板的抗弯刚度。在此阶段，压型钢板处于弹性状态。

均布荷载作用下压型钢板的挠度为

$$\Delta_1 = \alpha \frac{q_{1k} l^4}{E_a I_a} \tag{3-4}$$

式中　q_{1k}——施工阶段作用在压型钢板计算宽度上的均布荷载标准值；

E_a——压型钢板的钢材弹性模量；

I_a——计算宽度上压型钢板的截面惯性矩，受压翼缘按有效计算宽度考虑；

l——压型钢板的计算跨度；

α——挠度系数，对简支板，$\alpha = \dfrac{5}{384}$；对两跨连续板，$\alpha = \dfrac{1}{185}$。

压型钢板的挠度应满足条件 $\Delta_1 \leqslant \Delta_{\lim}$，其中 $\Delta_{\lim}$ 为允许的挠度限值，取 $l/180$ 及 20mm 中的较小值。

例 3-1 某简支压型钢板-混凝土组合楼板，其计算跨度为 $l = 3.0$m。压型钢板型号采用 3WDEK-305-915，其自重标准值为 0.132kN/m^2，压型钢板厚度为 1.2mm，波高为 76mm，波距为 305mm，压型钢板抗拉强度设计为 290MPa，弹性模量 $E_a = 2.06 \times 10^5$ N/mm^2，截面面积为 16.89×10^2 mm^2/m，截面惯性矩为 1.721×10^6 mm^4/m，截面抵抗矩为 41.94×10^3 mm^3/m，压型钢板具体截面形状和尺寸如图 3-5 所示，截面特征参数见表 3-3。压型钢板顶面以上混凝土厚度为 74mm，楼板总厚度为 150mm，施工阶段活荷载标准值为 1.2kN/m^2。试对该组合楼板进行施工阶段的受弯承载力和挠度验算。

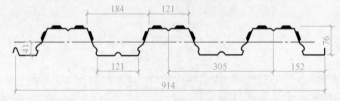

图 3-5 3WDEK 压型钢板截面形状和尺寸

表 3-3 3WDEK 压型钢板的截面特征参数

型号	板厚/mm	波高/mm	波距/mm	截面面积/(mm^2/m)	截面惯性矩/(mm^4/m)		截面抵抗矩/(mm^3/m)	
					全截面	有效截面	全截面	有效截面
3WDEK-305-915	1.2	76	305	1689	1.721×10^6	1.18×10^6	41.94×10^3	23.93×10^3

解：

（1）施工阶段荷载及内力计算

现浇混凝土板自重标准值

$$25 \times (0.074 + 0.076/2) \text{kN/m}^2 = 2.80 \text{kN/m}^2$$

压型钢板上作用的恒载标准值和设计值分别为

$$g_{1k} = 2.80 \text{kN/m}^2 + 0.132 \text{kN/m}^2 = 2.932 \text{kN/m}^2$$

$$g_1 = 1.3 \times 0.132 \text{kN/m}^2 + 1.4 \times 2.80 \text{kN/m}^2 = 4.092 \text{kN/m}^2$$

压型钢板上作用的活荷载标准值和设计值分别为

$$p_{1k} = 1.2 \text{kN/m}^2$$

$$p_1 = 1.5 \times 1.2 \text{kN/m}^2 = 1.8 \text{kN/m}^2$$

1 个波距（305mm）宽度压型钢板上作用的弯矩设计值

$$M_1 = \frac{1}{8}(g_1 + p_1)l^2 \times 0.305 = \frac{1}{8} \times (4.092 + 1.8) \times 3.0^2 \times 0.305 \text{kN} \cdot \text{m} = 2.022 \text{kN} \cdot \text{m}$$

（2）施工阶段压型钢板计算

1）受压翼缘有效计算宽度

$$b_e = 50t = 50 \times 1.2 \text{mm} = 60 \text{mm} < 121 \text{mm}$$

故施工阶段承载力和挠度计算应采用有效截面。

2）受弯承载力计算

按受压翼缘有效计算宽度 60mm，重新计算得到 1 个波距板宽上有效截面的抵抗矩 $W_a = 0.305 \times 23.93 \times 10^3 \text{mm}^3 = 7.30 \times 10^3 \text{mm}^3$，惯性矩 $I_a = 0.305 \times 1.18 \times 10^6 \text{mm}^4 = 36.0 \times 10^4 \text{mm}^4$。

压型钢板的受弯承载力为

$$f_a W_a = 290 \times 7.30 \times 10^3 \text{N} \cdot \text{mm} = 2.12 \times 10^6 \text{N} \cdot \text{mm} > 0.9 \times 2.022 \text{kN} \cdot \text{m} = 1.82 \times 10^6 \text{N} \cdot \text{mm}$$

3）挠度验算

$$q_{1k} = g_{1k} + p_{1k} = 2.932 \text{kN/m}^2 + 1.2 \text{kN/m}^2 = 4.132 \text{kN/m}^2$$

$$\Delta_1 = \frac{5}{384} \times \frac{q_{1k}l^4}{E_a I_a} \times 0.305 = \frac{5}{384} \times \frac{4.132 \times 3000^4}{2.06 \times 10^5 \times 36 \times 10^4} \times 0.305 \text{mm} = 17.9 \text{mm}$$

$$\Delta_{\lim} = \frac{l}{180} = \frac{3000}{180} \text{mm} = 16.7 \text{mm} < 17.9 \text{mm}（不满足要求）$$

故施工阶段受弯承载力满足要求，但挠度不满足要求，需要采取增设临时支撑等方法以确保施工阶段的挠度满足要求。

例 3-2 某工程采用压型钢板-混凝土组合楼板，支座条件按简支考虑，计算跨度为 $l = 2.4 \text{m}$。压型钢板型号采用 BONDEK-200-600，其自重标准值为 0.157kN/m^2，压型钢板厚度为 1.2mm，波高为 52mm，波距为 200mm，压型钢板具体截面形状和尺寸如图 3-6 所示，截面特性参数见表 3-4，压型钢板受拉强度设计值为 395MPa，弹性模量 $E_a = 2.06 \times 10^5 \text{N/mm}^2$ 压型钢板顶面以上混凝土厚度为 58mm，楼板总厚度为 110mm，施工阶段的活荷载标准值为 1.8kN/m^2。试对该组合楼板进行施工阶段的正截面受弯承载力和挠度验算。

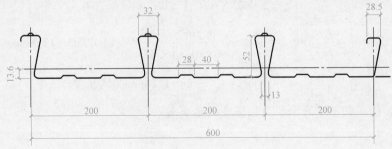

图 3-6 BONDEK 型压型钢板截面形状和尺寸

表 3-4 BONDEK 型压型钢板截面特性参数

型号	板厚 /mm	截面抵抗矩 /(mm³/m)	截面面积 (mm²/m)	截面惯性矩 /(mm⁴/m)	强度设计值 f_a /MPa
BONDEK-200-600	1.2	20.03×10^3	2014	76.90×10^4	395

解：

（1）施工阶段荷载及内力计算

现浇混凝土板自重标准值近似取：

$$25\times(0.058+0.052)kN/m^2=2.75kN/m^2$$

压型钢板自重标准值：$0.157kN/m^2$。

施工活荷载标准值：$1.8kN/m^2$。

压型钢板上作用的恒载标准值和设计值分别为

$$g_{1k}=2.75kN/m^2+0.157kN/m^2=2.907kN/m^2$$

$$g_1=1.3\times0.157kN/m^2+1.4\times2.75kN/m^2=4.054kN/m^2$$

压型钢板上作用的活荷载标准值和设计值分别为

$$p_{1k}=1.8kN/m^2$$

$$p_1=1.5\times1.8kN/m^2=2.7kN/m^2$$

1个波距（200mm）宽度压型钢板上作用的弯矩设计值

$$M_1=\frac{1}{8}(g_1+p_1)l^2\times0.2=\frac{1}{8}\times(4.054+2.7)\times2.4^2\times0.2kN\cdot m=0.973kN\cdot m$$

（2）施工阶段压型钢板计算

1）受压翼缘有效计算宽度

$$b_e=50t=50\times1.2mm=60mm>32mm$$

故施工阶段承载力和挠度计算应按实际截面计算。

2）受弯承载力验算

1个波距（200mm）板宽上截面的抵抗矩 $W_a=0.2\times20.03\times10^3mm^3=4\times10^3mm^3$

1个波距（200mm）板宽上截面的惯性矩 $I_a=0.2\times76.90\times10^4mm^4=15.38\times10^4mm^4$

压型钢板的受弯承载能力为

$$f_aW_a=395\times4\times10^3N\cdot mm=1.58\times10^6N\cdot mm>0.9\times0.973kN\cdot m=0.876kN\cdot m$$

3）挠度验算

$$q_{1k}=g_{1k}+p_{1k}=2.907kN/m^2+1.8kN/m^2=4.707kN/m^2$$

$$\Delta_1=\frac{5}{384}\times\frac{q_{1k}l^4}{E_aI_a}\times0.2=\frac{5}{384}\times\frac{4.707\times2400^4}{2.06\times10^5\times15.38\times10^4}\times0.2mm=12.8mm$$

$$\Delta_{lim}=\frac{l}{180}=\frac{2400}{180}mm=13.3mm>12.8mm（满足要求）$$

故施工阶段正截面受弯承载力和挠度满足要求。

3.4 使用阶段组合楼板承载力计算

在混凝土达到其设计强度后，压型钢板与混凝土可以共同受力，形成压型钢板-混凝土组合楼板。组合楼板将承担板上所有使用阶段的荷载。组合楼板的承载力计算包括正截面受弯承载力计算、斜截面受剪承载力计算及混凝土与压型钢板间的纵向剪切粘结计算。对于有较大集中荷载作用时尚应进行受冲切承载力计算。

3.4.1 组合楼板典型的破坏形态

组合楼板主要受到剪力连接程度、荷载形式以及组合楼板名义剪跨比等因素的影响而发生不同的破坏模式，其发生位置如图 3-7 所示。

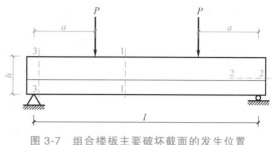

图 3-7 组合楼板主要破坏截面的发生位置

1. 弯曲破坏

如果压型钢板与混凝土之间有可靠的连接，即在完全剪切连接条件下，组合楼板最有可能发生沿最大弯矩截面（图 3-7 的 1—1 截面）的弯曲破坏。试验研究表明，在压型钢板的含钢率较为适中时，首先在跨中出现多条垂直弯曲裂缝，随后钢板底部受拉屈服，最终达到极限荷载时，跨中截面受压区混凝土压碎。组合楼板弯曲破坏时，受拉区大部分压型钢板的应力都能达到抗拉强度，受压区混凝土的应力达到其轴心抗压强度。如果压型钢板有部分截面位于受压区，则其应力基本上也能达到钢材的抗压强度。

2. 纵向剪切粘结破坏

沿图 3-7 所示 2—2 截面发生的纵向剪切粘结破坏也是组合楼板的主要破坏模式之一。这种破坏主要是由于混凝土与压型钢板的交界面抗剪粘结强度不足，在组合楼板截面的弯矩尚未达到极限弯矩之前，两者的交界面产生较大的相对滑移，使得混凝土与压型钢板失去组合作用。由于在组合楼板中压型钢板与混凝土之间产生较大的垂直分离和纵向滑移，组合楼板变形呈非线性增加，并且在加载点处常出现压型钢板的局部压曲现象。最终，由于压型钢板与混凝土失去或基本丧失组合作用，组合楼板迅速破坏。

3. 斜截面剪切破坏

这种破坏模式在组合楼板中一般不常见，只有当组合楼板的名义剪跨比较小（截面高度与板跨之比很大）而荷载又比较大，尤其是在集中荷载作用时，易在支座最大剪力处（图 3-7 中 3—3 截面）发生沿斜截面的剪切破坏。因此，在较厚的组合楼板中，如果混凝土的抗剪能力不足，尚应设置箍筋以抵抗板中的竖向剪力。

除了以上几种主要的破坏模式外，有时还可能发生一些局部破坏使组合楼板丧失承载能力，如组合楼板发生冲切破坏、压型钢板发生局部受压屈曲破坏以及压型钢板与混凝土发生竖向分离而导致组合楼板破坏等。

3.4.2 组合楼板承载力计算

1. 组合楼板的内力分析方法和原则

1）组合楼板中的压型钢板肋顶以上混凝土厚度 h_c 为 50～100mm 时，组合楼板可沿强边（顺肋）方向按单向板计算。

2）组合楼板中的压型钢板肋顶以上的混凝土厚度 h_c 大于 100mm 时，组合楼板的计算应符合下列规定：

① 当 $\lambda_e < 0.5$ 时，按强边方向单向板进行计算。

② 当 $\lambda_e > 2.0$ 时，按弱边方向单向板进行计算。

③ 当 $0.5 \leqslant \lambda_e \leqslant 2.0$ 时，按正交异性双向板进行计算。

其中，有效边长比 λ_e 应按下列公式计算

$$\lambda_e = \frac{l_x}{\mu l_y} \tag{3-5}$$

$$\mu = \left(\frac{I_x}{I_y}\right)^{1/4} \tag{3-6}$$

式中　λ_e——有效边长比；

I_x——组合楼板强边计算宽度的截面惯性矩；

I_y——组合楼板弱边计算宽度的截面惯性矩，只考虑压型钢板肋顶以上的混凝土的厚度；

l_x、l_y——组合楼板强边、弱边方向的跨度。

3）正交异性双向板（图 3-8a），对边长修正后，可简化为等效各向同性板。计算强边方向弯矩 M_x 时（图 3-8b），弱边方向等效边长可取 μl_y，按各向同性板计算 M_x；计算弱边方向弯矩 M_y 时（图 3-8c），强边方向等效边长可取 l_x/μ，按各向同性板计算 M_y。

4）连续组合楼板在强边方向正弯矩作用下，采用弹性分析计算内力时，可考虑塑性内力重分布，但支座弯矩调幅不宜大于 15%。

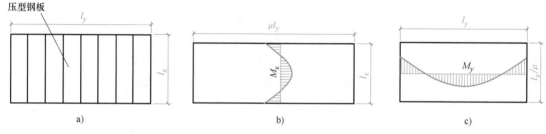

图 3-8　正交异性双向板的计算边长

a）正交异性板　b）等效各向同性板（计算 M_x 时）　c）等效各向同性板（计算 M_y 时）

2. 局部集中荷载作用下的有效工作宽度

在局部集中荷载（集中点荷载或者线荷载）作用下，组合楼板应对作用力较大处进行单独验算，其有效工作宽度应按下列公式计算（图 3-9）：

（1）受弯计算

简支板
$$b_e = b_w + 2l_p\left(1 - \frac{l_p}{l}\right) \tag{3-7}$$

连续板
$$b_e = b_w + \frac{4}{3}l_p\left(1 - \frac{l_p}{l}\right) \tag{3-8}$$

（2）受剪计算

$$b_e = b_w + l_p\left(1 - \frac{l_p}{l}\right) \tag{3-9}$$

式中　l_p——荷载作用中点至楼板支座的较近距离；

l——组合楼板跨度；

b_e——局部荷载在组合楼板中的有效工作宽度（图 3-9）；

b_w——局部荷载在压型钢板中的工作宽度（图 3-9），按下式计算

$$b_w = b_p + 2(h_c + h_f) \tag{3-10}$$

式中　b_p——局部荷载宽度；

　　　h_c——压型钢板肋以上混凝土厚度；

　　　h_f——地面饰面层厚度。

3. 组合楼板截面在正弯矩作用下的受弯承载力计算

使用阶段组合楼板正截面受弯承载力计算，应按塑性设计法进行。计算时采用如下基本假定：

1) 正截面受弯承载力极限状态时，截面受压区混凝土的应力分布图形可以等效为矩形，其应力值为混凝土轴心抗压强度设计值 $\alpha_1 f_c$。

2) 正截面受弯承载力极限状态时，压型钢板及受拉钢筋的应力均达到各自的强度设计值。

3) 忽略中和轴附近受拉混凝土的作用和压型钢板凹槽内混凝土的作用。

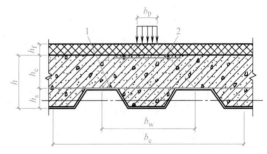

图 3-9　局部荷载分布有效宽度
1—承受局部集中荷载钢筋　2—局部承压附加钢筋

4) 完全剪切连接组合楼板，在混凝土与压型钢板的交界面上滑移很小，混凝土与压型钢板始终保持共同工作，截面应变符合平截面假定。

组合楼板截面在正弯矩作用下，其截面的应力分布如图 3-10 所示。根据截面的内力平衡条件，得

$$\alpha_1 f_c b x = A_a f_a + A_s f_y \tag{3-11}$$

$$M \leqslant M_u = \alpha_1 f_c b x \left(h_0 - \frac{x}{2} \right) \tag{3-12}$$

由式（3-11），可得

$$x = \frac{A_a f_a + A_s f_y}{\alpha_1 b f_c} \tag{3-13}$$

混凝土受压区高度 x 应符合下列条件

$$x \leqslant h_c \tag{3-14}$$

且

$$x \leqslant \xi_b h_0 \tag{3-15}$$

其中相对界限受压区高度 ξ_b 应按下列公式计算：

1) 有屈服强度钢材

$$\xi_b = \frac{\beta_1}{1 + \dfrac{f_a}{E_a \varepsilon_{cu}}} \tag{3-16}$$

2) 无屈服强度钢材

$$\xi_b = \frac{\beta_1}{1 + \dfrac{0.002}{\varepsilon_{cu}} + \dfrac{f_a}{E_a \varepsilon_{cu}}} \tag{3-17}$$

式中　　M——计算宽度内组合楼板的弯矩设计值；

$\quad\quad M_u$——组合楼板所能承担的极限弯矩；

$\quad\quad b$——组合楼板计算宽度，一般情况计算宽度可取 1m 进行计算；

$\quad\quad x$——混凝土受压区高度；

$\quad\quad A_a$——计算宽度内压型钢板截面面积；

$\quad\quad A_s$——计算宽度内板受拉钢筋截面面积；

$\quad\quad f_a$——压型钢板抗拉强度设计值；

$\quad\quad f_y$——钢筋抗拉强度设计值；

$\quad\quad f_c$——混凝土抗压强度设计值；

$\quad\quad h_0$——组合楼板截面有效高度，取压型钢板及钢筋拉力合力点至混凝土受压区边缘的距离；

$\quad\quad \varepsilon_{cu}$——受压区混凝土极限压应变，取 0.0033；

$\quad\quad \xi_b$——相对界限受压区高度；

$\quad\quad \beta_1$——受压区混凝土应力图形影响系数；

$\quad\quad \alpha_1$——混凝土受压区等效矩形应力图形系数。

3）当截面受拉区配置钢筋时，相对界限受压区高度计算式（3-16）和式（3-17）中的 f_a 应分别用钢筋强度设计值 f_y 和压型钢板强度设计值 f_a 代入计算，取其较小值作为相对界限受压区高度 ξ_b。

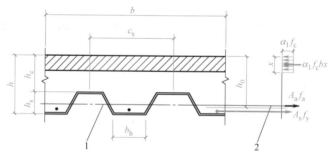

图 3-10　组合楼板正截面受弯承载力计算简图

1—压型钢板重心轴　2—钢材（压型钢板与钢筋）合力点

如果按式（3-13）求出的 x 满足 $x > h_c$，可以重新选择压型钢板的型号和尺寸，使得 $x \leq h_c$。如无合适的压型钢板可以替代，可按下式验算组合楼板的正截面受弯承载力

$$M \leq M_u = \alpha_1 f_c b h_c \left(h_0 - \frac{h_c}{2} \right) \tag{3-18}$$

4. 组合楼板截面在负弯矩作用下的受弯承载力计算

组合楼板截面在负弯矩作用下，可不考虑压型钢板受压，将组合楼板截面简化成等效 T 形截面，其正截面受弯承载力应按下列公式计算（图 3-11）

$$M \leq \alpha_1 f_c b_{\min} x \left(h'_0 - \frac{x}{2} \right) \tag{3-19}$$

$$\alpha_1 f_c b x = A_s f_y \tag{3-20}$$

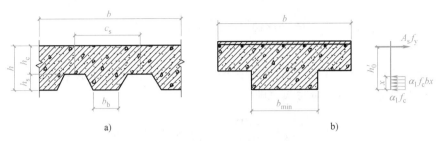

图 3-11　简化的 T 形截面

a）简化前组合楼板截面　b）简化后组合楼板截面

$$b_{\min} = \frac{b}{C_s} b_b \qquad (3-21)$$

式中　M——计算宽度内组合楼板的负弯矩设计值；

　　　h'_0——负弯矩区截面有效高度；

　　　$b_{\min}$——计算宽度内组合楼板换算腹板宽度；

　　　b——组合楼板计算宽度；

　　　C_s——压型钢板板肋中心线间距；

　　　b_b——压型钢板单个波槽的最小宽度。

集中荷载作用下的组合楼板受弯承载力计算时，考虑到集中荷载有一定的分布宽度，在利用上述各公式计算时，应将截面的计算宽度 b 改为有效宽度 b_e。

例 3-3　某压型钢板-混凝土组合楼板，已知使用阶段混凝土强度等级为 C30（$f_c = 14.3\mathrm{N/mm^2}$），水泥砂浆面层厚度为 30mm，活荷载标准值为 2.0kN/m²，其他条件同例 3-1。试对该组合楼板进行使用阶段的受弯承载力验算。

解：

（1）使用阶段荷载及内力计算

混凝土楼板和压型钢板自重标准值：2.932kN/m²。

水泥砂浆面层标准值：20×0.03kN/m² = 0.6kN/m²。

楼面活荷载标准值：2.0kN/m²。

组合楼板上的恒载标准值和设计值分别为

$$g_{2k} = 2.932\mathrm{kN/m^2} + 0.6\mathrm{kN/m^2} = 3.532\mathrm{kN/m^2}$$

$$g_2 = 1.3 \times 3.532\mathrm{kN/m^2} = 4.592\mathrm{kN/m^2}$$

组合楼板上的活荷载标准值和设计值分别为

$$p_{2k} = 2.0\mathrm{kN/m^2}$$

$$p_2 = 1.5 \times 2.0\mathrm{kN/m^2} = 3.0\mathrm{kN/m^2}$$

1 个波距（305mm）宽度组合楼板上作用的弯矩设计值

$$M'_2 = \frac{1}{8}(g_2 + p_2)l^2 \times 0.305 = \frac{1}{8} \times (4.592 + 3.0) \times 3.0^2 \times 0.305\mathrm{kN \cdot m} = 2.605\mathrm{kN \cdot m}$$

（2）受弯承载力验算

1 个波距上压型钢板的截面面积为

$$A_a = 16.89 \times 10^2 \times 0.305 \text{mm}^2 = 515.1 \text{mm}^2$$

因

$$A_a f_a = 515.1 \times 290 \text{N} = 149.38 \times 10^3 \text{N} < \alpha_1 f_c b h_c = 1.0 \times 14.3 \times 305 \times 74 \text{N} = 322.8 \times 10^3 \text{N}$$

故塑性中和轴在混凝土翼板内，则

$$x = \frac{f_a A_a}{\alpha_1 f_c b} = \frac{290 \times 515.1}{1.0 \times 14.3 \times 305} \text{mm} = 34.2 \text{mm}$$

压型钢板的重心轴距混凝土翼板顶面的距离为

$$h_0 = h_c + (h_s - y_{cb}) = 74 \text{mm} + (76 - 41) \text{mm} = 109 \text{mm}$$

组合楼板受弯承载力为

$$M_u = f_a A_a \left(h_0 - \frac{x}{2} \right) = 290 \times 515.1 \times \left(109 - \frac{34.2}{2} \right) \text{N} \cdot \text{mm}$$

$$= 13.73 \times 10^6 \text{N} \cdot \text{mm} > 2.605 \text{kN} \cdot \text{m} = 2.605 \times 10^6 \text{N} \cdot \text{mm} \text{（满足要求）}$$

例 3-4 某压型钢板-混凝土组合楼板，已知使用阶段混凝土强度等级为 C25（$f_c = 11.9 \text{N/mm}^2$），水泥砂浆面层厚度为 20mm，活荷载标准值为 2.0kN/m²，其他条件同例 3-2，试对该组合楼板进行使用阶段的受弯承载力验算。

解：

（1）使用阶段荷载及内力计算

混凝土板和压型钢板自重标准值：2.907kN/m²。

水泥砂浆面层标准值：20×0.02kN/m² = 0.4kN/m²。

楼面活荷载标准值：2.0kN/m²。

组合楼板上的恒载标准值和设计值分别为

$$g_{2k} = 2.907 \text{kN/m}^2 + 0.4 \text{kN/m}^2 = 3.307 \text{kN/m}^2$$

$$g_2 = 1.3 \times 3.307 \text{kN/m}^2 = 4.299 \text{kN/m}^2$$

组合楼板上的活荷载标准值和设计值分别为

$$p_{2k} = 2.0 \text{kN/m}^2$$

$$p_2 = 1.5 \times 2.0 \text{kN/m}^2 = 3.0 \text{kN/m}^2$$

1 个波距（200mm）宽度范围内组合楼板上作用的弯矩设计值

$$M_2' = \frac{1}{8}(g_2 + p_2)l^2 \times 0.2 = \frac{1}{8} \times (4.299 + 3.0) \times 2.4^2 \times 0.2 \text{kN} \cdot \text{m} = 1.051 \text{kN} \cdot \text{m}$$

（2）受弯承载力验算

1 个波距（200mm）上压型钢板的截面面积为

$$A_a = 2014 \times 0.2 \text{mm}^2 = 403 \text{mm}^2$$

因

$$x = \frac{f_a A_a}{\alpha_1 f_c b} = \frac{395 \times 403}{1.0 \times 11.9 \times 200} \text{mm}^2 = 66.9 \text{mm} > h_c = 58 \text{mm}$$

则

$$M_u = \alpha_1 f_c b h_c \left(h_0 - \frac{h_c}{2} \right)$$

$$= 1.0 \times 11.9 \times 200 \times 58 \times \left(110 - 13.6 - \frac{58}{2} \right) \text{N} \cdot \text{mm}$$

$$= 9.30 \times 10^6 \text{N} \cdot \text{mm} > 1.051 \text{kN} \cdot \text{m} = 1.051 \times 10^6 \text{N} \cdot \text{mm} \text{（满足要求）}$$

5. 组合楼板斜截面受剪承载力计算

一般忽略压型钢板的抗剪作用，仅考虑混凝土部分的抗剪作用，则组合楼板的斜截面受剪承载力应符合

$$V \leqslant 0.7 f_t b_{min} h_0 \tag{3-22}$$

式中　V——组合楼板最大剪力设计值；

　　　f_t——混凝土轴心抗拉强度设计值；

　　　b_{min}——计算宽度内组合楼板换算腹板宽度；

　　　h_0——组合楼板截面有效高度。

6. 组合楼板纵向剪切粘结承载力计算

纵向剪切粘结设计是组合楼板设计最重要的部分之一。组合楼板纵向剪切粘结承载力与压型钢板截面面积、形状、表面加工情况、剪跨、连接件、混凝土强度等级等诸多因素有关。根据大量试验，压型钢板与混凝土间的纵向剪切粘结承载力应符合下式规定

$$V \leqslant V_u = m \frac{A_a h_0}{1.25a} + k f_t b h_0 \tag{3-23}$$

式中　V——组合楼板最大剪力设计值；

　　　V_u——组合楼板纵向剪切粘结承载力；

　　　b——组合楼板计算宽度；

　　　f_t——混凝土轴心抗拉强度设计值；

　　　a——剪跨，均布荷载作用时取 $a = l_n/4$，l_n 为板净跨度，连续板可取反弯点之间的距离；

　　　A_a——计算宽度内组合楼板截面压型钢板面积；

　　　h_0——组合楼板截面有效高度；

　　　m、k——剪切粘结系数，按附录1取值。

7. 组合楼板受冲切承载力计算

在局部集中荷载作用下，当荷载的作用范围较小，而荷载值很大、板较薄时容易发生冲切破坏。冲切破坏一般是沿着荷载作用面周边45°斜面发生的。冲切破坏的实质是在受拉主应力作用下混凝土的受拉破坏，破坏时形成一个具有45°斜面的冲切锥体，如图3-12所示。组合楼板受冲切验算时，忽略压型钢板槽内混凝土和压型钢板的作用，按板厚为 h_c 的钢筋混凝土板计算。

组合楼板的受冲切承载力可按下式计算

$$F_l \leqslant 0.7 f_t u_{cr} h_c \tag{3-24}$$

式中　F_l——局部集中荷载设计值；

　　　f_t——混凝土轴心抗拉强度设计值；

　　　h_c——组合楼板中压型钢板肋以上混凝土厚度；

u_{cr}——组合楼板冲切面的计算截面周长，按下式计算

$$u_{cr} = 2(a_c + b_c) + 4h_c \qquad (3-25)$$

式中 a_c、b_c——集中荷载作用面的长和宽。

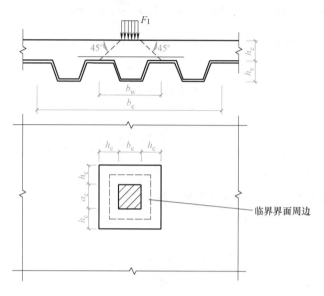

图 3-12　组合楼板冲切破坏计算图

3.5　使用阶段组合楼板刚度、挠度及裂缝宽度计算

3.5.1　使用阶段组合楼板刚度计算

组合楼板的挠度可采用弹性理论，按结构力学的方法计算。对于具有完全剪切连接的组合楼板，可按换算截面法进行。因为组合楼板是由钢和混凝土两种性能不同的材料组成的，为便于挠度的计算，可将其换算成同一种材料的构件，求出相应的截面刚度。具体方法为将截面上压型钢板的面积乘以压型钢板与混凝土弹性模量的比值 α_E 换算为混凝土截面，按图 3-13 计算换算截面惯性矩。换算截面惯性矩近似按开裂换算截面与未开裂换算截面惯性矩的平均值计算。

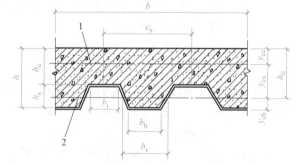

图 3-13　组合楼板截面刚度计算简图
1—中和轴　2—压型钢板重心轴

（1）未开裂换算截面惯性矩　未开裂换算截面惯性矩，可按下列公式计算

$$I_u^s = \frac{bh_c^3}{12} + bh_c(y_{cc} - 0.5h_c)^2 + \alpha_E I_a + \alpha_E A_a y_{cs}^2 + \frac{b_r b h_s}{C_s}\left[\frac{h_s^2}{12} + (h - y_{cc} - 0.5h_s)^2\right] \qquad (3-26)$$

$$y_{cc} = \frac{0.5bh_c^2 + \alpha_E A_a h_0 + b_r h_s (h_0 - 0.5h_s) b/C_s}{bh_c + \alpha_E A_a + b_r h_s b/C_s} \tag{3-27}$$

$$\alpha_E = E_a / E_c \tag{3-28}$$

式中　I_u^s——未开裂换算截面惯性矩；

　　　b——组合楼板计算宽度；

　　　C_s——压型钢板板肋中心线间距；

　　　b_r——开口板为槽口的平均宽度，缩口板、闭口板为槽口的最小宽度；

　　　h_c——压型钢板肋以上混凝土厚度；

　　　h_s——压型钢板的高度；

　　　h_0——组合楼板截面有效高度；

　　　y_{cc}——截面中和轴距混凝土顶边距离，若 $y_{cc} > h_c$，取 $y_{cc} = h_c$；

　　　y_{cs}——截面中和轴距压型钢板截面重心轴距离；

　　　α_E——钢对混凝土的弹性模量比；

　　　E_a——钢的弹性模量；

　　　E_c——混凝土的弹性模量；

　　　A_a——计算宽度内组合楼板中压型钢板的截面面积；

　　　I_a——计算宽度内组合楼板中压型钢板的截面惯性矩。

（2）开裂换算截面惯性矩　开裂换算截面惯性矩，可按下列公式计算

$$I_c^s = \frac{by_{cc}^3}{3} + \alpha_E A_a y_{cs}^2 + \alpha_E I_a \tag{3-29}$$

$$y_{cc} = \left(\sqrt{2\rho_a \alpha_E + (\rho_a \alpha_E)^2} - \rho_a \alpha_E \right) h_0 \tag{3-30}$$

$$y_{cs} = h_0 - y_{cc} \tag{3-31}$$

$$\rho_a = \frac{A_a}{bh_0} \tag{3-32}$$

式中　I_c^s——开裂换算截面惯性矩；

　　　ρ_a——计算宽度内组合楼板截面压型钢板含钢率；

　　　其余符号意义同前。

（3）组合楼板截面抗弯刚度　组合楼板在荷载效应准永久组合下截面的抗弯刚度可按下列公式计算

$$B_s = E_c I_{eq}^s \tag{3-33}$$

$$I_{eq}^s = \frac{I_u^s + I_c^s}{2} \tag{3-34}$$

式中　B_s——短期荷载作用下的截面抗弯刚度。

　　组合楼板在长期荷载作用下截面的抗弯刚度可按下列公式计算

$$B = 0.5 E_c I_{eq}^l \tag{3-35}$$

$$I_{eq}^l = \frac{I_u^l + I_c^l}{2} \tag{3-36}$$

式中 B——长期荷载作用下的截面抗弯刚度；

I_{eq}^l——长期荷载作用下的平均换算截面惯性矩；

I_u^l、I_c^l——长期荷载作用下未开裂换算截面惯性矩及开裂换算截面惯性矩，按式（3-26）和式（3-29）计算，计算中 α_E 改用 $2\alpha_E$。

3.5.2 使用阶段组合楼板挠度验算

使用阶段组合楼板的最大挠度，应按荷载的准永久组合作用下，并考虑荷载长期作用的影响进行计算，满足下式要求

$$\Delta_2 \leqslant \Delta_{\lim} \tag{3-37}$$

式中 Δ_2——荷载作用下产生的最大挠度，按一次加载，采用荷载准永久组合并考虑长期作用的影响进行计算；

$\Delta_{\lim}$——组合楼板的挠度限值，$\Delta_{\lim}=l_0/360$，l_0 为组合楼板的计算跨度。

例 3-5 试对例 3-3 中的组合楼板进行使用阶段的挠度验算。已知 C30 强度等级混凝土的弹性模量 $E_c=3.0\times10^4\text{N/mm}^2$，使用阶段活荷载的准永久值系数 $\psi_q=0.4$。

解：

在 $b=305\text{mm}$ 宽度上，均布恒载和活荷载的标准值分别为

$$g_{2k}=3.532\times0.305\text{kN/m}=1.08\text{kN/m},\ p_{2k}=2\times0.305\text{kN/m}=0.61\text{kN/m}$$

$$\alpha_E=E_a/E_c=2.06\times10^5/(3.00\times10^4)=6.87$$

$$A_a=515.1\text{mm}^2,\ b_r=\frac{184+121}{2}\text{mm}=152.5\text{mm}$$

$$I_a=1.721\times10^6\times\frac{305}{1000}\text{mm}^4=5.249\times10^5\text{mm}^4$$

按荷载的准永久组合并考虑荷载长期作用影响时的刚度计算

$$y_{cc}=\frac{0.5bh_c^2+2\alpha_E A_a h_0+b_r h_s(h_0-0.5h_s)b/C_s}{bh_c+2\alpha_E A_a+b_r h_s b/C_s}$$

$$=\frac{0.5\times305\times74^2+2\times6.87\times515.1\times109+152.5\times76\times(109-0.5\times76)\times305/305}{305\times74+2\times6.87\times515.1+152.5\times76\times305/305}\text{mm}$$

$$=58.91\text{mm}$$

$$I_u^l=\frac{bh_c^3}{12}+bh_c(y_{cc}-0.5h_c)^2+2\alpha_E I_a+2\alpha_E A_a y_{cs}^2+\frac{b_r h_s}{C_s}\left[\frac{h_s^2}{12}+(h-y_{cc}-0.5h_s)^2\right]$$

$$=\left\{\frac{305\times74^3}{12}+305\times74\times(58.91-0.5\times74)^2+2\times6.87\times5.249\times10^5+2\times6.87\times515.1\times\right.$$

$$(109-58.91)^2+\frac{152.5\times305\times76}{305}\times\left[\frac{76^2}{12}+(150-58.91-0.5\times76)^2\right]\Big\}\text{mm}^4$$

$$=8.44\times10^7\text{mm}^4$$

$$\rho_a=\frac{A_a}{bh_0}=\frac{515.1}{305\times109}=0.0155$$

$$y'_{cc} = (\sqrt{2\rho_a \times 2\alpha_E + (\rho_a \times 2\alpha_E)^2} - \rho_a \times 2\alpha_E)h_0$$

$$= (\sqrt{4 \times 0.0155 \times 6.87 + (2 \times 0.0155 \times 6.87)^2} - 2 \times 0.0155 \times 6.87) \times 109\text{mm}$$

$$= 51.62\text{mm}$$

$$I_c^l = \frac{b(y'_{cc})^3}{3} + 2\alpha_E A_a y_{cs}^2 + 2\alpha_E I_a$$

$$= \left(\frac{305 \times 51.62^3}{3} + 2 \times 6.87 \times 515.1 \times 50.09^2 + 2 \times 6.87 \times 5.249 \times 10^5 \right)\text{mm}^4$$

$$= 3.90 \times 10^7 \text{mm}^4$$

$$I_{eq}^l = \frac{I_u^l + I_c^l}{2} = \frac{8.44 \times 10^7 + 3.90 \times 10^7}{2}\text{mm}^4 = 6.17 \times 10^7 \text{mm}^4$$

$$B = 0.5E_c I_{eq}^l = 0.5 \times 3.0 \times 10^4 \times 6.17 \times 10^7 \text{N} \cdot \text{mm}^2 = 9.26 \times 10^{11}\text{N} \cdot \text{mm}^2$$

组合楼板的挠度为

$$\Delta_2 = \alpha \frac{(g_{2k} + \psi_q p_{2k})l^4}{B} = \frac{5}{384} \times \frac{(1.08 + 0.4 \times 0.61) \times 3000^4}{9.26 \times 10^{11}}\text{mm} = 1.508\text{mm}$$

$$\Delta_{lim} = \frac{3000}{360}\text{mm} = 8.33\text{mm} > 1.508\text{mm}（满足要求）$$

例 3-6　试对例 3-4 中的组合楼板进行使用阶段的挠度验算。已知 C25 强度等级混凝土的弹性模量 $E_c = 2.8 \times 10^4 \text{N/mm}^2$，使用阶段活荷载的准永久值系数 $\psi_q = 0.5$。

解:

在 $b = 200\text{mm}$ 宽度上，均布恒载和活荷载的标准值分别为

$$g_{2k} = 3.307 \times 0.2\text{kN/m} = 0.661\text{kN/m}, \quad p_{2k} = 2.0 \times 0.2\text{kN/m} = 0.4\text{kN/m}$$

$$\alpha_E = E_a / E_c = 2.06 \times 10^5 / (2.8 \times 10^4) = 7.36$$

$$A_a = 403\text{mm}^2, \quad b_r = \frac{168 + 187}{2}\text{mm} = 177.5\text{mm}$$

$$I_a = 76.90 \times 10^4 \times 0.2\text{mm}^4 = 1.538 \times 10^5 \text{mm}^4$$

按荷载的准永久组合并考虑荷载长期作用影响时的刚度计算

$$y_{cc} = \frac{0.5bh_c^2 + 2\alpha_E A_a h_0 + b_r h_s(h_0 - 0.5h_s)b/C_s}{bh_c + 2\alpha_E A_a + b_r h_s b/C_s}$$

$$= \frac{0.5 \times 200 \times 58^2 + 2 \times 7.36 \times 403 \times 96.4 + 177.5 \times 52 \times (96.4 - 0.5 \times 52) \times 200/200}{200 \times 58 + 2 \times 7.36 \times 403 + 177.5 \times 52 \times 200/200}\text{mm}$$

$$= 58.22\text{mm}$$

$$I_u^l = \frac{bh_c^3}{12} + bh_c(y_{cc} - 0.5h_c)^2 + 2\alpha_E I_a + 2\alpha_E A_a y_{cs}^2 + \frac{b_r b h_s}{C_s}\left[\frac{h_s^2}{12} + (h - y_{cc} - 0.5h_s)^2 \right]$$

$$= \left\{ \frac{200 \times 58^3}{12} + 200 \times 58 \times (58.22 - 0.5 \times 58)^2 + 2 \times 7.36 \times 1.538 \times 10^5 + 2 \times 7.36 \times 403 \times \right.$$

$$(96.4-58.22)^2+\frac{177.5\times200\times52}{200}\times\left[\frac{52^2}{12}+(110-58.22-0.5\times52)^2\right]\Bigg\}mm^4$$

$$=3.23\times10^7mm^4$$

$$\rho_a=\frac{A_a}{bh_0}=\frac{403}{200\times96.4}=0.0209$$

$$y'_{cc}=(\sqrt{2\rho_a\times2\alpha_E+(\rho_a\times2\alpha_E)^2}-\rho_a\times2\alpha_E)h_0$$

$$=(\sqrt{4\times0.0209\times7.36+(2\times0.0209\times7.36)^2}-2\times0.0209\times7.36)\times96.4mm$$

$$=51.57mm$$

$$I_c^l=\frac{b(y'_{cc})^3}{3}+2\alpha_EA_ay_{cs}^2+2\alpha_EI_a$$

$$=\left(\frac{200\times51.57^3}{3}+2\times7.36\times403\times38.18^2+2\times7.36\times1.538\times10^5\right)mm^4$$

$$=2.01\times10^7mm^4$$

$$I_{eq}^l=\frac{I_u^l+I_c^l}{2}=\frac{3.23\times10^7+2.01\times10^7}{2}mm^4=2.62\times10^7mm^4$$

$$B=0.5E_cI_{eq}^l=0.5\times2.8\times10^4\times2.62\times10^7N\cdot mm^2=3.67\times10^{11}N\cdot mm^2$$

组合楼板的挠度为

$$\Delta_2=\alpha\frac{(g_{2k}+\psi_qp_{2k})l^4}{B}=\frac{5}{384}\times\frac{(0.661+0.5\times0.4)\times2400^4}{3.67\times10^{11}}mm=1.01mm$$

$$\Delta_{lim}=\frac{2400}{360}mm=6.67mm>1.01mm\ (满足要求)$$

3.5.3 组合楼板裂缝宽度计算

对组合楼板负弯矩区最大裂缝宽度的计算，可近似忽略压型钢板的作用，按普通钢筋混凝土受弯构件进行计算。其最大裂缝宽度应采用下列公式

$$\omega_{max}=1.9\psi\frac{\sigma_{sq}}{E_s}\left(1.9c_s+0.08\frac{d_{eq}}{\rho_{te}}\right) \tag{3-38}$$

$$\sigma_{sq}=\frac{M_q}{0.87h_0'A_s} \tag{3-39}$$

$$\psi=1.1-0.65\frac{f_{tk}}{\rho_{te}\sigma_{sq}} \tag{3-40}$$

$$d_{eq}=\frac{\sum n_id_i^2}{\sum n_i\nu_id_i} \tag{3-41}$$

$$\rho_{te}=\frac{A_s}{A_{te}} \tag{3-42}$$

$$A_{te} = 0.5 b_{min} h + (b - b_{min}) h_c \qquad (3\text{-}43)$$

式中　ω_{max}——最大裂缝宽度；

　　　ψ——裂缝间纵向受拉钢筋应变不均匀系数：当 $\psi < 0.2$ 时，取 $\psi = 0.2$；当 $\psi > 1$ 时，取 $\psi = 1$；对直接承受重复荷载的构件，取 $\psi = 1$；

　　　σ_{sq}——按荷载效应的准永久组合计算的组合楼板负弯矩区纵向受拉钢筋的等效应力；

　　　E_s——钢筋弹性模量；

　　　c_s——最外层纵向受拉钢筋外边缘至受拉区底边的距离，当 $c_s < 20mm$ 时，取 $c_s = 20mm$；

　　　ρ_{te}——按有效受拉混凝土截面面积计算的纵向受拉钢筋配筋率；在最大裂缝宽度计算中，当 $\rho_{te} < 0.01$ 时，取 $\rho_{te} = 0.01$；

　　　A_{te}——有效受拉混凝土截面面积；

　　　A_s——受拉区纵向钢筋截面面积；

　　　d_{eq}——受拉区纵向钢筋的等效直径；

　　　d_i——受拉区第 i 种纵向钢筋的公称直径；

　　　n_i——受拉区第 i 种纵向钢筋的根数；

　　　ν_i——受拉区第 i 种纵向钢筋的相对粘结特性系数，光面钢筋 $\nu_i = 0.7$，带肋钢筋 $\nu_i = 1.0$；

　　　h'_0——组合楼板负弯矩区板的有效高度；

　　　M_q——按荷载效应的准永久组合计算的弯矩值。

例 3-7　采用例 3-2 所示的压型钢板-混凝土连续组合楼板，所处的环境类别为一类（最大裂缝宽度限值为 0.30mm）。由荷载准永久组合产生的每米板宽上的负弯矩值为 7.60kN·m，在负弯矩区板面配置 $\Phi 12@100$ 的纵向受拉钢筋（$E_s = 2 \times 10^5 N/mm^2$），压型钢板顶面以上混凝土厚度为 58mm，纵向受拉钢筋的混凝土保护层厚度为 15mm，混凝土强度等级为 C30（$f_{tk} = 2.01 N/mm^2$）。试验算该组合楼板的最大裂缝宽度是否满足要求。

解：

1 个波距（200mm）范围内，纵向受拉钢筋的截面面积 $A_s = 226mm^2$，截面的负弯矩设计值为

$$M_q = (7.60 \times 200/1000) kN \cdot m = 1.52 kN \cdot m$$

裂缝截面处钢筋的应力为

$$\sigma_{sq} = \frac{M_q}{0.87 h'_0 A_s} = \frac{1.52 \times 10^6}{0.87 \times (58 - 15 - 6) \times 226} N/mm^2 = 208.9 N/mm^2$$

有效截面配筋率为

$$\rho_{te} = \frac{A_s}{A_{te}} = \frac{226}{0.5 \times 200 \times 58} = 0.039$$

纵向受拉钢筋应变不均匀系数为

$$\psi = 1.1 - 0.65 \frac{f_{tk}}{\rho_{te} \sigma_{sq}} = 1.1 - 0.65 \times \frac{2.01}{0.039 \times 208.9} = 0.94$$

由于受拉钢筋的混凝土保护层厚度 c_s 为 15mm（小于 20mm），故取 $c_s = 20mm$，则最大裂缝宽度为

$$\omega_{max} = 1.9\psi\frac{\sigma_{sq}}{E_s}\left(1.9c_s + 0.08\frac{d_{eq}}{\rho_{te}}\right) = 1.9 \times 0.94 \times \frac{208.9}{2 \times 10^5} \times \left(1.9 \times 20 + 0.08 \times \frac{12}{0.039}\right)mm = 0.117mm$$

$$< \omega_{lim} = 0.3mm（满足要求）$$

3.5.4　组合楼板的舒适度验算

试验和理论分析表明，组合楼盖舒适不仅取决于楼板的自振频率，还与楼盖的峰值加速度有关。为保证组合楼板在使用阶段具有必要的舒适度，应对其峰值加速度和自振频率进行验算，保证其自振频率 f_n 不宜小于 3Hz，也不宜大于 9Hz，且振动峰值加速度 a_p 与重力加速度 g 之比不宜大于表 3-5 中的限值。具体计算参见附录 2。

表 3-5　振动峰值加速度与重力加速之比的限值

房屋功能	住宅、办公	商场、餐饮
a_p/g	0.005	0.015

舞厅、健身房、手术室等其他功能的房屋，以及 f_n 小于 3Hz 或大于 9Hz 时，应做专门的研究论证。

3.6　组合楼板构造要求

3.6.1　一般规定

1）组合楼板用压型钢板应采用镀锌钢板，镀锌量应根据腐蚀环境，可选择两面镀锌量为 275g/m² 的基板。组合楼板不宜采用钢板表面无压痕的光面开口型压型钢板，且基板净厚度不宜小于 0.75mm。作为永久模板使用的压型钢板基板的净厚度不宜小于 0.5mm。

2）压型钢板浇筑混凝土面的槽口宽度，开口型压型钢板凹槽重心轴处宽度（b_r）、缩口型压型钢板和闭口型压型钢板槽口最小浇筑宽度（b_r）不应小于 50mm，如图 3-14 所示。当槽内放置栓钉时，压型钢板总高（h_s，包括压痕）不宜大于 80mm。

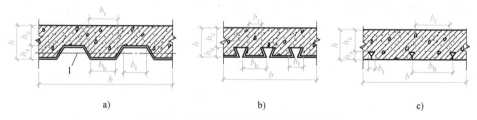

图 3-14　组合楼板截面凹槽宽度示意图

a）开口型压型钢板　b）缩口型压型钢板　c）闭口型压型钢板

1—压型钢板重心轴

3）组合楼板总厚度 h 不应小于 90mm，压型钢板肋顶部以上混凝土厚度 h_c 不应小

于 50mm。

3.6.2 配筋要求

1）组合楼板正截面承载力不足时，可在板底沿顺肋方向配置纵向抗拉钢筋，钢筋保护层净厚度不应小于 15mm，板底纵向钢筋与上部纵向钢筋间应设置拉筋。

2）组合楼板不宜采用钢板表面无压痕的光面开口型压型钢板，若必须采用时，应沿垂直肋方向布置不小于 Φ6@200 的横向钢筋，并应焊接于压型钢板上翼缘。焊有横向抗剪钢筋的组合楼板的剪切粘结系数应按附录 1 试验确定。

3）组合楼板在有较大集中（线）荷载作用的部位应设置横向钢筋，其截面面积不应小于压型钢板肋以上混凝土截面面积的 0.2%，延伸宽度不应小于集中（线）荷载分布的有效宽度。钢筋的间距不宜大于 150mm，直径不宜小于 6mm。

4）组合楼板支座处构造钢筋及板面温度钢筋配置应符合 GB 50010—2010《混凝土结构设计规范》（2015 年版）的有关规定。

3.6.3 端部构造

1）组合楼板支承于钢梁上时，其支承长度对边梁不应小于 75mm（图 3-15a）；对中间梁，当压型钢板不连续时不应小于 50mm（图 3-15b）；当压型钢板连续时不应小于 75mm（图 3-15c）。

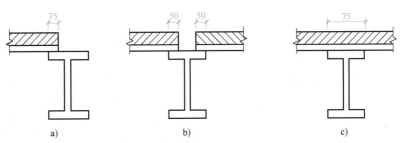

图 3-15 组合楼板支承于钢梁上

a）边梁 b）中间梁，压型钢板不连续 c）中间梁，压型钢板连续

2）组合楼板支承于混凝土梁上时，应在混凝土梁上设置预埋件，预埋件设计应符合 GB 50010—2010《混凝土结构设计规范》（2015 年版）的规定，不得采用膨胀螺栓固定预埋件。组合楼板在混凝土梁上的支承长度，对边梁不应小于 100mm（图 3-16a）；对中间梁，当压型钢板不连续时不应小于 75mm（图 3-16b）；当压型钢板连续时不应小于 100mm（图 3-16c）。

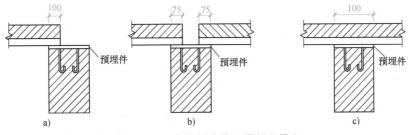

图 3-16 组合楼板支承于混凝土梁上

a）边梁 b）中间梁，压型钢板不连续 c）中间梁，压型钢板连续

3）组合楼板支承于砌体墙上时，应在砌体墙上设混凝土圈梁，并在圈梁上设置预埋件，组合楼板应支承于预埋件上，并应符合第2）条的规定。

4）组合楼板支承于剪力墙侧面时，宜支承在剪力墙侧面设置的预埋件上，剪力墙内宜预留钢筋并与组合楼板负弯矩钢筋连接，埋件设置以及预留钢筋的锚固长度应符合现行国家标准 GB 50010—2010《混凝土结构设计规范》（2015 年版）的规定（图 3-17）。

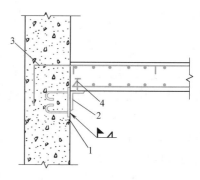

图 3-17　组合楼板与剪力墙连接构造
1—预埋件　2—角钢或槽钢
3—剪力墙内预留钢筋　4—栓钉

3.6.4　抗剪连接件要求

组合楼板与钢梁之间应设置抗剪连接件。连接件的设置应符合以下规定：

1）连接件顶面的混凝土保护层厚度不应小于 15mm。

2）采用圆柱头焊钉连接件时，焊钉长度不应小于其杆径的 4 倍。

3）焊钉沿梁轴线方向间距不应小于杆径的 6 倍；垂直于梁轴线方向的间距不应小于杆径的 4 倍。

本 章 小 结

1）压型钢板-混凝土组合楼板是由压型钢板与混凝土通过组合作用形成的，具有较多性能优势和广泛应用前景。

2）施工阶段，压型钢板承担楼板上全部永久荷载和施工活荷载，采用钢结构理论，按照完全弹性方法进行承载力和变形验算，并且压型钢板受压翼缘要按有效翼缘宽度进行计算。

3）在使用阶段，压型钢板-混凝土组合楼板主要发生弯曲破坏、纵向剪切粘结破坏和斜截面剪切破坏等三种主要破坏形态，有时也出现局部压曲破坏、局部冲切破坏、压型钢板与混凝土发生竖向分离等其他破坏形态。

4）对使用阶段的验算，组合楼板受弯承载力计算可采用以平截面假定为基础的塑性设计方法进行计算，组合楼板纵向剪切粘结破坏承载力主要采用 $m-k$ 系数法表达的统计回归计算公式，组合楼板斜截面剪切破坏承载能力仅考虑混凝土抗剪。

5）组合楼板截面弯曲刚度可以采用换算截面法计算，换算截面惯性矩近似按开裂换算截面惯性矩与未开裂换算截面惯性矩的平均值计算；其挠度计算采用弹性理论，应按荷载效应的准永久组合并考虑荷载长期作用的影响进行计算。

6）连续组合楼板负弯矩区最大裂缝宽度可按普通钢筋混凝土受弯构件进行计算，并应符合 GB 50010—2010《混凝土结构设计规范》（2015 年版）的规定。

7）应对组合楼板进行峰值加速度和自振频率验算以考虑舒适度的要求。

思 考 题

3-1　根据压型钢板板型的不同，压型钢板-混凝土组合楼板有哪几种主要形式？

3-2　简述压型钢板-混凝土组合楼板主要的性能特点。

3-3　简述压型钢板受压翼缘有效计算宽度的概念及剪力滞后效应。

3-4　简述使用阶段压型钢板-混凝土组合楼板的主要破坏模式。

3-5　简述压型钢板-混凝土组合楼板的内力分析方法和原则。

3-6　简述压型钢板-混凝土组合楼板挠度计算所采用的方法及刚度计算时的换算截面法。

3-7　简述压型钢板-混凝土组合楼板的主要构造要求。

3-8　压型钢板-混凝土组合楼板舒适度验算应满足哪些要求？

习　　题

某工程楼板采用压型钢板-混凝土组合楼板，其最大计算跨度为 $l=2.5\mathrm{m}$。压型钢板型号采用 BONDEK-200-600，其自重标准值为 $0.157\mathrm{kN/m^2}$，压型钢板厚度为 1.0mm，波高为 52mm，波距为 200mm，压型钢板钢材设计强度为 290MPa，截面面积为 $1678\mathrm{mm^2/m}$，截面惯性矩为 $64.08\times10^4\mathrm{mm^4/m}$，截面抵抗矩为 $16.69\times10^3\mathrm{mm^3/m}$，压型钢板具体截面形状和尺寸如图 3-6 所示。压型钢板顶面以上混凝土厚度为 68mm，楼板总厚度 120mm，水泥砂浆面层厚度 30mm。混凝土强度等级为 C30（$f_c=14.3\mathrm{N/mm^2}$，$E_c=3.0\times10^4\mathrm{N/mm^2}$）。施工阶段和使用阶段的活荷载分别为 $1.5\mathrm{kN/m^2}$ 和 $2.5\mathrm{kN/m^2}$，使用阶段活荷载的准永久值系数 $\psi_q=0.5$。试对该组合楼板进行施工阶段和使用阶段的正截面受弯承载力和挠度验算。

第4章

型钢混凝土结构

4.1 概述

4.1.1 型钢混凝土结构的概念

型钢混凝土结构是指在混凝土中主要配置型钢，并配有适量纵向钢筋和箍筋的一种结构。不同国家对型钢混凝土结构有不同的命名，英美等西方国家称之为混凝土外包钢结构（Concrete Encased Steelwork），日本称之为钢骨钢筋混凝土结构（鉄骨鉄筋コンクリート），前苏联称之为劲性钢筋混凝土结构。根据截面配钢形式的不同，型钢混凝土构件可分为实腹式和空腹式两类。实腹式型钢混凝土构件主要配置轧制或焊接工字形型钢、十字形型钢、L形型钢及T形型钢等，空腹式型钢混凝土构件主要配置由缀板或缀条连接角钢或槽钢构成的空间桁架式骨架。不同配钢形式的型钢混凝土构件截面如图4-1所示。

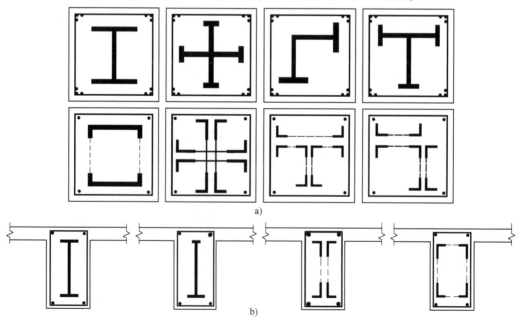

图 4-1 型钢混凝土构件

a）型钢混凝土柱 b）型钢混凝土梁

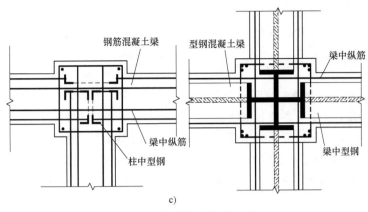

图 4-1　型钢混凝土构件（续）

c）型钢混凝土梁柱节点

4.1.2　型钢混凝土结构的特点

型钢混凝土结构作为一种独立的结构形式，既发挥了钢筋混凝土结构和钢结构的优点，又克服了两者各自的缺点，具有良好的受力性能。

与钢筋混凝土结构相比，型钢混凝土结构具有以下特点：

（1）承载能力高　型钢混凝土结构配置了型钢，比钢筋混凝土结构截面含钢率高得多，在同等截面条件下，型钢混凝土构件的承载能力比钢筋混凝土构件大大提高。同时，型钢对内部核心混凝土具有良好的约束作用，改善了混凝土的力学性能。

（2）抗震性能好　型钢混凝土结构相当于在钢筋混凝土截面中增加了型钢，钢材优良的塑性性能可在结构中得到充分发挥，从而使得型钢混凝土结构具有良好的延性和耗能能力。尤其是实腹式型钢混凝土构件的抗震性能比钢筋混凝土构件优越得多，而空腹式型钢混凝土构件的抗震性能虽不及实腹式，但与钢筋混凝土构件相比仍有明显改善。因此，型钢混凝土结构特别适用于地震区的高层及超高层建筑。

（3）施工速度快　实腹式和空腹式型钢混凝土结构所配置的型钢均可在加工厂制作，施工工业化程度显著提高；同时，型钢在施工现场安装方便，可作为承重骨架承受施工荷载，减少模板支撑的使用量，极大地便于施工。

与钢结构相比，型钢混凝土结构具有以下特点：

（1）刚度大　外包混凝土使型钢混凝土结构的刚度明显大于钢结构，因而在超高层建筑及高耸结构中采用型钢混凝土结构，可以避免水平侧移过大，容易满足限值要求。

（2）防火、耐久性能好　最初提出型钢混凝土结构，是为了利用外包混凝土提高钢结构的防火性能，实际上由于混凝土的保护作用，除防火性能外，型钢混凝土在防腐、防锈等耐久性方面也较钢结构有显著提高。

（3）稳定性好　型钢混凝土结构中，混凝土对型钢具有良好的包裹作用，能够避免型钢发生整体失稳或局部屈曲，提高结构的稳定性。型钢混凝土构件中的型钢一般不需要设置加劲肋。

当然，型钢混凝土结构也存在不足之处。型钢表面光滑，与混凝土之间的粘结性能相对较差，粘结滑移问题突出。另外，型钢与钢筋并存，使得节点构造复杂，浇筑混凝土困难，给设计和施工带来诸多不便。因此，型钢混凝土结构在实际工程应用中既要充分发挥其长处，又要尽量避免和解决其缺点和不足。

4.1.3　型钢混凝土结构的研究与应用

20 世纪初，欧美学者最先对型钢混凝土结构开展研究，完成了系列试验，取得了一定的研究成果。美国的混凝土规范和钢结构规范及英国标准均列入了关于型钢混凝土结构的设计条款，欧洲统一规范中的组合结构规范也包括型钢混凝土结构的设计规定。苏联从 20 世纪 30 年代开始研究型钢混凝土结构，并将其应用于大量工程，先后出版《劲性钢筋混凝土设计规范》和《劲性钢筋混凝土结构设计指南》，之后还对后者进行多次修订。日本是早期研究和应用型钢混凝土结构最多的国家，从 1920 年开始完成了大量的型钢混凝土梁、柱及节点试验，取得了丰富的研究成果，1958 年出版了《型钢钢筋混凝土结构计算标准》及其条文说明，并在 1963 年、1975 年、1987 年、2001 年、2010 年和 2014 年完成了六次修订。

我国从 20 世纪 50 年代开始应用型钢混凝土结构，主要依据苏联规范进行设计，范围限于工业建筑。从 20 世纪 80 年代开始，冶金工业部建筑研究总院、西安建筑科技大学、中国建筑科学研究院、西南交通大学、东南大学等分别对型钢混凝土结构进行了研究，建立了符合我国实际国情的设计方法。1997 年，冶金工业部参考日本规程，颁布了行业标准 YB 9082—1997《钢骨混凝土结构设计规程》，该规程在 2006 年进行了修订。2001 年，建设部基于我国大量研究成果，编制了（JGJ 138—2001）《型钢混凝土组合结构技术规程》，现行（JGJ 138—2016）《组合结构设计规范》中关于型钢混凝土结构的内容是在此规程的基础上修订形成的。相关规程的颁布与实施，促进了型钢混凝土结构在我国越来越广泛的应用，如北京央视新主楼、上海环球金融中心、深圳地王大厦等标志性建筑均采用了型钢混凝土结构，取得了良好的经济效益和社会效益。

4.2　型钢混凝土梁

4.2.1　试验研究

对实腹式型钢混凝土梁进行两点集中对称加载（图 4-2），得到荷载-跨中挠度关系曲线，如图 4-3 所示。由图 4-3 可知，在加荷初期（*OA* 段），梁处于弹性阶段，荷载与挠度基本呈线性关系。当荷载达到极限荷载的 15%～20% 时，纯弯段的受拉区边缘混凝土开裂。随着荷载增加，纯弯段和弯剪段相继出现新的竖向裂缝，而原有裂缝不断开展，但当裂缝发展到型钢下翼缘附近后，不再随荷载的增加而继续发展，出现了"停滞"现象。这主要是因为型钢刚度较大，裂缝的发展受到型钢翼缘的阻止，同时型钢的翼缘和腹板对混凝土，尤其是核心混凝土的受拉变形有较大约束。因此，虽然构件已经开裂，但此时荷载-跨中挠度曲线并无明显的转折点（*AB* 段）。当荷载增加到极限荷载的 50% 左右时，裂缝基本出齐。荷载继续增大，剪跨段的竖向裂缝逐渐指向加载点变为斜裂缝，剪跨比越小，这种现象越明显。当荷载增加到一定程度，型钢受拉翼缘开始屈服，之后型钢腹板沿高度方向也逐渐屈服，此时，梁的刚度降低较大，裂缝和变形迅速发展（*CD* 段）。

当荷载达到极限荷载的 80% 左右时，对于具有抗剪连接件的梁，在型钢上翼缘与混凝

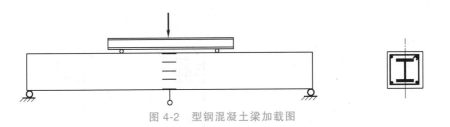

图 4-2　型钢混凝土梁加载图

土交界面上没有出现明显的纵向裂缝，型钢与混凝土变形协调，没有产生相对滑移，平截面假定符合良好；对于未设置抗剪连接件的梁，型钢上翼缘与混凝土交界面上的粘结力遭到破坏，产生明显的纵向裂缝，且随着荷载继续增加，内力重分布，粘结裂缝贯通，保护层混凝土被压碎脱落，承载力开始下降。此时型钢上翼缘与混凝土之间产生了较大的相对滑移，型钢与混凝土已不能共同工作，平截面假定不成立。与钢筋混凝土梁相比，未设置抗剪连

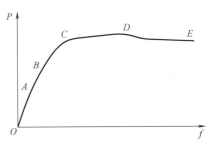

图 4-3　荷载-跨中挠度关系曲线

接件且受压区混凝土保护层较薄的型钢混凝土梁的混凝土劈裂比较突出，导致梁的承载力在达到最大后下降较快，但由于型钢的存在及其对核心混凝土的约束作用，梁不会立即崩溃，仍具有一定的承载能力（*DE* 段）。

4.2.2　型钢混凝土梁正截面受弯承载力计算

1. 基本假定

1）截面应变保持平面。

2）不考虑混凝土的抗拉强度。

3）受压边缘混凝土极限压应变 ε_{cu} 取 0.003，相应的最大压应力取混凝土轴心抗压强度设计值 f_c 乘以受压区混凝土压应力影响系数 α_1，当混凝土强度等级不超过 C50 时，α_1 取 1.0；当混凝土强度等级为 C80 时，α_1 取 0.94，其间按线性内插法确定。受压区应力图简化为等效的矩形应力图，其高度为平截面假定所确定的中和轴高度乘以受压区混凝土应力图形影响系数 β_1，当混凝土强度等级不超过 C50 时，β_1 取 0.8；当混凝土强度等级为 C80 时，α_1 取 0.74，其间按线性内插法确定。

4）型钢腹板的应力图形为拉压梯形应力图形，计算时简化为等效矩形应力图形。

5）钢筋、型钢的应力等于钢筋、型钢应变与其弹性模量的乘积，其绝对值不应大于其相应的强度设计值；纵向受拉钢筋和型钢受拉翼缘的极限拉应变取 0.01。

2. 正截面受弯承载力计算方法

1）型钢截面为充满型实腹型钢的型钢混凝土梁，其正截面受弯承载力应按下列公式计算（计算简图如图 4-4 所示）：

① 对于持久、短暂设计状况

$$M \leqslant \alpha_1 f_c bx \left(h_0 - \frac{x}{2} \right) + f'_y A'_s (h_0 - a'_s) + f'_a A'_{af} (h_0 - a'_a) + M_{aw} \tag{4-1}$$

$$\alpha_1 f_c bx + f'_y A'_s + f'_a A'_{af} - f_y A_s - f_a A_{af} + N_{aw} = 0 \tag{4-2}$$

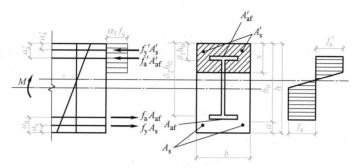

图 4-4 型钢混凝土梁正截面受弯承载力计算参数示意图

② 对于地震设计状况

$$M \leqslant \frac{1}{\gamma_{RE}}\left[\alpha_1 f_c bx\left(h_0-\frac{x}{2}\right)+f'_y A'_s(h_0-a'_s)+f'_a A'_{af}(h_0-a'_a)+M_{aw}\right] \tag{4-3}$$

$$\alpha_1 f_c bx+f'_y A'_s+f'_a A'_{af}-f_y A_s-f_a A_{af}+N_{aw}=0 \tag{4-4}$$

$$h_0=h-a \tag{4-5}$$

当 $\delta_1 h_0 < 1.25x$，$\delta_2 h_0 > 1.25x$ 时

$$M_{aw}=\left[0.5(\delta_1^2+\delta_2^2)-(\delta_1+\delta_2)+2.5\frac{x}{h_0}-\left(1.25\frac{x}{h_0}\right)^2\right]t_w h_0^2 f_a \tag{4-6}$$

$$N_{aw}=\left[2.5\frac{x}{h_0}-(\delta_1+\delta_2)\right]t_w h_0 f_a \tag{4-7}$$

混凝土受压区高度 x 应符合下列公式要求

$$x \leqslant \xi_b h_0 \tag{4-8}$$

$$x \geqslant a'_a+t'_f \tag{4-9}$$

$$\xi_b=\frac{\beta_1}{1+\dfrac{f_y+f_a}{2\times0.003E_s}} \tag{4-10}$$

式中　M——弯矩设计值；

　　　M_{aw}——型钢腹板承受的轴向合力对型钢受拉翼缘和纵向受拉钢筋合力点的力矩；

　　　N_{aw}——型钢腹板承受的轴向合力；

　　　α_1——受压区混凝土压应力影响系数；

　　　β_1——受压区混凝土应力图形影响系数；

　　　f_c——混凝土轴心抗压强度设计值；

　f_a、f'_a——型钢抗拉、抗压强度设计值；

　f_y、f'_y——钢筋抗拉、抗压强度设计值；

　A_s、A'_s——受拉、受压钢筋的截面面积；

A_{af}、A'_{af}——型钢受拉、受压翼缘的截面面积；

　　　b——截面宽度；

　　　h——截面高度；

　　　h_0——截面有效高度；

　　　t_w——型钢腹板厚度；

t_f、t_f'——型钢受拉、受压翼缘厚度；

ξ_b——相对界限受压区高度；

E_s——钢筋弹性模量；

x——混凝土等效受压区高度；

a_s、a_a——受拉区钢筋、型钢翼缘合力点至截面受拉边缘的距离；

a_s'、a_a'——受压区钢筋、型钢翼缘合力点至截面受压边缘的距离；

a——型钢受拉翼缘与受拉钢筋合力点至截面受拉边缘的距离；

δ_1——型钢腹板上端至截面上边的距离与 h_0 的比值，$\delta_1 h_0$ 为型钢腹板上端至截面上边的距离；

δ_2——型钢腹板下端至截面上边的距离与 h_0 的比值，$\delta_2 h_0$ 为型钢腹板下端至截面上边的距离。

2）型钢混凝土梁的圆孔孔洞截面处的受弯承载力计算可按式（4-1）~式（4-10）进行，计算中应扣除孔洞面积。

3）配置桁架式型钢的型钢混凝土梁，其受弯承载力计算可将桁架的上、下弦型钢等效为纵向钢筋，按现行国家标准（GB 50010—2010）《混凝土结构设计规范》（2015 年版）中钢筋混凝土梁的相关规定计算。

例 4-1 型钢混凝土梁截面高度为 700mm，宽度为 400mm，如图 4-5 所示。采用 C30 混凝土、Q355 级型钢和 HRB400 级纵筋。梁承受的弯矩设计值 $M = 850\text{kN} \cdot \text{m}$。试配置梁中的型钢和纵筋。

解：

初选型钢截面 HN500×200（截面尺寸为 500mm×200mm×10mm×16mm）

（1）计算界限相对受压区高度

$$\xi_b = \frac{0.8}{1 + \frac{f_y + f_a}{2 \times 0.003 E_s}} = \frac{0.8}{1 + \frac{360 + 305}{2 \times 0.003 \times 2.0 \times 10^5}} = 0.515$$

（2）计算梁截面有效高度

4⏀25，$A_s = 1964\text{mm}^2$。

$$a = \frac{1964 \times 360 \times 40 + 200 \times 16 \times 305 \times 100}{1964 \times 360 + 200 \times 16 \times 305} \text{mm} = 74.8\text{mm}$$

$$h_0 = h - a = 700\text{mm} - 74.8\text{mm} = 625.2\text{mm}$$

$$\delta_1 = \frac{116\text{m}}{h_0} = \frac{116}{625.2} = 0.186$$

$$\delta_2 = \frac{700\text{m} - 116\text{m}}{h_0} = \frac{584}{625.2} = 0.934$$

（3）假定 $\delta_1 h_0 < 1.25x$，$\delta_2 h_0 > 1.25x$

$$N_{aw} = [2.5\xi - (\delta_1 + \delta_2)] t_w h_0 f_a$$

并且注意到：由于截面对称配钢。因此

$$f_y A_s = f_y' A_s', f_a A_{af} = f_a' A_{af}'$$

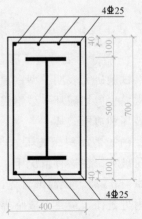

图 4-5 型钢混凝土梁截面（一）

代入式（4-4）得

$$\alpha_1 f_c bx + N_{aw} = 0$$

将 $x = \xi h_0$ 及 N_{aw} 代入上式得

$$\alpha_1 f_c b \xi h_0 + [2.5\xi - (\delta_1 + \delta_2)] t_w h_0 f_a = 0$$

即 $1.0 \times 14.3 \times 400 \times 625.2 \times \xi + [2.5\xi - (0.186 + 0.934)] \times 10 \times 625.2 \times 305 = 0$

求解得

$$\xi = 0.256$$

$$x = \xi h_0 = 0.256 \times 625.2\text{mm} = 160\text{mm}$$

$$\delta_1 h_0 = 116\text{mm} < 1.25x = 200\text{mm}$$

$$\delta_2 h_0 = 584\text{mm} > 1.25x = 200\text{mm}$$

故假定成立。

并且满足

$$x = 160\text{mm} < \xi_b h_0 = 0.515 \times 625.2\text{mm} = 322\text{mm}$$

$$x = 160\text{mm} > a'_a + t'_f = 108\text{mm} + 16\text{mm} = 124\text{mm}$$

$$M_{aw} = [0.5(\delta_1^2 + \delta_2^2) - (\delta_1 + \delta_2) + 2.5\xi - (1.25\xi)^2] t_w h_0^2 f_a$$

$$= [0.5 \times (0.186^2 + 0.934^2) - (0.186 + 0.934) + 2.5 \times 0.256 - (1.25 \times 0.256^2)] \times$$

$$10 \times 625.2^2 \times 305\text{N} \cdot \text{mm} = -153.7\text{kN} \cdot \text{m}$$

$$M \leqslant \alpha_1 f_c bx \left(h_0 - \frac{x}{2}\right) + f'_y A'_s (h_0 - a'_s) + f'_a A'_{af} (h_0 - a'_a) + M_{aw}$$

$$= \left[1.0 \times 14.3 \times 400 \times 160 \times \left(625.2 - \frac{160}{2}\right) + 360 \times 1964 \times (625.2 - 40) + 305 \times$$

$$200 \times 16 \times (625.2 - 108)\right]\text{N} \cdot \text{mm} + (-153.7\text{kN} \cdot \text{m})$$

$$= 1417.5\text{kN} \cdot \text{m} - 153.7\text{kN} \cdot \text{m} = 1263.8\text{kN} \cdot \text{m} \text{（满足要求）}$$

4.2.3 型钢混凝土梁斜截面受剪承载力计算

1. 斜截面受剪破坏形态

试验研究表明，型钢混凝土梁在剪跨比较大（$\lambda > 2.5$）时易发生弯曲破坏，除此之外，梁常发生剪切破坏。型钢混凝土梁的剪切破坏形态主要包括三类，即剪切斜压破坏、剪切粘结破坏和剪压破坏。

（1）剪切斜压破坏 当剪跨比 $\lambda < 1.0$ 或 $1.0 < \lambda < 1.5$ 且梁的含钢率较大时，易发生剪切斜压破坏。在这种情况下，梁的正应力不大，剪应力却相对较高，当荷载达到极限荷载的 30%~50%时，梁腹部首先出现斜裂缝。随着荷载增加，腹部受剪斜裂缝逐渐向加载点和支座附近延伸，最终形成临界斜裂缝。当荷载接近极限荷载时，在临界斜裂缝的上下出现几条大致与之平行的斜裂缝，将梁分割成若干斜压杆，此时沿梁高连续配置的型钢腹板承担着斜裂缝面上混凝土释放出来的应力。最后，型钢腹板发生屈服，接着斜压杆混凝土被压碎，梁宣告破坏。梁的剪切斜压破坏形态如图 4-6a 所示。

（2）剪切粘结破坏 当剪跨比不太小而梁所配置的箍筋数量较少时，易发生剪切粘结破坏。加载初期，由于所产生的剪力较小，型钢与混凝土可作为整体共同工作。随着荷载增加，型钢与混凝土交界面上的粘结力逐渐被破坏。当型钢外围混凝土达到其抗拉强度而退出工作时，交界面处产生劈裂裂缝，梁内发生应力重分布。最后，裂缝迅速发展，形成贯通的劈裂裂缝，梁失去承载能力，宣告破坏。梁的剪切粘结破坏形态如图4-6b所示。

对于配有适量箍筋的型钢混凝土梁，由于箍筋对外围混凝土具有一定的约束作用，提高了型钢与混凝土之间的粘结强度，从而能够改善梁的粘结破坏形态。另外，对于承受均布荷载的型钢混凝土梁，由于均布荷载对外围混凝土有"压迫"作用，其粘结性能也能得到提高。

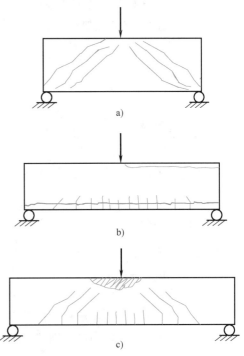

图4-6 型钢混凝土梁剪切破坏形态
a) 剪切斜压破坏 b) 剪切粘结破坏 c) 剪压破坏

（3）剪压破坏 当剪跨比 $\lambda > 1.5$ 且梁的含钢率较小时，易发生剪压破坏。当荷载达到极限荷载的 $30\% \sim 40\%$ 时，首先在梁的受拉区边缘出现竖向裂缝。随着荷载不断增加，梁腹部出现弯剪斜裂缝，指向加载点。当荷载达到极限荷载的 $40\% \sim 60\%$ 时，斜裂缝处的混凝土退出工作，主拉应力由型钢腹板承担。荷载继续增大，使型钢腹板逐渐发生剪切屈服。最后，在正应力和剪应力的共同作用下，剪压区混凝土达到弯剪复合受力时的强度而被压碎，构件破坏。梁的剪压破坏形态如图4-6c所示。

2. 斜截面受剪承载力主要影响因素

（1）剪跨比 剪跨比 $[\lambda = M/(Vh_0)]$ 的变化实际反映了梁的弯剪作用相关关系，对梁的破坏形态有重要影响。试验结果表明，随着剪跨比增大，型钢混凝土梁的受剪承载力逐渐降低。剪跨比对集中荷载作用下梁的受剪承载力影响更为显著。

（2）加载方式 试验研究表明，集中荷载作用下型钢混凝土梁的受剪承载力比均布荷载作用下有所降低。

（3）混凝土强度等级 型钢混凝土梁的受剪承载力主要由混凝土、型钢和箍筋三者提供。混凝土的强度等级直接影响混凝土斜压杆的强度、型钢与混凝土的粘结强度和剪压区混凝土的复合强度，因此型钢混凝土梁的受剪承载力随混凝土强度等级的提高而提高。

（4）含钢率与型钢强度 在一定范围内随含钢率的增加，型钢混凝土梁的受剪承载力提高。型钢的含钢率越大，其所承担的剪力也越大，且在含钢率较大的梁中，被型钢约束的混凝土较多，有利于提高混凝土的强度和变形能力。在含钢率相同时，提高型钢的强度能有效提高型钢混凝土梁的受剪承载力。

（5）配箍率 型钢混凝土梁中配置的箍筋不仅可以直接承担一部分剪力，而且能够约束核心混凝土，提高梁的受剪承载力，有利于防止梁发生粘结破坏。

3. 斜截面受剪承载力计算方法

1）型钢混凝土梁的剪力设计值计算。对于持久、短暂设计状况，按一般力学方法计算。对于地震设计状况，按下述规定计算：

① 一级抗震等级的框架结构和 9 度设防烈度的一级抗震等级框架。

$$V_{\rm b} = 1.1\frac{(M_{\rm bua}^{l} + M_{\rm bua}^{r})}{l_{\rm n}} + V_{\rm Gb} \tag{4-11}$$

② 其他情况。

一级抗震等级 $$V_{\rm b} = 1.3\frac{(M_{\rm b}^{l} + M_{\rm b}^{r})}{l_{\rm n}} + V_{\rm Gb} \tag{4-12}$$

二级抗震等级 $$V_{\rm b} = 1.2\frac{(M_{\rm b}^{l} + M_{\rm b}^{r})}{l_{\rm n}} + V_{\rm Gb} \tag{4-13}$$

三级抗震等级 $$V_{\rm b} = 1.1\frac{(M_{\rm b}^{l} + M_{\rm b}^{r})}{l_{\rm n}} + V_{\rm Gb} \tag{4-14}$$

四级抗震等级，取地震作用组合下的剪力设计值。

式中 $M_{\rm bua}^{l}$、$M_{\rm bua}^{r}$——梁左、右端顺时针或逆时针方向按实配钢筋和型钢截面面积（计入受压钢筋及梁有效翼缘宽度范围内的楼板钢筋）、材料强度标准值，且考虑承载力抗震调整系数的正截面受弯承载力所对应的弯矩值，两者之和应分别按顺时针和逆时针方向进行计算，并取其最大值；梁有效翼缘宽度取梁两侧跨度的 1/6 和翼板厚度 6 倍中的较小者；

$M_{\rm b}^{l}$、$M_{\rm b}^{r}$——考虑地震作用组合的梁左、右端顺时针或逆时针方向弯矩设计值，两者之和应取分别按顺时针和逆时针方向进行计算的较大值，对一级抗震等级框架，两端弯矩均为负弯矩时，绝对值较小的弯矩应取零；

$V_{\rm Gb}$——考虑地震作用组合时的重力荷载代表值产生的剪力设计值，可按简支梁计算确定；

$l_{\rm n}$——梁的净跨。

2）对于充满型实腹型钢的型钢混凝土梁，其斜截面受剪承载力应按下列公式计算：

① 一般型钢混凝土梁。

对于持久、短暂设计状况

$$V_{\rm b} \leqslant 0.8f_{\rm t}bh_0 + f_{\rm yv}\frac{A_{\rm sv}}{s}h_0 + 0.58f_{\rm a}t_{\rm w}h_{\rm w} \tag{4-15}$$

对于地震设计状况

$$V_{\rm b} \leqslant \frac{1}{\gamma_{\rm RE}}\left[0.5f_{\rm t}bh_0 + f_{\rm yv}\frac{A_{\rm sv}}{s}h_0 + 0.58f_{\rm a}t_{\rm w}h_{\rm w}\right] \tag{4-16}$$

② 集中荷载作用下型钢混凝土梁。

对于持久、短暂设计状况

$$V_{\rm b} \leqslant \frac{1.75}{\lambda+1}f_{\rm t}bh_0 + f_{\rm yv}\frac{A_{\rm sv}}{s}h_0 + \frac{0.58}{\lambda}f_{\rm a}t_{\rm w}h_{\rm w} \tag{4-17}$$

对于地震设计状况

$$V_{\rm b} \leqslant \frac{1}{\gamma_{\rm RE}}\left[\frac{1.05}{\lambda+1}f_{\rm t}bh_0 + f_{\rm yv}\frac{A_{\rm sv}}{s}h_0 + \frac{0.58}{\lambda}f_{\rm a}t_{\rm w}h_{\rm w}\right] \tag{4-18}$$

式中 V_b——型钢混凝土梁的剪力设计值；

     f_{yv}——箍筋的抗拉强度设计值；

     A_{sv}——配置在同一截面内箍筋各肢的全部截面面积；

     s——沿构件长度方向上箍筋的间距；

     λ——计算截面剪跨比，λ 可取 $\lambda = a/h_0$，a 为计算截面至支座截面或节点边缘的距离，计算截面取集中荷载作用点处的截面；当 $\lambda < 1.5$ 时，取 $\lambda = 1.5$；当 $\lambda > 3$ 时，取 $\lambda = 3$；

     f_t——混凝土抗拉强度设计值。

3）为了防止型钢混凝土梁发生脆性较大的斜压破坏，型钢混凝梁的受剪截面应符合下列条件：

对于持久、短暂设计状况

$$V_b \leqslant 0.45\beta_c f_c bh_0 \tag{4-19}$$

$$\frac{f_a t_w h_w}{\beta_c f_c bh_0} \geqslant 0.10 \tag{4-20}$$

对于地震设计状况

$$V_b \leqslant \frac{1}{\gamma_{RE}}(0.36\beta_c f_c bh_0) \tag{4-21}$$

$$\frac{f_a t_w h_w}{\beta_c f_c bh_0} \geqslant 0.10 \tag{4-22}$$

式中 f_c——混凝土的轴心抗压强度设计值；

     f_a——型钢的抗拉强度设计值；

  b、h_0——型钢混凝土梁的截面宽度和有效高度；

  t_w、h_w——型钢腹板的厚度和高度；

     β_c——混凝土强度影响系数，当混凝土强度等级不超过 C50 时，取 $\beta_c = 1$；当混凝土强度等级为 C80 时，取 $\beta_c = 0.8$；其间按线性内插法确定。

4）型钢混凝土梁圆孔孔洞截面处的受剪承载力应符合下列规定：

对于持久、短暂设计状况

$$V_b \leqslant 0.8f_t bh_0\left(1-1.6\frac{D_h}{h}\right) + 0.58f_a t_w(h_w - D_h)\gamma + \sum f_{yv} A_{sv} \tag{4-23}$$

对于地震设计状况

$$V_b \leqslant \frac{1}{\gamma_{RE}}\left[0.6f_t bh_0\left(1-1.6\frac{D_h}{h}\right) + 0.58f_a t_w(h_w - D_h)\gamma + 0.8\sum f_{yv} A_{sv}\right] \tag{4-24}$$

式中 γ——孔边条件系数，孔边设置钢套管时取 1.0，孔边不设钢套管时取 0.85；

     D_h——圆孔洞直径；

  $\sum f_{yv} A_{sv}$——加强箍筋的受剪承载力。

5）配置桁架式型钢的型钢混凝土梁，其受剪承载力计算可将桁架的斜腹杆按其承载力的竖向分力等效为抗剪箍筋，按 GB 50010—2010《混凝土结构设计规范》（2015 年版）中钢筋混凝土梁的相关规定计算。

例 4-2   型钢混凝土梁截面宽度为 250mm，高度为 550mm，承受的最大剪力设计值为 600kN。经正截面受弯承载力计算，需配置 I 32a 的 Q235 普通热轧工字钢，梁的上、下各配 2Φ16 纵向钢筋，如图 4-7 所示。混凝土强度等级为 C30。试验算梁的斜截面受剪承载力，并配置箍筋。

解：

C30 混凝土，$f_c = 14.3 \text{N/mm}^2$，$f_t = 1.43 \text{N/mm}^2$；2Φ16，$A_s = 402 \text{mm}^2$，$f_y = 360 \text{N/mm}^2$

Q235 级 I32a 工字钢截面尺寸：320mm×130mm×9.5mm×15mm。

腹板厚度 $t_w = 9.5 \text{mm}$，翼缘厚度 $t_f = 15 \text{mm}$，$f_a = 215 \text{N/mm}^2$。

取 $h_w = 320 \text{mm} - 2 \times 15 \text{mm} = 290 \text{mm}$

$$a = \frac{402 \times 360 \times 35 + 130 \times 15 \times 215 \times 115}{402 \times 360 + 130 \times 15 \times 215} \text{mm} = 94.5 \text{mm}$$

$$h_0 = 550 \text{mm} - 94.5 \text{mm} = 455.5 \text{mm}$$

$$V_{max} = 600 \text{kN}$$

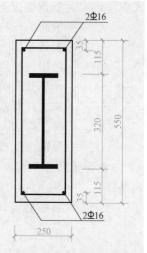

图 4-7 型钢混凝土梁截面（二）

$V_{max} = 600 \text{kN} < 0.45 \beta_c f_c b h_0 = 0.45 \times 1 \times 14.3 \times 250 \times 455.5 \text{N} = 732.8 \text{kN}$（满足要求）

$$\frac{f_a t_w h_w}{\beta_c f_c b h_0} = \frac{215 \times 9.5 \times 290}{1 \times 14.3 \times 250 \times 455.5} = 0.364 > 0.10 \text{（满足要求）}$$

将已知数据代入 $V_b = 0.8 f_t b h_0 + f_{yv} \dfrac{A_{sv}}{s} h_0 + 0.58 f_a t_w h_w$ 得

$$600 \times 10^3 \text{N} = 0.8 \times 1.43 \times 250 \times 455.5 \text{N} + f_{yv} \frac{A_{sv}}{s} h_0 + 0.58 \times 215 \times 9.5 \times 290 \text{N}$$

$$f_{yv} \frac{A_{sv}}{s} h_0 = 126.18 \text{kN}$$

$$\frac{A_{sv}}{s} = \frac{126.18 \times 10^3}{360 \times 455.5} \text{mm} = 0.769 \text{mm}$$

取箍筋配筋为：双肢Φ8@120。实际的 $\dfrac{A_{sv}}{s} = \dfrac{\pi \times \left(\dfrac{8}{2}\right)^2 \times 2}{120} \text{mm} = 0.837 \text{mm}$。

4.2.4 型钢混凝土梁挠度计算

由图 4-3 所示的型钢混凝土梁的荷载-跨中挠度曲线可以看出，当梁达到开裂荷载后，曲线上没有明显的转折点，这是因为受刚度较大的型钢的约束，裂缝开展到型钢下翼缘处几乎不再向上发展，宽度增加也不大，出现"停滞"现象，直到受拉钢筋和型钢发生屈服。因此，在使用阶段，型钢混凝土梁的荷载-跨中挠度曲线比较接近线性关系，抗弯刚度降低较小，可取一定值。

试验结果表明，型钢混凝土梁中配置的型钢对提高梁的抗弯刚度有显著作用，且截面含钢率越大，这种提高作用越显著。因此，在计算型钢混凝土梁的抗弯刚度时，型钢的作用不可忽略。

1. 刚度计算

型钢混凝土梁的纵向受拉钢筋配筋率为 0.3%~1.5% 时，按荷载的准永久组合计算短期

刚度为

$$B_s = \left(0.22 + 3.75 \frac{E_s}{E_c} \rho_s\right) E_c I_c + E_a I_a \qquad (4-25)$$

按荷载的准永久组合并考虑长期作用影响的长期刚度，可按下列公式计算

$$B = \frac{B_s - E_a I_a}{\theta} + E_a I_a \qquad (4-26)$$

$$\theta = 2.0 - 0.4 \frac{\rho'_{sa}}{\rho_{sa}} \qquad (4-27)$$

式中　B_s——梁的短期刚度；

$\quad\quad B$——梁的长期刚度；

$\quad\quad \rho_{sa}$——梁截面受拉区配置的纵向受拉钢筋和型钢受拉翼缘面积之和的截面配筋率；

$\quad\quad \rho'_{sa}$——梁截面受压区配置的纵向受压钢筋和型钢受压翼缘面积之和的截面配筋率；

$\quad\quad \rho_s$——纵向受拉钢筋配筋率；

$\quad\quad E_c$——混凝土弹性模量；

$\quad\quad E_a$——型钢弹性模量；

$\quad\quad E_s$——钢筋弹性模量；

$\quad\quad I_c$——按截面尺寸计算的混凝土截面惯性矩；

$\quad\quad I_a$——型钢的截面惯性矩；

$\quad\quad \theta$——考虑荷载长期作用对挠度增大的影响系数。

2. 挠度计算及限值

在正常使用极限状态下，型钢混凝土梁的挠度可根据其刚度用结构力学的方法进行计算。在等截面梁中，可假定各同号弯矩区段内的刚度相等，并取该区段内最大弯矩截面的刚度进行挠度计算。

型钢混凝土梁的挠度不应大于表 4-1 规定的最大挠度限值。

表 4-1　型钢混凝土梁的挠度限值

跨度	挠度限值 (以计算跨度 l_0 计算)	跨度	挠度限值 (以计算跨度 l_0 计算)
$l_0 < 7m$	$l_0/200 \ (l_0/250)$	$l_0 > 9m$	$l_0/300 \ (l_0/400)$
$7m \leqslant l_0 \leqslant 9m$	$l_0/250 \ (l_0/300)$		

注：1. 表中 l_0 为构件的计算跨度；悬臂构件的 l_0 按实际悬臂长度的 2 倍取用。

　　2. 构件有起拱时，可将计算所得挠度值减去起拱值。

　　3. 表中括号中的数值适用于使用上对挠度有较高要求的构件。

4.2.5　型钢混凝土梁裂缝宽度验算

1. 裂缝的分布特征

在荷载作用下，当型钢混凝土梁在最薄弱截面的拉应变超过了混凝土的极限拉应变时，就会出现第一条或第一批裂缝。随着荷载增加，受拉区的型钢和纵向钢筋与混凝土在不断伸长过程中产生变形差，又会在第一批裂缝间形成新的裂缝，如图 4-8 所示。当裂缝的间距减小到一定值时，型钢和钢筋通过粘结力传递给混凝土的拉应力已经不能达到混凝土的抗拉强度，梁上就不再有新的裂缝产生。

试验研究表明,型钢混凝土梁的裂缝具有以下特征:

1)梁上裂缝一旦出现便很快延伸至型钢受拉翼缘附近,由于型钢刚度较大,且约束核心混凝土,因此裂缝的发展受到抑制,出现"停滞"现象。

2)对于采用两点对称加载的型钢混凝土梁,裂缝一般首先在纯弯段出现,之后才在弯剪段出现。纯弯段的裂缝均为竖向裂缝,当荷载达到极限荷载的50%左右时,裂缝基本出齐。弯剪段内一般先出现小的竖向裂缝,然后逐渐发展为指向加载点的斜裂缝,剪跨比越小,这种现象越明显。

3)在型钢混凝土梁中,由于型钢的存在,对裂缝两侧混凝土的有效约束作用增强,使得型钢混凝土梁的裂缝宽度比钢筋混凝土梁小。

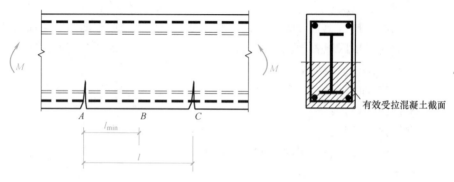

图4-8 型钢混凝土梁的裂缝分布

2. 裂缝宽度验算

1)型钢混凝土梁的最大裂缝宽度按荷载的准永久组合并考虑长期作用的影响,按下列公式计算(图4-9)

$$\omega_{max} = 1.9\psi \frac{\sigma_{sa}}{E_s}\left(1.9c_s + 0.08\frac{d_e}{\rho_{te}}\right) \quad (4\text{-}28)$$

$$\psi = 1.1(1 - M_{cr}/M_q) \quad (4\text{-}29)$$

$$M_{cr} = 0.235bh^2 f_{tk} \quad (4\text{-}30)$$

$$\sigma_{sa} = \frac{M_q}{0.87(A_s h_{0s} + A_{af} h_{0f} + kA_{aw} h_{0w})} \quad (4\text{-}31)$$

$$k = \frac{0.25h - 0.5t_f - a_a}{h_w} \quad (4\text{-}32)$$

$$d_e = \frac{4(A_s + A_{af} + kA_{aw})}{u} \quad (4\text{-}33)$$

$$u = n\pi d_s + (2b_f + 2t_f + 2kh_w) \times 0.7 \quad (4\text{-}34)$$

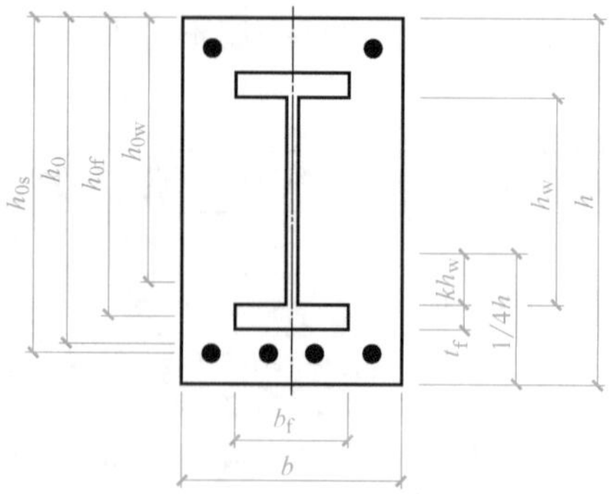

$$\rho_{te} = \frac{A_s + A_{af} + kA_{aw}}{0.5bh} \quad (4\text{-}35)$$

图4-9 型钢混凝土梁最大裂缝
宽度计算参数示意图

式中　ω_{max}——最大裂缝宽度;

　　　M_q——按荷载效应的准永久组合计算的弯矩值;

　　　M_{cr}——梁截面抗裂弯矩;

c_s——最外层纵向受拉钢筋的混凝土保护层厚度，当 $c_s>65mm$ 时，取 $c_s=65mm$；

ψ——考虑型钢翼缘作用的钢筋应变不均匀系数；当 $\psi<0.2$ 时，取 $\psi=0.2$；当 $\psi>1.0$ 时，取 $\psi=1.0$；

k——型钢腹板影响系数，其值取梁受拉侧 1/4 梁高范围中腹板高度与整个腹板高度的比值；

n——纵向受拉钢筋数量；

b_f、t_f——型钢受拉翼缘宽度、厚度；

d_e、ρ_{te}——考虑型钢受拉翼缘与部分腹板及受拉钢筋的有效直径、有效配筋率；

σ_{sa}——考虑型钢受拉翼缘与部分腹板及受拉钢筋的钢筋应力值；

A_s、A_{af}——纵向受拉钢筋、型钢受拉翼缘面积；

A_{aw}、h_w——型钢腹板面积、高度；

h_{0s}、h_{0f}、h_{0w}——纵向受拉钢筋、型钢受拉翼缘、kA_{aw} 截面重心至混凝土截面受压边缘的距离；

u——纵向受拉钢筋和型钢受拉翼缘与部分腹板周长之和。

2）型钢混凝土梁的最大裂缝宽度不应大于表 4-2 中规定的限值。

表 4-2　型钢混凝土梁最大裂缝宽度限值

耐久性环境等级	裂缝控制等级	最大裂缝宽度限值 ω_{max}/mm
一	三级	0.3(0.4)
二 a		0.2
二 b		
三 a、三 b		

注：对于年平均相对湿度小于 60%、地区一类环境下的型钢混凝土梁，其裂缝最大宽度限值可采用括号内的数值。

例 4-3　型钢混凝土简支梁，计算跨度为 7.5m，处于一类环境中，截面尺寸为 350mm×650mm，如图 4-10 所示。型钢采用 HN450m×200（截面为 450mm×200mm×9mm×14mm），材料级别为 Q355 级，$E_a=2.06\times10^5N/mm^2$，纵向钢筋采用 HRB400 级 4Φ22 钢筋，$E_s=2.0\times10^5N/mm^2$。箍筋采用 HRB400 级 Φ8 钢筋。混凝土采用 C30，$f_{tk}=2.01N/mm^2$，$E_c=3.0\times10^4N/mm^2$。纵向受拉钢筋混凝土保护层厚度为 25mm。在均布荷载作用下，按荷载效应准永久组合计算的弯矩值 $M_q=315kN\cdot m$。试验算该梁的裂缝宽度和挠度是否满足要求。

解：

（1）裂缝宽度验算

截面特征高度

$$h_{0s}=h-a_s=650mm-25mm-11mm=614mm$$

$$h_{0f}=h-a_a=650mm-7mm-\frac{650-450}{2}mm=543mm$$

$$h_{0w}=650mm-100mm-14mm-\frac{0.25\times650-100-14}{2}mm=511.75mm$$

梁截面抗裂弯矩为

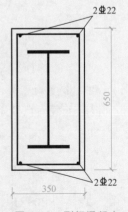

图 4-10　型钢混凝土梁截面（三）

$$M_{cr} = 0.235bh^2f_{tk} = 0.235 \times 350 \times 650^2 \times 2.01 \text{N} \cdot \text{mm} = 69.85 \text{kN} \cdot \text{m}$$

考虑型钢翼缘作用的钢筋应变不均匀系数为

$$\psi = 1.1\left(1 - \frac{M_{cr}}{M_q}\right) = 1.1 \times \left(1 - \frac{69.85}{315}\right) = 0.856$$

受拉区钢材面积（2Φ22 钢筋）

$$A_s = 760 \text{mm}^2$$

$$A_{af} = 200 \times 14 \text{mm}^2 = 2800 \text{mm}^2$$

$$A_{aw} = (450 - 2 \times 14) \times 9 \text{mm}^2 = 3798 \text{mm}^2$$

考虑型钢受拉翼缘与部分腹板及受拉钢筋作用的系数及钢筋应力值为

$$k = \frac{0.25h - 0.5t_f - a_a}{h_w} = \frac{0.25 \times 650 - 0.5 \times 14 - (100 + 7)}{450 - 2 \times 14} = 0.115$$

$$\sigma_{sa} = \frac{M_q}{0.87(A_sh_{0s} + A_{af}h_{0f} + kA_{aw}h_{0w})}$$

$$= \frac{315 \times 10^6}{0.87 \times (760 \times 614 + 2800 \times 543 + 0.115 \times 3798 \times 511.75)} \text{N/mm}^2 = 163.79 \text{N/mm}^2$$

纵向受拉钢筋和型钢受拉翼缘与部分腹板周长之和为

$$u = n\pi d_s + (2b_f + 2t_f + 2kh_w) \times 0.7$$

$$= 2 \times 3.14 \times 22 \text{mm} + [2 \times 200 + 2 \times 14 + 2 \times 0.115 \times (450 - 2 \times 14)] \times 0.7 \text{mm} = 505.7 \text{mm}$$

考虑型钢受拉翼缘与部分腹板及受拉钢筋的有效直径和有效配箍率为

$$d_e = \frac{4(A_s + A_{af} + kA_{aw})}{u} = \frac{4 \times (760 + 2800 + 0.115 \times 3798)}{505.7} \text{mm} = 31.61 \text{mm}$$

$$\rho_{te} = \frac{(A_s + A_{af} + kA_{aw})}{0.5bh} = \frac{760 + 2800 + 0.115 \times 3798}{0.5 \times 350 \times 650} = 0.035$$

最大裂缝宽度为

$$\omega_{max} = 1.9\psi\frac{\sigma_{sa}}{E_s}\left(1.9c_s + 0.08\frac{d_e}{\rho_{te}}\right)$$

$$= 1.9 \times 0.856 \times \frac{165.42}{2.0 \times 10^5} \times \left(1.9 \times 25 + 0.08 \times \frac{31.61}{0.035}\right) \text{mm}$$

$$= 0.161 \text{mm} < \omega_{min} = 0.3 \text{mm}\ （满足要求）$$

（2）挠度验算

混凝土截面惯性矩

$$I_c = \frac{1}{12}bh^3 = \frac{1}{12} \times 350 \times 650^3 \text{mm}^4 = 8.0 \times 10^9 \text{mm}^4$$

型钢截面惯性矩

$$I_a = 2 \times \left[\frac{1}{12} \times 200 \times 14^3 + 200 \times 14 \times \left(\frac{450 - 14}{2}\right)^2\right] \text{mm}^4 + \frac{1}{12} \times 9 \times (450 - 28)^3 \text{mm}^4 = 3.23 \times 10^8 \text{mm}^4$$

$$\rho_s = \rho_s' = \frac{A_s}{bh_{0s}} = \frac{760}{350 \times 614} = 0.0035 = 0.35\%$$

此型钢混凝土梁的纵向受拉钢筋配筋率在 0.3%~1.5% 范围内，则按荷载准永久组合计算短期刚度为

$$B_s = \left(0.22 + 3.75\frac{E_s}{E_c}\rho_s\right)E_cI_c + E_aI_a$$

$$= \left[\left(0.22 + 3.75 \times \frac{2.0 \times 10^5}{3.0 \times 10^4} \times 0.0035\right) \times 3.0 \times 10^4 \times 8.0 \times 10^9 + 2.06 \times 10^5 \times 3.23 \times 10^8\right] N \cdot mm^2$$

$$= 1.4 \times 10^{14} N \cdot mm^2$$

由于截面对称配筋 $\rho_s = \rho_s'$，故荷载长期效应对挠度增大的影响系数为

$$\theta = 2.0 - 0.4\frac{\rho_{sa}'}{\rho_{sa}} = 2.0 - 0.4 \times 1 = 1.6$$

按荷载的准永久组合并考虑长期作用影响的长期刚度为

$$B = \frac{B_s - E_aI_a}{\theta} + E_aI_a = \frac{(1.4 \times 10^{14} - 2.06 \times 10^5 \times 3.23 \times 10^8}{1.6} + 2.06 \times 10^5 \times 3.23 \times 10^8) N \cdot mm^2$$

$$= 1.12 \times 10^{14} N \cdot mm^2$$

则可得此型钢混凝土简支梁的挠度为

$$f = \frac{5}{48} \times \frac{M_q l_0^2}{B} = \frac{5}{48} \times \frac{315 \times 10^6 \times 7.5^2 \times 10^6}{1.12 \times 10^{14}} mm = 2.20mm < \frac{l_0}{250} = \frac{7.5 \times 10^3}{250} mm = 30mm$$

因此，梁的挠度满足要求。

4.2.6　型钢混凝土梁构造要求

1）型钢混凝土梁的型钢，宜采用充满型实腹型钢，型钢的一侧翼缘宜位于受压区，另一侧翼缘应位于受拉区（图 4-11）。

2）型钢混凝土梁中型钢钢板厚度不宜小于 6mm，其钢板宽厚比（图 4-12）应符合表 4-3 的规定。

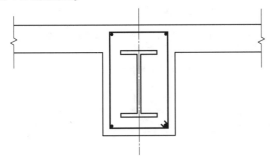

图 4-11　型钢混凝土梁的截面配钢形式

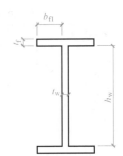

图 4-12　型钢混凝土梁的型钢钢板宽厚比

表 4-3　型钢混凝土梁的型钢钢板宽厚比限值

钢号	b_{f1}/t_f	h_w/t_w
Q235	≤23	≤107
Q345、Q345GJ	≤19	≤91
Q390	≤18	≤83
Q420	≤17	≤80

3）型钢混凝土梁最外层钢筋的混凝土保护层最小厚度应符合 GB 50010—2010《混凝土结构设计规范》（2015 年版）的规定。型钢的混凝土保护层最小厚度（图 4-13）不宜小于 100mm，且梁内型钢翼缘离两侧边距离 b_1、b_2 之和不宜小于截面宽度的 1/3。

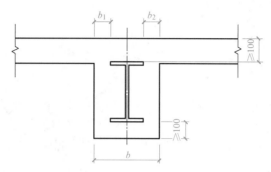

图 4-13　型钢混凝土梁中型钢的混凝土保护层最小厚度

4）型钢混凝土梁截面宽度不宜小于 300mm。

5）型钢混凝土梁中纵向受拉钢筋不宜超过两排，其配筋率不宜小于 0.3%，直径宜取 16~25mm，净距不宜小于 30mm 和 $1.5d$，d 为纵筋最大直径；梁的上部和下部纵向钢筋深入节点的锚固构造要求应符合 GB 50010—2010《混凝土结构设计规范》（2015 年版）的规定。

6）型钢混凝土梁的腹板高度大于或等于 450mm 时，在梁的两侧沿高度方向每隔 200mm 应设置一根纵向腰筋，且每侧腰筋截面面积不宜小于梁腹板截面面积的 0.1%。

7）考虑地震作用组合的型钢混凝土梁应采用封闭箍筋，其末端应有 135°弯钩，弯钩端头平直段长度不应小于 10 倍箍筋直径。

8）考虑地震作用组合的型钢混凝土梁，梁端应设置箍筋加密区，其加密区长度、加密区箍筋最大间距和箍筋最小直径应符合表 4-4 的要求。非加密区的箍筋间距不宜大于加密区箍筋间距的 2 倍。

表 4-4　抗震设计型钢混凝土梁箍筋加密区的构造要求

抗震等级	箍筋加密区长度	加密区箍筋最大间距/mm	箍筋最小直径/mm
一级	$2h$	100	12
二级	$1.5h$	100	10
三级	$1.5h$	150	10
四级	$1.5h$	150	8

注：1. h 为梁高。

　　2. 当梁跨度小于梁截面高度 4 倍时，梁全跨应按箍筋加密区配置。

　　3. 一级抗震等级框架梁箍筋直径大于 12mm、二级抗震等级框架梁箍筋直径大于 10mm，箍筋数量不少于 4 肢且肢距不大于 150mm 时，箍筋加密区最大间距允许适当放宽，但不得大于 150mm。

9）非抗震设计时，型钢混凝土梁应采用封闭箍筋，其箍筋直径不应小于 8mm，箍筋间距不应大于 250mm。

10）梁端设置的第一个箍筋距节点边缘不应大于 50mm。沿梁全长箍筋的面积配筋率应符合下列规定：

对于持久、短暂设计状况

$$\rho_{sv} \geq 0.24f_t/f_{yv} \tag{4-36}$$

对于地震设计状况

一级抗震等级

$$\rho_{sv} \geq 0.30f_t/f_{yv} \tag{4-37}$$

二级抗震等级

$$\rho_{sv} \geq 0.28f_t/f_{yv} \tag{4-38}$$

三、四级抗震等级

$$\rho_{sv} \geq 0.26f_t/f_{yv} \tag{4-39}$$

箍筋的面积配筋率应按下式计算

$$\rho_{sv} = \frac{A_{sv}}{bs} \tag{4-40}$$

11）型钢混凝土梁的箍筋肢距，可按 GB 50010—2010《混凝土结构设计规范》（2015 年版）的规定适当放松。

12）配置桁架式型钢的型钢混凝土梁，其压杆的长细比不宜大于 120。

13）在型钢混凝土梁上开孔时，其孔位宜设置在剪力较小截面附近，且宜采用圆形孔。当孔洞位于离支座 1/4 跨度以外时，圆形孔的直径不宜大于 0.4 倍梁高，且不宜大于型钢截面高度的 0.7 倍；当孔洞位于离支座 1/4 跨度以内时，圆孔的直径不宜大于 0.3 倍梁高，且不宜大于型钢截面高度的 0.5 倍。孔洞周边宜设置钢套管，管壁厚度不宜小于梁型钢腹板厚度，套管与梁型钢腹板连接的角焊缝高度宜取 0.7 倍腹板厚度；腹板孔周围两侧宜各焊上厚度稍小于腹板厚度的环形补强板，其环板宽度可取 75～125mm；且孔边应加设构造箍筋和水平筋（图 4-14）。

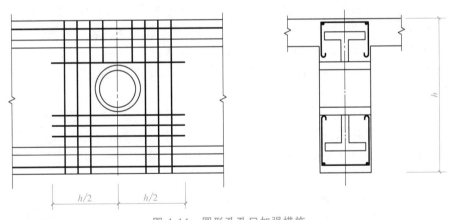

图 4-14 圆形孔孔口加强措施

4.3 型钢混凝土柱

4.3.1 型钢混凝土柱正截面受压承载力计算

1. 试验研究

型钢混凝土柱按其受压情况可分为轴心受压柱和偏心受压柱。

（1）轴心受压柱 轴心受压柱按长细比的不同可分为短柱和长柱。型钢混凝土短柱在加载初期，型钢、钢筋和混凝土能较好地共同工作，三者变形协调。随着荷载增加，柱的外表面产生纵向裂缝。荷载继续增加，纵向裂缝逐渐贯通，最终把型钢混凝土柱分成若干受压小柱而发生劈裂破坏。在荷载达到极限荷载的80%之后，型钢与混凝土之间粘结滑移明显，通常表现为型钢翼缘处有明显的纵向粘结裂缝。试件破坏时，在配钢量适当的情况下，型钢不会出现整体失稳或局部屈曲现象，它和纵向钢筋均能达到屈服强度，混凝土能够达到轴心抗压强度。型钢混凝土轴心受压短柱的破坏形态如图4-15所示。

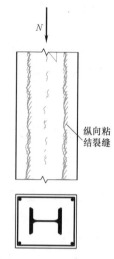

图4-15　型钢混凝土柱轴心受压

由于二阶效应的影响，型钢混凝土长柱的轴心受压承载力低于相同条件下短柱的承载力，计算时应予以考虑。

（2）偏心受压柱　偏心受压柱承受轴向压力 N 和弯矩 M 的作用，同时呈现受压构件和受弯构件的性能。偏心距 $e_0 = M/N$ 反映了轴向压力和弯矩之间的关系，当 e_0 趋于 0 时，M 趋于 0，构件呈现轴心受压性能；当 e_0 趋于无穷大时，N 趋于 0，构件呈现纯弯性能。说明偏心距 e_0 对偏心受压柱的受力性能有重要影响。另外，在轴向压力和弯矩共同作用下，型钢混凝土偏心受压柱将发生纵向弯曲，从而在柱截面产生二阶弯矩，使柱的承载力降低。纵向弯曲引起的二阶弯矩主要取决于柱的长细比 l_0/h。

试验表明，在具有不同偏心距的荷载作用下，型钢混凝土柱经历了混凝土初裂、裂缝开展、受压侧钢筋和型钢翼缘屈服、混凝土压碎剥落、构件达到极限承载力的过程。当相对偏心距 e_0/h 较小时，型钢混凝土柱全截面受压，此时钢筋和型钢的应力均为压应力。随着 e_0/h 不断增大并达到一定数值时，型钢混凝土柱截面上受压较小侧钢筋及型钢的应力逐渐由受压转变为受拉，这是由于偏心荷载产生的弯矩使部分截面受拉，且拉应变大于轴向荷载产生的压应变。

根据应变测试结果（图4-16），在荷载达到极限荷载的60%之前，柱截面应变可较好地符合平截面假定。当荷载增加到极限荷载的80%~90%时，柱截面应变仍能基本符合平截面假定。但之后由于裂缝的发展及型钢与混凝土之间的粘结滑移，柱截面的平均应变不再符合平截面假定。

根据偏心距及破坏特征的不同，型钢混凝土偏心受压柱可分为受压破坏和受拉破坏两种破坏形态。

1）受压破坏（小偏心受压破坏）。当偏心距较小时，型钢混凝土柱一般发生受压破坏。当轴向压力增加到一定程度时，靠近轴向压力一侧的受压区边缘混凝土达到其极限压应变，混凝土被压碎剥落，柱发生破坏。此时，靠近轴向压力一侧的纵向钢筋和型钢翼缘能够发生屈服，而远离轴向压力一侧的纵向钢筋和型钢可能受压，也可能受拉，但均不发生屈服。

2）受拉破坏（大偏心受压破坏）。当偏心距较大时，型钢混凝土柱一般发生受拉破坏。当轴向压力增

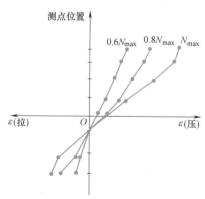

图4-16　不同加载阶段偏心受压柱的截面应变分布

加到一定数值时，远离轴向压力一侧的混凝土受拉，产生与柱轴线垂直的水平裂缝。随着轴向压力增加，水平裂缝不断扩展和延伸，受拉侧纵向钢筋和型钢翼缘相继发生屈服。之后，轴向压力仍可继续增加，直至受压区边缘混凝土达到极限压应变而逐渐被压碎剥落，柱宣告破坏。此时，受压侧纵向钢筋和型钢翼缘一般能够达到屈服，型钢腹板无论是受压还是受拉，都只能一部分达到屈服。偏心距越大，破坏过程越缓慢，横向裂缝开展越大。

2. 型钢混凝土柱端截面内力设计值计算

对于地震设计状况，考虑地震作用组合一、二、三、四级抗震等级的型钢混凝土柱的节点上、下柱端的内力设计值应按下列规定计算：

1）节点上、下柱端的弯矩设计值。

① 一级抗震等级的框架结构和 9 度设防烈度一级抗震等级的各类框架

$$\sum M_c = 1.2 \sum M_{bua} \tag{4-41}$$

② 框架结构：

二级抗震等级 $\qquad \sum M_c = 1.5 \sum M_b \tag{4-42}$

三级抗震等级 $\qquad \sum M_c = 1.3 \sum M_b \tag{4-43}$

四级抗震等级 $\qquad \sum M_c = 1.2 \sum M_b \tag{4-44}$

③ 其他各类框架：

一级抗震等级 $\qquad \sum M_c = 1.4 \sum M_b \tag{4-45}$

二级抗震等级 $\qquad \sum M_c = 1.2 \sum M_b \tag{4-46}$

三、四级抗震等级 $\qquad \sum M_c = 1.1 \sum M_b \tag{4-47}$

式中 $\sum M_c$——考虑地震作用组合的节点上、下柱端的弯矩设计值之和；柱端弯矩设计值可取调整后的弯矩设计值之和按弹性分析的弯矩比例进行分配；

$\sum M_{bua}$——同一节点左、右梁端按顺时针和逆时针方向采用实配钢筋和实配型钢材料强度标准值，且考虑承载能力抗震调整系数的正截面受弯承载力之和的较大值；

$\sum M_b$——同一节点左、右梁端按顺时针和逆时针方向计算的两端考虑地震作用组合的弯矩设计值之和；一级抗震等级，当两端弯矩均为负弯矩时，绝对值较小的弯矩值应取零。

2）考虑地震作用组合的框架结构底层柱下端截面的弯矩设计值，对一、二、三、四级抗震等级应分别乘以弯矩增大系数 1.7、1.5、1.3 和 1.2。底层柱纵向钢筋宜按柱上、下端的不利情况配置。

3）顶层柱、轴压比小于 0.15 的柱，其柱端弯矩设计值可取地震作用组合下的弯矩设计值。考虑地震作用组合的型钢混凝土柱的轴压比按下式计算，其值不宜大于表 4-5 规定的限值。

$$n = \frac{N}{f_c A_c + f_a A_a} \tag{4-48}$$

式中 n——柱轴压比；

N——考虑地震作用组合的柱轴向压力设计值。

4）节点上、下柱端的轴向压力设计值，应取地震作用组合下各自的轴向压力设计值。

5）角柱宜按双向偏心受力构件进行正截面承载力计算。一、二、三、四级抗震等级的角柱弯矩设计值应取调整后的设计值乘以不小于 1.1 的增大系数。

表 4-5 型钢混凝土柱的轴压比限值

结构类型	抗震等级			
	一级	二级	三级	四级
框架结构	0.65	0.75	0.85	0.90
框架–剪力墙结构	0.70	0.80	0.90	0.95
框架–筒体结构	0.70	0.80	0.90	—
筒中筒结构	0.70	0.80	0.90	—

3. 型钢混凝土轴心受压柱的正截面受压承载力计算

型钢混凝土轴心受压柱的正截面受压承载力可按下式计算（根据 4.2.2 节的基本假定）：

对于持久、短暂设计状况

$$N \leqslant 0.9\varphi(f_c A_c + f'_y A'_s + f'_a A'_a) \tag{4-49}$$

对于地震设计状况

$$N \leqslant \frac{1}{\gamma_{RE}}\left[0.9\varphi(f_c A_c + f'_y A'_s + f'_a A'_a)\right] \tag{4-50}$$

式中　　N——轴向压力设计值；

A_c、A'_s、A'_a——混凝土、钢筋、型钢的截面面积；

f_c、f'_y、f'_a——混凝土、钢筋、型钢的抗压强度设计值；

φ——轴心受压柱稳定系数，应按表 4-6 确定。

表 4-6 轴心受压稳定系数

l_0/i	≤28	35	42	48	55	62	69	76	83	90	97	104
φ	1.00	0.98	0.95	0.92	0.87	0.81	0.75	0.70	0.65	0.60	0.56	0.52

注：l_0 为构件的计算长度；i 为截面的最小回转半径，$i = \sqrt{\dfrac{E_c I_c + E_a I_a}{E_c A_c + E_a A_a}}$，式中 E_c、E_a 分别为混凝土弹性模量、型钢弹性模量，I_c、I_a 分别为混凝土截面惯性矩、型钢截面惯性矩。

例 4-4　型钢混凝土柱截面如图 4-17 所示，型钢采用 Q355 级，纵向钢筋采用 HRB400 级，混凝土强度等级为 C40，柱的计算长度 $l_0 = 6.6\mathrm{m}$。试求柱的轴心受压承载力。

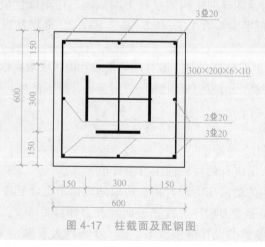

图 4-17 柱截面及配钢图

解：

$$A_a' = 4\times(200\times10)\,mm^2 + (300-2\times10)\times6\times2\,mm^2 = 11360\,mm^2$$

$$A_c = A - A_a' = 600\times600\,mm^2 - 11360\,mm^2 = 348640\,mm^2$$

$$A_s' = 8\times3.14\times10^2\,mm^2 = 2512\,mm^2$$

$$i = \sqrt{\frac{E_c I_c + E_a I_a}{E_c A_c + E_a A_a}}$$

$$I_a = 2\times\frac{1}{12}\times200^3\times10\,mm^4 + 2\times\frac{1}{12}\times10^3\times200\,mm^4 + 2\times10\times200\times145^2\,mm^4 + \frac{1}{12}\times(300-2\times10)\times6^3\,mm^4 +$$

$$\frac{1}{12}\times(300-2\times10)^3\times6\,mm^4 = 1.08\times10^8\,mm^4$$

$$I_c = I - I_a = \frac{1}{12}\times600^3\times600\,mm^4 - 1.08\times10^8\,mm^4 = 1.07\times10^{10}\,mm^4$$

则

$$i = \sqrt{\frac{3.25\times10^4\times1.07\times10^{10}+2.06\times10^5\times1.08\times10^8}{3.25\times10^4\times348640+2.06\times10^5\times11360}}\,mm = 164.51\,mm$$

$$\frac{l_0}{i} = \frac{6600}{164.51} = 40.12$$

查表 4-6 得 $\varphi = 0.958$。

$$N_a = 0.9\varphi(f_c A_c + f_y' A_s' + f_a' A_a')$$
$$= 0.9\times0.958\times(19.1\times348640+360\times2512+305\times11360)\,N = 9508.47\,kN$$

4. 型钢混凝土偏心受压柱的正截面受压承载力计算

1) 型钢截面为充满型实腹型钢的型钢混凝土偏心受压柱，其正截面受压承载力（图 4-18）应按下列公式计算（根据 4.2.2 节的基本假定）：

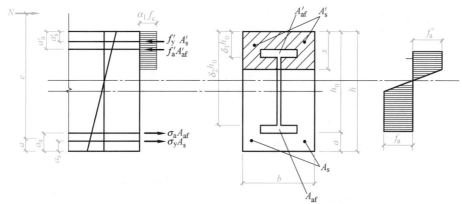

图 4-18 型钢混凝土偏心受压柱的正截面承载力计算参数示意图

对于持久、短暂设计状况

$$N \leq \alpha_1 f_c bx + f_y' A_s' + f_a' A_{af}' - \sigma_s A_s - \sigma_a A_{af} + N_{aw} \qquad (4\text{-}51)$$

$$Ne \leq \alpha_1 f_c bx\left(h_0-\frac{x}{2}\right) + f_y' A_s'(h_0-a_s') + f_a' A_{af}'(h_0-a_a') + M_{aw} \qquad (4\text{-}52)$$

对于地震设计状况

$$N \leqslant \frac{1}{\gamma_{RE}} (\alpha_1 f_c bx + f'_y A'_s + f'_a A'_{af} - \sigma_s A_s - \sigma_a A_{af} + N_{aw}) \tag{4-53}$$

$$Ne \leqslant \frac{1}{\gamma_{RE}} \left[\alpha_1 f_c bx \left(h_0 - \frac{x}{2}\right) + f'_y A'_s (h_0 - a'_s) + f'_a A'_{af}(h_0 - a'_a) + M_{aw} \right] \tag{4-54}$$

$$h_0 = h - a \tag{4-55}$$

$$e = e_i + \frac{h}{2} - a \tag{4-56}$$

$$e_i = e_0 + e_a \tag{4-57}$$

$$e_0 = \frac{M}{N} \tag{4-58}$$

对于 N_{aw} 和 M_{aw}，当 $\delta_1 h_0 < \dfrac{x}{\beta_1}$，$\delta_2 h_0 > \dfrac{x}{\beta_1}$时

$$N_{aw} = \left[\frac{2x}{\beta_1 h_0} - (\delta_1 + \delta_2) \right] t_w h_0 f_a \tag{4-59}$$

$$M_{aw} = \left[0.5(\delta_1^2 + \delta_2^2) - (\delta_1 + \delta_2) + \frac{2x}{\beta_1 h_0} - \left(\frac{x}{\beta_1 h_0}\right)^2 \right] t_w h_0^2 f_a \tag{4-60}$$

当 $\delta_1 h_0 < \dfrac{x}{\beta_1}$，$\delta_2 h_0 < \dfrac{x}{\beta_1}$时

$$N_{aw} = (\delta_2 - \delta_1) t_w h_0 f_a \tag{4-61}$$

$$M_{aw} = \left[0.5(\delta_1^2 - \delta_2^2) + (\delta_2 - \delta_1) \right] t_w h_0^2 f_a \tag{4-62}$$

受拉或受压较小边的钢筋应力 σ_s 和型钢翼缘应力 σ_a 可按下列公式计算：

当 $x \leqslant \xi_b h_0$ 时，为大偏心受压构件，取

$$\sigma_s = f_y$$

$$\sigma_a = f_a$$

当 $x > \xi_b h_0$ 时，为小偏心受压构件，取

$$\sigma_s = \frac{f_y}{\xi_b - \beta_1} \left(\frac{x}{h_0} - \beta_1 \right) \tag{4-63}$$

$$\sigma_a = \frac{f_a}{\xi_b - \beta_1} \left(\frac{x}{h_0} - \beta_1 \right) \tag{4-64}$$

$$\xi_b = \frac{\beta_1}{1 + \dfrac{f_y + f_a}{2 \times 0.003 E_s}} \tag{4-65}$$

式中　e——轴向压力作用点至纵向受拉钢筋和型钢受拉翼缘的合力点之间的距离；

　　　e_0——轴向压力对截面形心的偏心矩；

　　　e_i——初始偏心矩；

　　　e_a——附加偏心距，其值取 20mm 和偏心方向截面尺寸的 1/30 两者中的较大值；

　　　α_1——受压区混凝土压应力影响系数；

　　　β_1——受压区混凝土应力图形影响系数；

　　　M——柱端较大弯矩设计值；当需要考虑挠曲产生的二阶效应时，柱端弯矩 M 应按

GB 50010—2010《混凝土结构设计规范》（2015 年版）的规定确定；

N——与弯矩设计值 M 相对应的轴向压力设计值；

M_{aw}——型钢腹板承受的轴向合力对受拉或受压较小边型钢翼缘和纵向钢筋合力点的力矩；

N_{aw}——型钢腹板承受的轴向合力；

f_c——混凝土轴心抗压强度设计值；

f_a、f_a'——型钢抗拉和抗压强度设计值；

f_y、f_y'——钢筋抗拉和抗压强度设计值；

A_s、A_s'——受拉和受压钢筋的截面面积；

A_{af}、A_{af}'——型钢受拉和受压翼缘的截面面积；

b——截面宽度；

h——截面高度；

h_0——截面有效高度；

t_w——型钢腹板厚度；

t_f、t_f'——型钢受拉和受压翼缘的厚度；

ξ_b——相对界限受压区高度；

E_s——钢筋弹性模量；

x——混凝土等效受压区高度；

a_s、a_a——受拉区钢筋和型钢翼缘合力点至截面受拉边缘的距离；

a_s'、a_a'——受压区钢筋和型钢翼缘合力点至截面受压边缘的距离；

a——型钢受拉翼缘与受拉钢筋合力点至截面受拉边缘的距离；

δ_1——型钢腹板上端至截面上边的距离与 h_0 的比值，$\delta_1 h_0$ 为型钢腹板上端至截面上边的距离；

δ_2——型钢腹板下端至截面上边的距离与 h_0 的比值，$\delta_2 h_0$ 为型钢腹板下端至截面上边的距离。

2）配置十字形型钢的型钢混凝土偏心受压柱（图 4-19）的正截面受压承载力计算中可折算计入腹板两侧的侧腹板面积，等效腹板厚度 t_w' 可按下式计算

$$t_w' = t_w + \frac{0.5 \sum A_{aw}}{h_w} \qquad (4\text{-}66)$$

式中　$\sum A_{aw}$——两侧的侧腹板总面积；

t_w——腹板厚度。

3）对截面具有两个相互垂直的对称轴的型钢混凝土双向偏心受压柱，应符合 x 向和 y 向单向偏心受压承载力计算要求，其双向偏心受压承载力可按下列公式计算：

对于持久、短暂设计状况

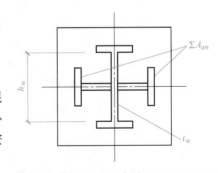

图 4-19　配置十字形型钢的型钢混凝土柱

$$N \leqslant \frac{1}{\dfrac{1}{N_{ux}} + \dfrac{1}{N_{uy}} - \dfrac{1}{N_{u0}}} \qquad (4\text{-}67)$$

对于地震设计状况

$$N \leq \frac{1}{\gamma_{RE}} \left(\frac{1}{\frac{1}{N_{ux}} + \frac{1}{N_{uy}} - \frac{1}{N_{u0}}} \right) \qquad (4\text{-}68)$$

当 e_{iy}/h、e_{ix}/b 不大于 0.6 时，可按下列公式计算（图 4-20）：

对于持久、短暂设计状况

$$N \leq \frac{A_c f_c + A_s f_y + A_a f_a/(1.7 - \sin\alpha)}{1 + 1.3\left(\frac{e_{ix}}{b} + \frac{e_{iy}}{h}\right) + 2.8\left(\frac{e_{ix}}{b} + \frac{e_{iy}}{h}\right)^2} k_1 k_2 \quad (4\text{-}69)$$

对于地震设计状况

$$N \leq \frac{1}{\gamma_{RE}} \left[\frac{A_c f_c + A_s f_y + A_a f_a/(1.7 - \sin\alpha)}{1 + 1.3\left(\frac{e_{ix}}{b} + \frac{e_{iy}}{h}\right) + 2.8\left(\frac{e_{ix}}{b} + \frac{e_{iy}}{h}\right)^2} k_1 k_2 \right]$$

$$(4\text{-}70)$$

$$k_1 = 1.09 - 0.015\frac{l_0}{b} \qquad (4\text{-}71)$$

$$k_2 = 1.09 - 0.015\frac{l_0}{h} \qquad (4\text{-}72)$$

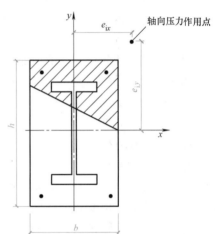

图 4-20　双向偏心受压柱的承载力计算

式中　　　N——双向偏心轴向压力设计值；

N_{u0}——柱截面的轴向受压承载力设计值，应按式（4-49）计算，并将此式改为等号；

N_{ux}、N_{uy}——柱截面的 x 轴方向和 y 轴方向的单向偏心受压承载力设计值；应按式（4-51）计算，公式中的 N 应分别用 N_{ux}、N_{uy} 替换；

l_0——柱计算长度；

f_c、f_y、f_a——混凝土、纵向钢筋、型钢的抗压强度设计值；

A_c、A_y、A_a——混凝土、纵向钢筋、型钢的截面面积；

e_{ix}、e_{iy}——轴向力 N 对 y 轴和 x 轴的计算偏心距，按式（4-57）计算；

b、h——柱的截面宽度、高度；

k_1、k_2——x 轴和 y 轴的构件长细比影响系数；

α——荷载作用点与截面中心点连线相对于 x 或 y 轴的较小偏心角，取 $\alpha \leq 45°$。

例 4-5　型钢混凝土柱的截面尺寸为 1000mm×1000mm，如图 4-21 所示。混凝土采用 C40，纵向钢筋采用 HRB400 级，$\xi_b = 0.518$，型钢采用 Q355 级。柱的计算长度为 5.4m，承受的轴向压力设计值 $N = 9600$kN，弯矩设计值 $M_x = 1600$kN·m，截面绕强轴受弯。试确定柱截面的配筋和配钢。

解：

初选柱的型钢规格为 HM450×300，其截面尺寸为 440mm×300mm×11mm×18mm，纵筋为 24Φ20。

（1）计算截面的有效高度 h_0

7Φ20，$A_s = 2198$mm²；2Φ20，$A_s = 628$mm²。

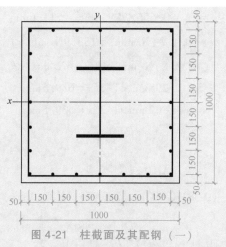

图 4-21　柱截面及其配钢 (一)

$$a = \frac{2198\times360\times50+628\times360\times200+628\times360\times350+300\times18\times295\times(280+9)}{2198\times360+628\times360\times2+300\times18\times295}\text{mm}$$

$$= 220.1\text{mm}$$

$$a'_{\text{s}} = \frac{2198\times360\times50+628\times360\times200+628\times360\times350}{2198\times360+628\times360\times2}\text{mm} = 131.81\text{mm}$$

$$a'_{\text{a}} = 280\text{mm} + \frac{18}{2}\text{mm} = 289\text{mm}$$

$$h_0 = h - a = 1000\text{mm} - 220.1\text{mm} = 779.9\text{mm}$$

$$\delta_1 h_0 = 280\text{mm} + 18\text{mm} = 298\text{mm} \qquad \delta_1 = 0.382$$

$$\delta_2 h_0 = 1000\text{mm} - 298\text{mm} = 702\text{mm} \qquad \delta_2 = 0.900$$

（2）计算钢筋和型钢的应力

$$\sigma_{\text{s}} = \frac{f_{\text{y}}}{\xi_{\text{b}} - 0.8}(x/h_0 - 0.8) = \frac{360\text{N/mm}^2}{0.518 - 0.8}(\xi - 0.8) = (-1276.6\xi + 1021.3)\text{N/mm}^2$$

$$\sigma_{\text{a}} = \frac{f_{\text{a}}}{\xi_{\text{b}} - 0.8}(x/h_0 - 0.8) = \frac{295\text{N/mm}^2}{0.518 - 0.8}(\xi - 0.8) = (-1046.1\xi + 836.8)\text{N/mm}^2$$

（3）判别大小偏压　假定 $\delta_1 h_0 < \dfrac{x}{\beta_1} = 1.25x$，$\delta_2 h_0 > \dfrac{x}{\beta_1} = 1.25x$，则

$$N_{\text{aw}} = \left[\frac{2x}{\beta_1 h_0} - (\delta_1 + \delta_2)\right] t_{\text{w}} h_0 f_{\text{a}}$$

$$= [2.5\xi - (0.382 + 0.900)]\times11\times779.9\times295\text{N} = (6327019.9\xi - 3244495.8)\text{N}$$

将已知数据代入平衡条件得

$$N = \alpha_1 f_{\text{c}} bx + f'_{\text{y}} A'_{\text{s}} + f_{\text{a}} A'_{\text{af}} - \sigma_{\text{s}} A_{\text{s}} - \sigma_{\text{a}} A_{\text{af}} + N_{\text{aw}}$$

$$= [1.0\times14.3\times1000\times779.9\xi + 360\times3454 + 295\times300\times18 - (-1276.6\xi + 1021.3)\times3454 -$$

$$(-1046.1\xi + 836.8)\times300\times18 + 6327019.9\xi - 3244495.8]\text{N}$$

将 $N = 9600\times10^3\text{N}$ 代入，得

$$\xi = 0.656 > 0.518$$

为小偏心受压。

$$x = \xi h_0 = 0.656 \times 779.9 \text{mm} = 511.6 \text{mm}$$

$$\sigma_s = (-1276.6\xi + 1021.3) \text{N/mm}^2 = 183.9 \text{N/mm}^2 < f_y = 360 \text{N/mm}^2$$

$$\sigma_a = (-1046.1\xi + 836.8) \text{N/mm}^2 = 150.6 \text{N/mm}^2 < f_a = 295 \text{N/mm}^2$$

$$\delta_1 h_0 = 298 \text{mm} < 1.25x = 639.5 \text{mm}$$

$$\delta_2 h_0 = 702 \text{mm} > 1.25x = 639.5 \text{mm}$$

（4）承载力验算

$$M_{aw} = \left[0.5(\delta_1^2 + \delta_2^2) - (\delta_1 + \delta_2) + \frac{2x}{\beta_1 h_0} - \left(\frac{x}{\beta_1 h_0} \right)^2 \right] t_w h_0^2 f_a$$

$$= [0.5 \times (0.382^2 + 0.900^2) - (0.382 + 0.900) + 2.5 \times 0.656 - (1.25 \times 0.656)^2] \times 11 \times 779.9^2 \times 295 \text{N} \cdot \text{mm}$$

$$= 322830793.9 \text{N} \cdot \text{mm}$$

$$\alpha_1 f_c b x \left(h_0 - \frac{x}{2} \right) + f_y' A_s' (h_0 - a_s') + f_a' A_a' (h_0 - A_a') + M_{aw}$$

$$= [1.0 \times 14.3 \times 1000 \times 511.6 \times \left(779.9 - \frac{511.6}{2} \right) + 360 \times 3454 \times (779.9 - 131.81) + 295 \times 300 \times$$

$$18 \times (779.9 - 289) + 322830793.9] \text{N} \cdot \text{mm} = 5744948232 \text{N} \cdot \text{mm}$$

$$= 5744.9 \text{kN} \cdot \text{m} > N \left(\frac{h}{2} - a \right) + M_x = [9600 \times (500 - 220.1)/1000] \text{kN} \cdot \text{m} + 1600 \text{kN} \cdot \text{m}$$

$$= 4287.0 \text{kN} \cdot \text{m} \quad （满足要求）$$

例 4-6　型钢混凝土柱的截面尺寸及型钢和纵筋的布置如图 4-21 所示，型钢选用 HM600×300（594mm×302mm×14mm×23mm），纵筋选用 24 Φ 20。柱的计算长度为 4.8m。混凝土强度等级为 C40，纵向钢筋为 HRB400 级，$\xi_b = 0.518$，型钢采用 Q235 级。柱截面上作用的轴向压力设计值 $N = 9600 \text{kN}$。试求截面绕弱轴的受弯承载力。

解：

（1）计算截面有效高度 h_0

$$a = \frac{2198 \times 360 \times 50 + 628 \times 360 \times 200 + 628 \times 360 \times 350}{2198 \times 360 + 628 \times 360 \times 2} \text{mm} = 132 \text{mm}$$

则　　　　　　　　　$$h_0 = h - a = 1000 \text{mm} - 132 \text{mm} = 868 \text{mm}$$

（2）计算钢筋、型钢应力

$$t_w = \frac{0.5 \sum A_{aw}}{h_w} = \frac{0.5 \times (23 \times 302 \times 2)}{302} \text{mm} = 23 \text{mm}$$

$$\delta_1 h_0 = (1000 - 302) \text{mm}/2 = 349 \text{mm}$$

$$\delta_1 = \frac{349}{868} = 0.402$$

$$\delta_2 h_0 = (1000 - 349) \text{mm} = 651 \text{mm}$$

$$\delta_2 = \frac{651}{868} = 0.750$$

$$\sigma_s = \frac{f_y}{\xi_b - 0.8} \left(\frac{x}{h_0} - 0.8 \right) = \frac{360 \text{N/mm}^2}{0.518 - 0.8} (\xi - 0.8) = (-1276.6\xi + 1021.3) \text{N/mm}^2$$

$$\sigma_a = \frac{f_a}{\xi_b - 0.8}\left(\frac{x}{h_0} - 0.8\right) = \frac{205\text{N/mm}^2}{0.518 - 0.8}(\xi - 0.8) = (-727\xi + 581.6)\ \text{N/mm}^2$$

（3）判别大小偏压　假定 $\delta_1 h_0 < \dfrac{x}{\beta_1} = 1.25x$，$\delta_2 h_0 > \dfrac{x}{\beta_1} = 1.25x$，则

$$N_{aw} = [2.5\xi - (\delta_1 + \delta_2)]t_w h_0 f_a = [2.5\xi - (0.402 + 0.750)] \times 23 \times 868 \times 205\text{N}$$
$$= (10231550\xi - 4714698.24)\text{N}$$

$$N = \alpha_1 f_c bx + f'_y A'_s + f'_a A'_{af} - \sigma_s A_s - \sigma_a A_{af} + N_{aw}$$
$$= [1.0 \times 19.1 \times 1000 \times 868\xi + 360 \times 3454 + 205 \times 302 \times 23 - (-1276.6\xi + 1021.3) \times 3454 -$$
$$(-727\xi + 581.6) \times 302 \times 23 + 10231550\xi - 4714698.24]\text{N}$$

将 $N = 9600 \times 10^3\text{N}$ 代入得

$$\xi = 0.530 > \xi_b = 0.518$$

为小偏压。

$$x = \xi h_0 = 0.530 \times 868\text{mm} = 460\text{mm}$$
$$\sigma_s = -1276.6\xi + 1021.3 = 344.7\text{N/mm}^2 < f_y = 360\text{N/mm}^2$$
$$\sigma_a = -727\xi + 581.6\text{N/mm}^2 = 196.3\text{N/mm}^2 < f_a = 205\text{N/mm}^2$$
$$\delta_1 h_0 = 349\text{mm} < 1.25x = 575\text{mm}$$
$$\delta_2 h_0 = 651\text{mm} > 1.25x = 575\text{mm}$$

符合假定。

（4）承载力计算

$$M_{aw} = [0.5(\delta_1^2 + \delta_2^2) - (\delta_1 + \delta_2) + 2.5\xi - (1.25\xi)^2]t_w h_0^2 f_a$$
$$= [0.5 \times (0.402^2 + 0.750^2) - (0.402 + 0.750) + 2.5 \times 0.530 - (1.25 \times 0.530)^2] \times 23 \times 868^2 \times 205\text{N}\cdot\text{mm}$$
$$= 341547600.8\text{N}\cdot\text{mm}$$

截面绕弱轴的承载力为

$$\alpha_1 f_c bx(h_0 - x/2) + f'_y A'_s(h_0 - a'_s) + f'_a A'_{af}(h_0 - a'_s) + M_{aw} - N\left(\frac{h}{2} - a\right) = [1.0 \times 19.1 \times 1000 \times 460 \times$$

$$\left(868 - \frac{460}{2}\right) + 360 \times 3454 \times (868 - 132) + 341547600.8 - 9600 \times 10^3 \times (500 - 132)]\text{N}\cdot\text{mm}$$

$$= 3329.4\text{kN}\cdot\text{m}$$

例 4-7　型钢混凝土柱的截面尺寸为 900mm×900mm，如图 4-22 所示，柱的计算长度 $l_0 = 4.5\text{m}$。承受的轴向压力设计值 $N = 3200\text{kN}$，弯矩设计值 $M_x = 1600\text{kN}\cdot\text{m}$。混凝土为 C30 级，纵向钢筋为 HRB400 级，$\xi_b = 0.518$，型钢为 Q235 级。试计算柱截面的配筋和配钢。

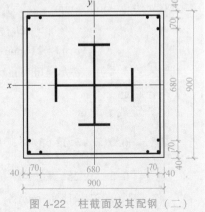

图 4-22　柱截面及其配钢（二）

解：

型钢初选 2 个 HN500×200（截面尺寸为 500mm×200mm×10mm×16mm）构成十字形截面，纵筋选 12Φ18。

（1）等效腹板厚度

$$t'_w = t_w + \frac{0.5 \sum A_{aw}}{h_w} = 10\text{mm} + \frac{0.5 \times 2 \times 16 \times 200}{500 - 2 \times 16}\text{mm} = 16.84\text{mm}$$

（2）计算截面的有效高度 h_0

$4\Phi18$，$A_s = 1017\text{mm}^2$；$2\Phi18$，$A_s = 509\text{mm}^2$。

$$a = \frac{1017\times360\times40+509\times360\times110+200\times16\times215\times208}{1017\times360+509\times360+200\times16\times215}\text{mm} = 150.21\text{mm}$$

$$a'_s = \frac{1017\times360\times40+509\times360\times110}{1017\times360+509\times360}\text{mm} = 63.35\text{mm}$$

$$a'_a = 200\text{mm}+\frac{16}{2}\text{mm} = 208\text{mm}$$

$$h_0 = h-a = 900\text{mm}-143.78\text{mm} = 756.22\text{mm}$$

（3）计算钢筋和型钢的应力

$$\delta_1 h_0 = 200\text{mm}+16\text{mm} = 216\text{mm}$$

$$\delta_1 = 216/756.22 = 0.286$$

$$\delta_2 h_0 = 900\text{mm}-216\text{mm} = 684\text{mm}$$

$$\delta_2 = 684/756.22 = 0.904$$

$$\sigma_s = \frac{f_y}{\xi_b-0.8}\left(\frac{x}{h_0}-0.8\right) = \frac{360\text{N/mm}^2}{0.518-0.8}(\xi-0.8) = (-1276.6\xi+1021.3)\text{N/mm}^2$$

$$\sigma_a = \frac{f_a}{\xi_b-0.8}\left(\frac{x}{h_0}-0.8\right) = \frac{215\text{N/mm}^2}{0.518-0.8}(\xi-0.8) = (-762.4\xi+609.9)\text{N/mm}^2$$

（4）判别大小偏压　假定 $\delta_1 h_0 < \dfrac{x}{\beta_1} = 1.25x$，$\delta_2 h_0 > \dfrac{x}{\beta_1} = 1.25x$，则

$$N_{aw} = [2.5\xi-(\delta_1+\delta_2)]t'_w h_0 f_a = [2.5\xi-(0.286+0.904)]\times16.84\times756.22\times215\text{N}$$
$$= (6844925.33\xi-3258184.46)\text{N}$$

$$N = \alpha_1 f_c bx + f'_y A'_s + f'_a A'_{af} - \sigma_s A_s - \sigma_a A_{af} + N_{aw}$$
$$= [1.0\times14.3\times900\times756.22\xi+360\times1526+215\times200\times16-(-1276.6\xi+1021.3)\times1526-$$
$$(-762.4\xi+609.9)\times200\times16+6844925.33\xi-3258184.46]\text{N}$$

将 $N = 3200\text{kN}$ 代入得

$$\xi = 0.418 < \xi_b = 0.518$$

为大偏压。

取 $\sigma_s = f_y = 360\text{N/mm}^2$，$\sigma_a = f_a = 215\text{N/mm}^2$

$$x = \xi h_0 = 0.418\times756.22\text{mm} = 316.1\text{mm}$$

$$\delta_1 h_0 = 216\text{mm} < 1.25x = 1.25\times316.1\text{mm} = 395.13\text{mm}$$

$$\delta_2 h_0 = 684\text{mm} > 1.25x = 1.25\times316.1\text{mm} = 395.13\text{mm}$$

符合假定。

（5）承载力验算

$$M_{aw} = \left[0.5(\delta_1^2+\delta_2^2)-(\delta_1+\delta_2)+\frac{2x}{\beta_1 h_0}-\left(\frac{x}{\beta_1 h_0}\right)^2\right]t'_w h_0^2 f_a$$

$$= [0.5\times(0.286^2+0.904^2)-(0.286+0.904)+2.5\times0.418-(1.25\times0.418)^2]\times16.84\times$$
$$756.22^2\times215\text{N}\cdot\text{mm}$$

$$= 65220477.23\text{N}\cdot\text{mm}$$

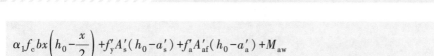

$$\alpha_1 f_c bx\left(h_0 - \frac{x}{2}\right) + f'_y A'_s (h_0 - a'_s) + f'_a A'_{af}(h_0 - a'_a) + M_{aw}$$

$$= [1.0 \times 14.3 \times 900 \times 316.1 \times (756.22 - 316.1/2) + 360 \times 1526 \times (756.22 - 63.35) + 215 \times 200 \times$$

$$16 \times (756.22 - 208) + 65220477.23] N \cdot mm$$

$$= 3256510282 N \cdot mm$$

$$= 3256.51 kN \cdot m > N\left(\frac{h}{2} - a\right) + M_x = [3200 \times (450 - 143.78)/1000 + 1600] kN \cdot m$$

$$= 2579.9 kN \cdot m \quad (满足要求)$$

4.3.2 型钢混凝土柱正截面受拉承载力计算

1. 型钢混凝土轴心受拉柱的正截面受拉承载力计算

型钢混凝土轴心受拉柱的正截面受拉承载力可按下式计算（根据4.2.2节的基本假定）：

对于持久、短暂设计状况

$$N \leqslant f_y A_s + f_a A_a \tag{4-73}$$

对于地震设计状况

$$N \leqslant \frac{1}{\gamma_{RE}}(f_y A_s + f_a A_a) \tag{4-74}$$

式中 N——构件的轴向拉力设计值；

A_s、A_a——纵向受力钢筋和型钢的截面面积；

f_y、f_a——纵向受力钢筋和型钢的材料抗拉强度设计值。

2. 型钢混凝土偏心受拉柱的正截面受拉承载力计算

型钢截面为充满型实腹型钢的型钢混凝土偏心受拉柱，其正截面受拉承载力（图4-23）应按下列公式计算（根据4.2.2节的基本假定）：

（1）大偏心受拉 对于持久、短暂设计状况

$$N \leqslant f_y A_s + f_a A_{af} - f'_y A'_s - f'_a A'_{af} - \alpha_1 f_c bx + N_{aw} \tag{4-75}$$

$$Ne \leqslant \alpha_1 f_c bx\left(h_0 - \frac{x}{2}\right) + f'_y A'_s (h_0 - a'_s) + f'_a A'_{af}(h_0 - a'_a) + M_{aw} \tag{4-76}$$

对于地震设计状况

$$N \leqslant \frac{1}{\gamma_{RE}}[f_y A_s + f_a A_{af} - f'_y A'_s - f'_a A'_{af} - \alpha_1 f_c bx + N_{aw}] \tag{4-77}$$

$$Ne \leqslant \frac{1}{\gamma_{RE}}\left[\alpha_1 f_c bx\left(h_0 - \frac{x}{2}\right) + f'_y A'_s (h_0 - a'_s) + f'_a A'_{af}(h_0 - a'_a) + M_{aw}\right] \tag{4-78}$$

$$h_0 = h - a \tag{4-79}$$

$$e = e_0 - \frac{h}{2} + a \tag{4-80}$$

$$e_0 = \frac{M}{N} \tag{4-81}$$

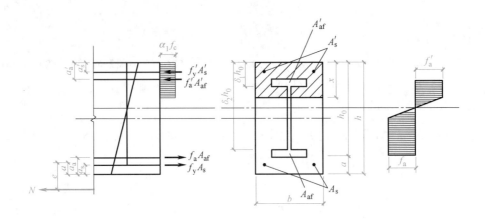

a)

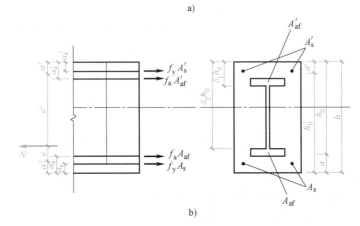

b)

图 4-23 偏心受拉柱的承载力计算参数示意图

a) 大偏心受拉 b) 小偏心受拉

对于 N_{aw} 和 M_{aw}，当 $\delta_1 h_0 < \dfrac{x}{\beta_1}$，$\delta_2 h_0 > \dfrac{x}{\beta_1}$ 时

$$N_{aw} = \left[(\delta_1 + \delta_2) - \frac{2x}{\beta_1 h_0} \right] t_w h_0 f_a \qquad (4\text{-}82)$$

$$M_{aw} = \left[(\delta_1 + \delta_2) + \left(\frac{x}{\beta_1 h_0} \right)^2 - \frac{2x}{\beta_1 h_0} - 0.5(\delta_1^2 + \delta_2^2) \right] t_w h_0^2 f_a \qquad (4\text{-}83)$$

当 $\delta_1 h_0 > \dfrac{x}{\beta_1}$，$\delta_2 h_0 > \dfrac{x}{\beta_1}$ 时

$$N_{aw} = (\delta_2 - \delta_1) t_w h_0 f_a \qquad (4\text{-}84)$$

$$M_{aw} = \left[(\delta_2 - \delta_1) - 0.5(\delta_1^2 - \delta_2^2) \right] t_w h_0^2 f_a \qquad (4\text{-}85)$$

当 $x \leqslant 2a_a'$ 时，可按下式计算：

对于持久、短暂设计状况

$$N \leqslant f_y A_s + f_a A_{af} - f_y' A_s' - \sigma_a' A_{af}' - \alpha_1 f_c bx + N_{aw} \qquad (4\text{-}86)$$

$$Ne \leqslant \alpha_1 f_c bx \left(h_0 - \frac{x}{2} \right) + f_y' A_s' (h_0 - a_s') + \sigma_a' A_{af}' (h_0 - a_a') + M_{aw} \qquad (4\text{-}87)$$

对于地震设计状况

$$N \leqslant \frac{1}{\gamma_{RE}} \left[f_y A_s + f_a A_{af} - f_y' A_s' - \sigma_a' A_{af}' - \alpha_1 f_c bx + N_{aw} \right] \tag{4-88}$$

$$Ne \leqslant \frac{1}{\gamma_{RE}} \left[\alpha_1 f_c bx \left(h_0 - \frac{x}{2} \right) + f_y' A_s' (h_0 - a_s') + \sigma_a' A_{af}' (h_0 - a_a') + M_{aw} \right] \tag{4-89}$$

$$\sigma_a' = \left(1 - \frac{\beta_1 a_a'}{x} \right) \varepsilon_{cu} E_a \tag{4-90}$$

（2）小偏心受拉 对于持久、短暂设计状况

$$Ne \leqslant f_y' A_s' (h_0 - a_s') + f_a A_{af}' (h_0 - a_a') + M_{aw} \tag{4-91}$$

$$Ne' \leqslant f_y A_s (h_0' - a_s) + f_a A_{af} (h_0 - a_a) + M_{aw}' \tag{4-92}$$

对于地震设计状况

$$Ne \leqslant \frac{1}{\gamma_{RE}} \left[f_y' A_s' (h_0 - a_s') + f_a' A_{af}' (h_0 - a_a') + M_{aw} \right] \tag{4-93}$$

$$Ne' \leqslant \frac{1}{\gamma_{RE}} \left[f_y A_s (h_0' - a_s) + f_a A_{af} (h_0 - a_a) + M_{aw}' \right] \tag{4-94}$$

$$M_{aw} = \left[(\delta_2 - \delta_1) - 0.5(\delta_1^2 - \delta_2^2) \right] t_w h_0^2 f_a \tag{4-95}$$

$$M_{aw}' = \left[0.5(\delta_1^2 - \delta_2^2) - (\delta_2 - \delta_1) \frac{a'}{h_0} \right] t_w h_0^2 f_a \tag{4-96}$$

$$e' = e_0 + \frac{h}{2} - a \tag{4-97}$$

式中　e——轴向拉力作用点至纵向受拉钢筋和型钢受拉翼缘的合力点之间的距离；

　　　　e'——轴向拉力作用点至纵向受压钢筋和型钢受压翼缘的合力点之间的距离。

4.3.3　型钢混凝土柱斜截面受剪承载力计算

1. 斜截面受剪性能

试验研究表明，影响型钢混凝土柱受剪性能的因素较多，其中主要因素之一是剪跨比。

对于框架柱，剪跨比可表示为 $\lambda = \dfrac{M}{V h_0}$，而对于框架结构中的框架柱，当其反弯点在层高范围内时，剪跨比可近似表示为 $\lambda = \dfrac{H_n}{2 h_0}$，其中 M 为计算截面上与剪力设计值 V 相应的弯矩设计值，H_n 为柱净高，h_0 为柱截面有效高度。剪跨比对型钢混凝土柱的破坏形态有显著影响。

当剪跨比 $\lambda < 1.5$ 时，容易发生剪切斜压破坏。首先在柱的受剪表面出现许多沿对角线方向的斜裂缝，随着反复荷载的逐渐增大，斜裂缝不断发展，并形成交叉斜裂缝，将表面混凝土分割成若干斜压小柱体，最终因混凝土小柱体被压碎而导致柱发生破坏。剪切斜压破坏形态如图 4-24a 所示。

当剪跨比 λ 为 1.5~2.5 时，容易发生剪切粘结破坏。首先在柱根部出现水平裂缝，随着荷载增大，水平裂缝发展很慢，但出现新的斜裂缝，斜裂缝延伸至型钢翼缘外侧时转变为竖向裂缝，随着荷载继续增大，这些竖向裂缝先后贯通，形成竖向粘结裂缝，把型钢外侧混

凝土剥开,柱宣告破坏。剪切粘结破坏形态如图 4-24b 所示。

当剪跨比 λ>2.5 时,容易发生弯剪破坏。首先在柱端出现水平裂缝,随着反复荷载不断施加,水平裂缝连通,与斜裂缝相交叉,荷载继续增大,柱端混凝土压碎,柱宣告破坏。弯剪破坏形态如图 4-24c 所示。

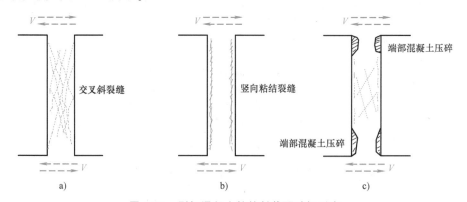

图 4-24 型钢混凝土柱的斜截面破坏形态

a) 剪切斜压破坏 b) 剪切粘结破坏 c) 弯剪破坏

柱的受剪承载力随着剪跨比的增大而减小,但是当剪跨比大于某一数值后,剪跨比对受剪承载力的影响将不明显。

轴向压力的存在抑制了柱斜裂缝的出现和开展,增加了混凝土剪压区高度,当 $N/(f_c bh)<0.5$ 时,随轴向压力的提高,柱的受剪承载力将增大。当轴向压力很大时,会导致柱发生受压破坏。

混凝土的强度等级越高,柱的抗压强度和抗拉强度就越大,受剪承载力越高。

型钢的腹板含量及箍筋的配筋率越大,柱的受剪承载力越高,变形能力越强。因为型钢腹板和箍筋承担的剪力更多,型钢和箍筋还能对核心混凝土提供更好的约束作用。

2. 斜截面受剪承载力计算

1)对于地震设计状况,考虑地震作用组合的型钢混凝土柱剪力设计值应按下列规定计算:

① 一级抗震等级的框架结构和 9 度设防烈度一级抗震等级的各类框架

$$V_c = 1.2 \frac{(M_{cua}^t + M_{cua}^b)}{H_n} \tag{4-98}$$

② 框架结构:

二级抗震等级

$$V_c = 1.3 \frac{(M_c^t + M_c^b)}{H_n} \tag{4-99}$$

三级抗震等级

$$V_c = 1.2 \frac{(M_c^t + M_c^b)}{H_n} \tag{4-100}$$

四级抗震等级

$$V_c = 1.1 \frac{(M_c^t + M_c^b)}{H_n} \tag{4-101}$$

③ 其他各类框架:

$$\text{一级抗震等级} \qquad V_c = 1.4\frac{(M_c^t + M_c^b)}{H_n} \qquad (4\text{-}102)$$

$$\text{二级抗震等级} \qquad V_c = 1.2\frac{(M_c^t + M_c^b)}{H_n} \qquad (4\text{-}103)$$

$$\text{三、四级抗震等级} \qquad V_c = 1.1\frac{(M_c^t + M_c^b)}{H_n} \qquad (4\text{-}104)$$

式中　V_c——柱剪力设计值；

M_{cua}^t、M_{cua}^b——柱上、下端顺时针或逆时针方向按实配钢筋和型钢截面面积、材料强度标准值，且考虑承载力抗震调整系数的正截面受弯承载力所对应的弯矩值；M_{cua}^t 与 M_{cua}^b 的值可按 4.3.1 节中的方法计算，但在计算中应将材料的强度设计值以强度标准值代替，并取实配的纵向钢筋截面面积，不等式改为等式，对于对称配筋截面柱，将 Ne 以 $\left[M_{cua}+N\left(\dfrac{h}{2}-a\right)\right]$ 代替；

M_c^t、M_c^b——考虑地震作用组合，且经调整后的柱上、下端弯矩设计值；二者之和应分别按顺时针和逆时针方向进行计算，并取其较大值。

④ 一、二、三、四级抗震等级的角柱剪力设计值应取调整后的设计值乘以不小于 1.1 的增大系数。

2) 型钢混凝土偏心受压柱的斜截面受剪承载力按下列公式进行计算：

对于持久、短暂设计状况

$$V_c \le \frac{1.75}{\lambda+1}f_t bh_0 + f_{yv}\frac{A_{sv}}{s}h_0 + \frac{0.58}{\lambda}f_a t_w h_w + 0.07N \qquad (4\text{-}105)$$

对于地震设计状况

$$V_c \le \frac{1}{\gamma_{RE}}\left(\frac{1.05}{\lambda+1}f_t bh_0 + f_{yv}\frac{A_{sv}}{s}h_0 + \frac{0.58}{\lambda}f_a t_w h_w + 0.056N\right) \qquad (4\text{-}106)$$

式中　f_{yv}——箍筋的抗拉强度设计值；

A_{sv}——配置在同一截面内箍筋各肢的全部截面面积；

s——沿构件长度方向上箍筋的间距；

λ——柱的计算剪跨比，其值取上、下端较大弯矩设计值 M 与对应的剪力设计值 V 和柱截面有效高度 h_0 的比值，即 $M/(Vh_0)$；当框架结构中框架柱的反弯点在柱层高范围内时，柱剪跨比也可采用 1/2 柱净高与柱截面有效高度 h_0 的比值；当 $\lambda<1$ 时，取 $\lambda=1$；当 $\lambda>3$ 时，取 $\lambda=3$；

N——柱的轴向压力设计值，当 $N>0.3f_c A_c$ 时，取 $N=0.3f_c A_c$。

考虑地震作用组合的剪跨比不大于 2.0 的偏心受压柱，其斜截面受剪承载力宜取下列公式计算的较小值

$$V_c \le \frac{1}{\gamma_{RE}}\left(\frac{1.05}{\lambda+1}f_t bh_0 + f_{yv}\frac{A_{sv}}{s}h_0 + \frac{0.58}{\lambda}f_a t_w h_w + 0.056N\right) \qquad (4\text{-}107)$$

$$V_c \le \frac{1}{\gamma_{RE}}\left(\frac{4.2}{\lambda+1.4}f_t b_0 h_0 + f_{yv}\frac{A_{sv}}{s}h_0 + \frac{0.58}{\lambda-0.2}f_a t_w h_w\right) \qquad (4\text{-}108)$$

式中 b_0——型钢截面外侧混凝土的宽度，取柱截面宽度与型钢翼缘宽度之差。

3）型钢混凝土偏心受拉柱的斜截面受剪承载力按下列公式进行计算：

对于持久、短暂设计状况

$$V_c \leqslant \frac{1.75}{\lambda+1} f_t b h_0 + f_{yv} \frac{A_{sv}}{s} h_0 + \frac{0.58}{\lambda} f_a t_w h_w - 0.2N \qquad (4-109)$$

当 $V_c \leqslant f_{yv} \frac{A_{sv}}{s} h_0 + \frac{0.58}{\lambda} f_a t_w h_w$ 时，应取 $V_c = f_{yv} \frac{A_{sv}}{s} h_0 + \frac{0.58}{\lambda} f_a t_w h_w$。

对于地震设计状况

$$V_c \leqslant \frac{1}{\gamma_{RE}} \left(\frac{1.05}{\lambda+1} f_t b h_0 + f_{yv} \frac{A_{sv}}{s} h_0 + \frac{0.58}{\lambda} f_a t_w h_w - 0.2N \right) \qquad (4-110)$$

当 $V_c \leqslant \frac{1}{\gamma_{RE}} \left(f_{yv} \frac{A_{sv}}{s} h_0 + \frac{0.58}{\lambda} f_a t_w h_w \right)$ 时，应取 $V_c = \frac{1}{\gamma_{RE}} \left(f_{yv} \frac{A_{sv}}{s} h_0 + \frac{0.58}{\lambda} f_a t_w h_w \right)$。

式中 N——柱的轴向拉力设计值。

4）为避免型钢混凝土柱发生剪切斜压破坏，其受剪截面尚应符合下列规定：

对于持久、短暂设计状况

$$V_c \leqslant 0.45 \beta_c f_c b h_0 \qquad (4-111)$$

$$\frac{f_a t_w h_w}{\beta_c f_c b h_0} \geqslant 0.10 \qquad (4-112)$$

对于地震设计状况

$$V_c \leqslant \frac{1}{\gamma_{RE}} (0.36 \beta_c f_c b h_0) \qquad (4-113)$$

$$\frac{f_a t_w h_w}{\beta_c f_c b h_0} \geqslant 0.10 \qquad (4-114)$$

式中 h_w——型钢腹板高度；

β_c——混凝土强度影响系数，当混凝土强度等级不超过 C50 时，取 $\beta_c=1$；当混凝土强度等级为 C80 时，取 $\beta_c=0.8$；其间按线性内插法确定。

5）配置十字形型钢的型钢混凝土柱，其斜截面受剪承载力计算中可折算计入腹板两侧的侧腹板面积，等效腹板厚度可按式（4-66）计算。

例 4-8 型钢混凝土柱的截面尺寸为 750mm×750mm，净高为 3.9m，如图 4-25 所示。型钢采用拼接的十字形截面，截面尺寸为 400mm×200mm×18mm×18mm，纵向钢筋采用 12Φ22，型钢采用 Q355 级钢材，$f_a = 295\text{N/mm}^2$，纵向钢筋采用 HRB400 级钢筋，$f_{sv} = 360\text{N/mm}^2$，箍筋采用 HRB400 级钢筋，混凝土采用 C35。柱承受的剪力设计值 $V_c = 1750\text{kN}$，轴向压力设计值 $N = 2700\text{kN}$，弯矩设计值 $M_x = 1500\text{kN·m}$。试对该柱进行受剪承载力验算。

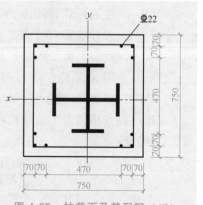

图 4-25 柱截面及其配钢（三）

解：

（1）计算柱截面有效高度

$$a = \frac{4 \times 380.1 \times 360 \times 70 + 2 \times 380.1 \times 360 \times 140 + 200 \times 18 \times 295 \times \left(175 + \dfrac{18}{2}\right)}{6 \times 380.1 \times 360 + 200 \times 18 \times 295} \text{mm}$$

$$= 144.5 \text{mm}$$

$$h_0 = h - a = 750 \text{mm} - 144.5 \text{mm} = 605.5 \text{mm}$$

（2）验算受剪截面是否符合以下两个条件

$$0.45 \beta_c f_c b h_0 = 0.45 \times 1.0 \times 16.7 \times 750 \times 605.5 \text{N} = 3412.7 \text{kN}$$

$$V_c = 1750 \text{kN} < 0.45 \beta_c f_c b h_0 = 3412.7 \text{kN} \text{（满足要求）}$$

$$\frac{f_a t_w h_w}{\beta_c f_c b h_0} = \frac{295 \times 18 \times (400 - 36)}{1.0 \times 16.7 \times 750 \times 605.5} = 0.255 > 0.10 \text{（满足要求）}$$

（3）计算框架柱的剪跨比

$$\lambda = L / (2h_0) = 3900 / (2 \times 605.5) = 3.22 \geqslant 3, \text{ 取 } \lambda = 3$$

$$N = 2700 \text{kN} \leqslant 0.3 f_c A_c = 0.3 \times 16.7 \times 750 \times 750 \text{N} = 2818.1 \text{kN}, \text{ 取 } N = 2700 \text{kN}$$

（4）等效腹板厚度

$$t_w' = t_w + \frac{0.5 \sum A_{aw}}{h_w} = 18 \text{mm} + \frac{0.5 \times 200 \times 18 \times 2}{364} \text{mm} = 28 \text{mm}$$

（5）计算箍筋用量　将 $V_c = 1750 \text{kN}$，$N = 2700 \text{kN}$ 代入下式计算

$$V_c = \frac{1.75}{\lambda + 1} f_t b h_0 + f_{yv} \frac{A_{sv}}{s} h_0 + \frac{0.58}{\lambda} f_a t_w' h_w + 0.07 N$$

$$1750 \times 10^3 \text{N} = \frac{1.75}{3+1} \times 1.57 \times 750 \times 605.5 \text{N} + f_{yv} \frac{A_{sv}}{s} h_0 + \frac{0.58}{3} \times 295 \times 28 \times 364 \text{N} + 0.07 \times 2700 \times 10^3 \text{N}$$

解上式得：

$$f_{yv} \frac{A_{sv}}{s} h_0 = 667789.2 \text{N}$$

选用 HRB400 钢筋作箍筋，$f_{yv} = 360 \text{N/mm}^2$，代入上式计算得

$$\frac{A_{sv}}{s} = 3.1 \text{mm}$$

若采用 Φ16 双肢筋，则

$$A_{sv} = 402 \text{mm}^2$$

$$s = \frac{402}{3.1} \text{mm} = 129.7 \text{mm}$$

实际取 2Φ16@120。

4.3.4　型钢混凝土柱裂缝宽度计算

配置工字形的型钢混凝土轴心受拉构件，按荷载的准永久组合并考虑长期效应组合影响的最大裂缝宽度可按下列公式计算，并不应大于表 4-2 规定的限值。

$$\omega_{\max} = 2.7 \psi \frac{\sigma_{sq}}{E_s} \left(1.9 c_s + 0.07 \frac{d_e}{\rho_{te}} \right) \tag{4-115}$$

$$\psi = 1.1 - 0.65 \frac{f_{tk}}{\rho_{te}\sigma_{sq}} \tag{4-116}$$

$$\sigma_{sq} = \frac{N_q}{A_s + A_a} \tag{4-117}$$

$$\rho_{te} = \frac{A_s + A_a}{A_{te}} \tag{4-118}$$

$$d_e = \frac{4(A_s + A_a)}{u} \tag{4-119}$$

$$u = n\pi d_s + 4(b_f + t_f) + 2h_w \tag{4-120}$$

式中　ω_{max}——最大裂缝宽度；

$\quad c_s$——纵向受拉钢筋的混凝土保护层厚度；

$\quad \psi$——裂缝间受拉钢筋和型钢应变不均匀系数；当 $\psi < 0.2$ 时，取 $\psi = 0.2$；当 $\psi > 1$ 时，取 $\psi = 1$；

$\quad N_q$——按荷载效应的准永久组合计算的轴向拉力值；

$\quad \sigma_{sq}$——按荷载效应的准永久组合计算的型钢混凝土构件纵向受拉钢筋和受拉型钢的应力的平均值；

d_e、ρ_{te}——综合考虑受拉钢筋和受拉型钢的有效直径和有效配筋率；

$\quad A_{te}$——轴心受拉构件的横截面面积；

$\quad u$——纵向受拉钢筋和型钢截面的总周长；

n、d_s——纵向受拉变形钢筋的数量和直径；

b_f、t_f、h_w——型钢截面的翼缘宽度、厚度和腹板高度。

4.3.5　型钢混凝土柱构造要求

1）型钢混凝土柱内配置的型钢，宜采用实腹式焊接型钢（图 4-26a、b、c）；对于型钢混凝土巨型柱，其型钢宜采用多个焊接型钢通过钢板连接成整体的实腹式焊接型钢（图 4-26d）。

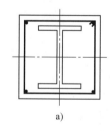 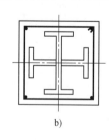 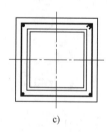 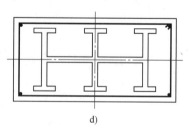

a)　　　　　　　　　b)　　　　　　　　　c)　　　　　　　　　d)

图 4-26　型钢混凝土柱的截面配钢形式

a）工字形实腹式焊接型钢　b）十字形实腹式焊接型钢
c）箱形实腹式焊接型钢　d）钢板连接成整体的实腹式型钢

2）型钢混凝土柱受力型钢的含钢率不宜小于 4%，且不宜大于 15%。当含钢率大于 15% 时，应增加箍筋、纵向钢筋的配筋量，并宜通过试验进行专门研究。

3）型钢混凝土柱纵向受力钢筋的直径不宜小于 16mm，其全部纵向受力钢筋的总配筋率不宜小于 0.8%，每一侧的配筋百分率不宜小于 0.2%；纵向受力钢筋与型钢的最小净距不宜小于 30mm；柱内纵向钢筋的净距不宜小于 50mm 且不宜大于 250mm。纵向受力钢筋的最小锚固长度、搭接长度应符合 GB 50010—2010《混凝土结构设计规范》（2015 年版）的规定。

4）型钢混凝土柱的最外层纵向受力钢筋的混凝土保护层最小厚度应符合 GB 50010—2010《混凝土结构设计规范》（2015 年版）的规定。型钢的混凝土保护层最小厚度（图 4-27）不宜小于 200mm。

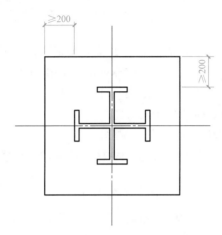

图 4-27 型钢混凝土柱中型钢保护层最小厚度

5）型钢混凝土柱中型钢钢板厚度不宜小于 8mm，其钢板宽厚比（图 4-28）应符合表 4-7 的规定。

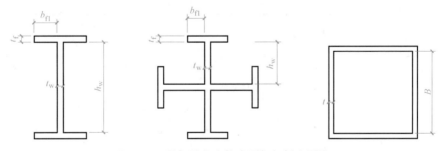

图 4-28 型钢混凝土柱中型钢钢板宽厚比

表 4-7 型钢混凝土柱中型钢钢板宽厚比限值

钢号	柱		
	b_{f1}/t_f	h_w/t_w	B/t
Q235	≤23	≤96	≤72
Q345、Q345GJ	≤19	≤81	≤61
Q390	≤18	≤75	≤56
Q420	≤17	≤71	≤54

6）考虑地震作用组合的型钢混凝土柱应设置箍筋加密区。加密区箍筋最大间距和箍筋最小直径应符合表 4-8 的规定。

表 4-8 柱端箍筋加密区的构造要求

抗震等级	加密区箍筋间距/mm	箍筋最小直径/mm
一级	100	12
二级	100	10
三、四级	150(柱根 100)	8

注：1. 底层柱的柱根指地下室的顶面或无地下室情况的基础顶面。

2. 二级抗震等级柱的箍筋直径大于 10mm，且箍筋采用封闭复合箍、螺旋箍时，除柱根外加密区箍筋最大间距应允许采用 150mm。

7）考虑地震作用组合的型钢混凝土柱，其箍筋加密区应为下列范围：

① 柱上、下两端，取截面长边尺寸、柱净高的 1/6 和 500mm 中的最大值。

② 底层柱下端不小于 1/3 柱净高的范围。

③ 刚性地面上、下各 500mm 的范围。

④ 一、二级角柱的全高范围。

8）考虑地震作用组合的型钢混凝土柱加密区箍筋的体积配筋率应符合以下规定

$$\rho_v \geq 0.85\lambda_v \frac{f_c}{f_{yv}} \tag{4-121}$$

式中 ρ_v——柱箍筋加密区箍筋的体积配筋率；

f_c——混凝土轴心抗压强度设计值；当强度等级低于 C35 时，按 C35 取值；

f_{yv}——箍筋及拉筋抗拉强度设计值；

λ_v——最小配箍特征值，按表 4-9 采用。

表 4-9 柱箍筋最小配箍特征值 λ_v

抗震等级	箍筋形式	轴压比						
		≤0.3	0.4	0.5	0.6	0.7	0.8	0.9
一级	普通箍、复合箍	0.10	0.11	0.13	0.15	0.17	0.20	0.23
	螺旋箍、复合或连续复合矩形螺旋箍	0.08	0.09	0.11	0.13	0.15	0.18	0.21
二级	普通箍、复合箍	0.08	0.09	0.11	0.13	0.15	0.17	0.19
	螺旋箍、复合或连续复合矩形螺旋箍	0.06	0.07	0.09	0.11	0.13	0.15	0.17
三、四级	普通箍、复合箍	0.06	0.07	0.09	0.11	0.13	0.15	0.17
	螺旋箍、复合或连续复合矩形螺旋箍	0.05	0.06	0.07	0.09	0.11	0.13	0.15

注：1. 普通箍指单个矩形箍筋或单个圆形箍筋；螺旋箍指单个螺旋箍筋；复合箍指由多个矩形或多边形、圆形箍筋与拉筋组成的箍筋；复合螺旋箍指矩形、多边形、圆形螺旋箍筋与拉筋组成的箍筋；连续复合螺旋箍筋指全部螺旋箍筋为同一根钢筋加工而成的箍筋。

2. 在计算复合螺旋箍筋的体积配筋率时，其中非螺旋箍筋的体积应乘以换算系数 0.8。

3. 对一、二、三、四级抗震等级的柱，其箍筋加密的箍筋体积配筋率分别不应小于 0.8%、0.6%、0.4% 和 0.4%。

4. 混凝土强度等级高于 C60 时，箍筋宜采用复合箍、复合螺旋箍或连续复合矩形螺旋箍；当轴压比不大于 0.6 时，其加密区的最小配箍特征值宜按表中数值增加 0.02；当轴压比大于 0.6 时，宜按表中数值增加 0.03。

9）考虑地震作用组合的型钢混凝土柱非加密区箍筋的体积配筋率不宜小于加密区的一半；箍筋间距不应大于加密区箍筋间距的 2 倍。一、二级抗震等级，箍筋间距尚不应大于 10 倍纵向钢筋直径；三、四级抗震等级，箍筋间距尚不应大于 15 倍纵向钢筋直径。

10）考虑地震作用组合的型钢混凝土柱，应采用封闭复合箍筋，其末端应有135°弯钩，弯钩端头平直段长度不应小于10倍箍筋直径。截面中纵向钢筋在两个方向宜有箍筋或拉筋约束。当部分箍筋采用拉筋时，拉筋宜紧靠纵向钢筋并勾住封闭箍筋。当符合箍筋配筋率计算和构造要求的情况下，对箍筋加密区内的箍筋肢距可按现行国家标准GB 50010—2010《混凝土结构设计规范》（2015年版）的规定作适当放松，但应配置不少于两道封闭复合箍筋或螺旋箍筋（图4-29）。

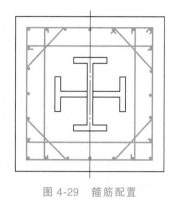

图 4-29 箍筋配置

11）考虑地震作用组合的剪跨比不大于2的型钢混凝土柱，箍筋宜采用封闭复合箍或螺旋箍，箍筋间距不应大于100mm并沿全高加密；其箍筋体积配筋率不应小于1.2%；9度设防烈度时，不应小于1.5%。

12）非抗震设计时，型钢混凝土柱应采用封闭箍筋，其箍筋直径不应小于8mm，箍筋间距不应大于250mm。

4.4 型钢混凝土梁柱节点

4.4.1 型钢混凝土梁柱节点形式

梁柱节点是结构的关键部位，它承受并传递梁和柱的内力，因此节点的安全可靠是保证结构安全工作的前提。工程中常见的型钢混凝土梁柱节点主要有三种形式：

1）型钢混凝土柱与型钢混凝土梁连接节点。梁型钢焊于柱型钢翼缘，在柱型钢内部对应于梁型钢上下翼缘处设置水平加劲肋（图4-30a）。

2）型钢混凝土柱与钢筋混凝土梁连接节点。梁纵向钢筋穿过柱型钢腹板或通过连接套筒或钢牛腿与柱型钢翼缘连接，在柱型钢内部对应于梁纵向钢筋水平处设置水平加劲肋（图4-30b）。

3）型钢混凝土柱与钢梁连接节点。钢梁直接焊接于柱型钢翼缘，在柱型钢内部对应于钢梁上下翼缘处设置水平加劲肋（图4-30c）。

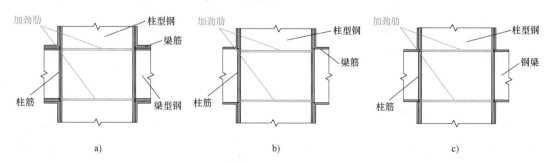

图 4-30 型钢混凝土梁柱节点形式

a）型钢混凝土柱-型钢混凝土梁连接节点   b）型钢混凝土柱-钢筋混凝土梁连接节点

c）型钢混凝土柱-钢梁连接节点

4.4.2 试验研究

型钢混凝土梁柱节点受力复杂，处于压、弯、剪复合应力状态，但根据试验可知，一般节点主要发生在水平荷载作用下的剪切破坏。当荷载加到极限荷载的 30%～40% 时，梁柱连接处首先出现微小弯曲裂缝，随着荷载增加，弯曲裂缝发展缓慢，节点核心区中心开始出现斜裂缝。荷载继续增加，节点核心区的斜裂缝由中心向四周发展，主斜裂缝最终发展到梁端和柱端。由于荷载的反复，核心区出现双向斜裂缝。当裂缝出齐后，互相交叉的斜裂缝将核心区混凝土分割成许多菱形小块，核心区型钢腹板逐渐发生屈服。最后，核心区混凝土被压碎，保护层混凝土鼓出而剥落，导致节点破坏。

由于节点中配置了型钢，型钢混凝土梁柱节点的延性和耗能能力均优于钢筋混凝土梁柱节点。同时，型钢本身具有较大刚度，且柱型钢翼缘和其间加劲肋构成的"翼缘框"约束着核心混凝土，使得型钢混凝土梁柱节点的刚度大于钢筋混凝土梁柱节点，前者的刚度退化也比后者更慢。

轴向压力的存在能够抑制型钢混凝土梁柱节点裂缝的出现和开展，故轴压比越大，裂缝出现越晚，宽度越小，节点刚度越大。但轴压比大时，节点的延性和耗能能力变差。在一定范围内，轴压比的增大能够提高节点的受剪承载能力。

4.4.3 型钢混凝土梁柱节点受剪承载力计算

1. 节点剪力设计值计算

对于地震设计状况，考虑地震作用组合的型钢混凝土梁柱节点剪力设计值应按下列公式计算：

（1）型钢混凝土柱与型钢混凝土梁或钢筋混凝土梁连接的梁柱节点

1）对于一级抗震等级的框架结构和 9 度设防烈度一级抗震等级的各类框架：

顶层中间节点和端节点

$$V_j = 1.15 \frac{M_{bua}^l + M_{bua}^r}{Z} \tag{4-122}$$

其他层中间节点和端节点

$$V_j = 1.15 \frac{M_{bua}^l + M_{bua}^r}{Z} \left(1 - \frac{Z}{H_c - h_b}\right) \tag{4-123}$$

2）对于二级抗震等级的框架结构：

顶层中间节点和端节点

$$V_j = 1.35 \frac{M_b^l + M_b^r}{Z} \tag{4-124}$$

其他层中间节点和端节点

$$V_j = 1.35 \frac{M_b^l + M_b^r}{Z} \left(1 - \frac{Z}{H_c - h_b}\right) \tag{4-125}$$

3）对于其他各类框架：

① 一级抗震等级：

顶层中间节点和端节点

$$V_j = 1.35 \frac{M_b^l + M_b^r}{Z} \tag{4-126}$$

其他层中间节点和端节点

$$V_j = 1.35 \frac{M_b^l + M_b^r}{Z} \left(1 - \frac{Z}{H_c - h_b}\right) \tag{4-127}$$

② 二级抗震等级：

顶层中间节点和端节点

$$V_j = 1.20 \frac{M_b^l + M_b^r}{Z} \tag{4-128}$$

③ 其他层中间节点和端节点

$$V_j = 1.20 \frac{M_b^l + M_b^r}{Z} \left(1 - \frac{Z}{H_c - h_b}\right) \tag{4-129}$$

（2）型钢混凝土柱与钢梁连接的梁柱节点

1）对于一级抗震等级的框架结构和 9 度设防烈度一级抗震等级的各类框架：顶层中间节点和端节点

$$V_j = 1.15 \frac{M_{au}^l + M_{au}^r}{h_a} \tag{4-130}$$

其他层中间节点和端节点

$$V_j = 1.15 \frac{M_{au}^l + M_{au}^r}{h_a} \left(1 - \frac{h_a}{H_c - h_a}\right) \tag{4-131}$$

2）对于二级抗震等级的框架结构：

顶层中间节点和端节点

$$V_j = 1.20 \frac{M_a^l + M_a^r}{h_a} \tag{4-132}$$

其他层中间节点和端节点

$$V_j = 1.20 \frac{M_a^l + M_a^r}{h_a} \left(1 - \frac{h_a}{H_c - h_a}\right) \tag{4-133}$$

3）对于其他各类框架：

① 一级抗震等级：

顶层中间节点和端节点

$$V_j = 1.35 \frac{M_a^l + M_a^r}{h_a} \tag{4-134}$$

其他层中间节点和端节点

$$V_j = 1.35 \frac{M_a^l + M_a^r}{h_a} \left(1 - \frac{h_a}{H_c - h_a}\right) \tag{4-135}$$

② 二级抗震等级：

顶层中间节点和端节点

$$V_j = 1.20 \frac{M_a^l + M_a^r}{h_a} \qquad (4\text{-}136)$$

③ 其他层中间节点和端节点

$$V_j = 1.20 \frac{M_a^l + M_a^r}{h_a}\left(1 - \frac{h_a}{H_c - h_a}\right) \qquad (4\text{-}137)$$

式中　　　V_j——框架梁柱节点的剪力设计值；

M_{au}^l、M_{au}^r——节点左、右两侧钢梁的正截面受弯承载力对应的弯矩值，其值应按实际型钢面积和钢材强度标准值计算；

M_a^l、M_a^r——节点左、右两侧钢梁的梁端弯矩设计值；

M_{bua}^l、M_{bua}^r——节点左、右两侧型钢混凝土梁或钢筋混凝土梁的梁端考虑承载力抗震调整系数的正截面受弯承载力对应的弯矩值，其值应按实配型钢、钢筋及材料强度标准值并根据 JGJ 138—2016《组合结构设计规范》第 5.2.1 条或按实配钢筋及材料强度标准值并根据现行国家标准 GB 50010—2010《混凝土结构设计规范》（2015 年版）的规定计算；

M_b^l、M_b^r——节点左、右两侧型钢混凝土梁或钢筋混凝土梁的梁端弯矩设计值；

H_c——节点上柱和下柱反弯点之间的距离；

Z——对型钢混凝土梁，取型钢上翼缘和梁上部钢筋合力点与型钢下翼缘和梁下部钢筋合力点间的距离；对钢筋混凝土梁，取梁上部钢筋合力点与梁下部钢筋合力点间的距离；

h_a——型钢截面高度，当节点两侧梁高不相同时，应取平均值；

h_b——梁截面高度，当节点两侧梁高不相同时，应取平均值。

2. 节点核心区受剪水平截面验算

考虑地震作用组合的框架梁柱节点，其核心区的受剪水平截面应符合下式规定

$$V_j \leqslant \frac{1}{\gamma_{RE}}(0.36\eta_j f_c b_j h_j) \qquad (4\text{-}138)$$

式中　h_j——节点截面高度，可取受剪方向的柱截面高度；

η_j——梁对节点的约束影响系数，对两个正交方向有梁约束，且节点核心区内配有十字形型钢的中间节点，当梁的截面宽度均大于柱截面宽度的 1/2，且正交方向梁截面高度不小于较高框架梁截面高度的 3/4 时，可取 $\eta_j = 1.3$，但 9 度设防烈度宜取 1.25；其他情况的节点，可取 $\eta_j = 1$；

b_j——节点有效截面宽度，可按下列规定计算：

（1）对于型钢混凝土柱与型钢混凝土梁节点

$$b_j = (b_b + b_c)/2 \qquad (4\text{-}139)$$

（2）对于型钢混凝土柱与钢筋混凝土梁节点

1）梁柱轴线重合。当 $b_b > b_c/2$ 时

$$b_j = b_c \qquad (4\text{-}140)$$

当 $b_b \leqslant b_c/2$ 时

$$b_j = \min(b_b + 0.5h_c, b_c) \qquad (4\text{-}141)$$

2）梁柱轴线不重合，且偏心距不大于柱截面宽度的 1/4。

$$b_j = \min(0.5b_c + 0.5b_b + 0.25h_c - e_0, \ b_b + 0.5h_c, \ b_c) \tag{4-142}$$

（3）对于型钢混凝土柱与钢梁节点

$$b_j = b_c / 2 \tag{4-143}$$

式中 b_c——柱截面宽度；

h_c——柱截面高度；

b_b——梁截面宽度。

3. 节点受剪承载力计算

型钢混凝土梁柱节点的受剪承载力应按下列公式计算：

（1）一级抗震等级的框架结构和9度设防烈度一级抗震等级的各类框架

1）型钢混凝土柱与型钢混凝土梁连接的梁柱节点

$$V_j \leq \frac{1}{\gamma_{RE}} \left[2.0\phi_j \eta_j f_t b_j h_j + f_{yv} \frac{A_{sv}}{s} (h_0 - a_s') + 0.58 f_a t_w h_w \right] \tag{4-144}$$

2）型钢混凝土柱与钢筋混凝土梁连接的梁柱节点

$$V_j \leq \frac{1}{\gamma_{RE}} \left[1.0\phi_j \eta_j f_t b_j h_j + f_{yv} \frac{A_{sv}}{s} (h_0 - a_s') + 0.3 f_a t_w h_w \right] \tag{4-145}$$

3）型钢混凝土柱与钢梁连接的梁柱节点

$$V_j \leq \frac{1}{\gamma_{RE}} \left[1.7\phi_j \eta_j f_t b_j h_j + f_{yv} \frac{A_{sv}}{s} (h_0 - a_s') + 0.58 f_a t_w h_w \right] \tag{4-146}$$

（2）其他各类框架

1）型钢混凝土柱与型钢混凝土梁连接的梁柱节点

$$V_j \leq \frac{1}{\gamma_{RE}} \left[2.3\phi_j \eta_j f_t b_j h_j + f_{yv} \frac{A_{sv}}{s} (h_0 - a_s') + 0.58 f_a t_w h_w \right] \tag{4-147}$$

2）型钢混凝土柱与钢筋混凝土梁连接的梁柱节点

$$V_j \leq \frac{1}{\gamma_{RE}} \left[1.2\phi_j \eta_j f_t b_j h_j + f_{yv} \frac{A_{sv}}{s} (h_0 - a_s') + 0.3 f_a t_w h_w \right] \tag{4-148}$$

3）型钢混凝土柱与钢梁连接的梁柱节点

$$V_j \leq \frac{1}{\gamma_{RE}} \left[1.8\phi_j \eta_j f_t b_j h_j + f_{yv} \frac{A_{sv}}{s} (h_0 - a_s') + 0.58 f_a t_w h_w \right] \tag{4-149}$$

式中 ϕ_j——节点位置影响系数，中柱中间节点取1.0，边柱节点及顶层中间节点取0.6，顶层边节点取0.3。

4. 节点双向受剪承载力计算

型钢混凝土柱与型钢混凝土梁节点双向受剪承载力宜按下式计算

$$\left(\frac{V_{jx}}{1.1V_{jux}} \right)^2 + \left(\frac{V_{jy}}{1.1V_{juy}} \right)^2 = 1 \tag{4-150}$$

式中 V_{jx}、V_{jy}——x方向、y方向的剪力设计值；

V_{jux}、V_{juy}——x方向、y方向的单向极限受剪承载力。

5. 节点抗裂计算

型钢混凝土柱与型钢混凝土梁节点抗裂计算宜符合下列规定

$$\frac{\sum M_{bk}}{Z}\left(1-\frac{Z}{H_c-h_b}\right) \leqslant A_c f_t (1+\beta) + 0.05N \tag{4-151}$$

$$\beta = \frac{E_a}{E_c} \times \frac{t_w h_w}{b_c(h_b-2c)} \tag{4-152}$$

式中　β——型钢抗裂系数；

$\quad t_w$——柱型钢腹板厚度；

$\quad h_w$——柱型钢腹板高度；

$\quad c$——柱钢筋保护层厚度；

$\quad \sum M_{bk}$——节点左右梁端逆时针或顺时针方向组合弯矩准永久值之和；

$\quad Z$——型钢混凝土梁中型钢上翼缘和梁上部钢筋合力点与型钢下翼缘和梁下部钢筋合力点间的距离；

$\quad A_c$——柱截面面积。

6. 梁端和柱端受弯承载力验算

型钢混凝土梁柱节点的梁端、柱端型钢和钢筋混凝土各自承担的受弯承载力之和，宜分别符合下列条件

$$0.4 \leqslant \frac{\sum M_c^a}{\sum M_b^a} \leqslant 2.0 \tag{4-153}$$

$$\frac{\sum M_c^{rc}}{\sum M_b^{rc}} \geqslant 0.4 \tag{4-154}$$

式中　$\sum M_c^a$——节点上、下柱端型钢受弯承载力之和；

$\quad \sum M_b^a$——节点左、右梁端型钢受弯承载力之和；

$\quad \sum M_c^{rc}$——节点上、下柱端钢筋混凝土截面受弯承载力之和；

$\quad \sum M_b^{rc}$——节点左、右梁端钢筋混凝土截面受弯承载力之和。

例 4-9　已知型钢混凝土框架的抗震等级为二级，柱截面尺寸为 800mm×800mm，净高为 3.9m。柱内型钢为 2HN400×200（400mm×200mm×8mm×13mm），纵筋直径为 22mm，布置同例 4-8，梁截面尺寸为 500mm×800mm，梁内型钢为 H-500×200×11×17，梁的上下各配 5$\oplus$20 纵筋，梁截面边缘到纵筋截面形心的距离为 50mm，梁的箍筋为 4$\oplus$12@120。混凝土采用 C40（$f_c = 19.1\text{N/mm}^2$），型钢采用 Q355 级（$f_a = 295\text{N/mm}^2$，$f_{av} = 170\text{N/mm}^2$），纵筋采用 HRB400 级（$f_y = 360\text{N/mm}^2$），箍筋采用 HPB300 级（$f_y = 270\text{N/mm}^2$），节点左、右梁端截面的弯矩设计值分别为 $M_b^l = 950\text{N/mm}^2$ 和 $M_b^r = 850\text{N/mm}^2$。试对中间梁柱节点进行截面受剪验算。

解：

（1）对于型钢混凝土梁

$$Z = 800\text{mm} - 2 \times \frac{5 \times 314 \times 360 \times 50 + 200 \times 17 \times 295 \times (150+8.5)}{5 \times 314 \times 360 + 200 \times 17 \times 295}\text{mm} = 561.2\text{mm}$$

$$V_j = 1.35 \frac{(M_b^l + M_b^r)}{Z}\left(1-\frac{Z}{H_c-h_b}\right) = 1.35 \times \frac{950 \times 10^6 + 850 \times 10^6}{561.2} \times \left(1-\frac{561.2}{3900-800}\right)\text{N} = 3546.1\text{kN}$$

（2）节点计算宽度

$$b_j = \frac{b_b + b_c}{2} = 650\text{mm}$$

（3）节点截面高度

$$h_j = h_c = 800\text{mm}$$

（4）对中柱中间节点

$$\phi_j = 1, \quad \eta_j = 1.3。$$

$$a = \frac{4\times380.1\times360\times70 + 2\times380.1\times360\times140 + 200\times13\times295\times(200+6.5)}{6\times380.1\times360 + 200\times13\times295}\text{mm} = 148\text{mm}$$

$$h_0 = h - a = 800\text{mm} - 148\text{mm} = 652\text{mm}$$

$$a'_s = \frac{4\times380.1\times360\times70 + 2\times380.1\times360\times140}{6\times380.1\times360}\text{mm} = 93.3\text{mm}$$

$$h_w = 400\text{mm} - 13\times2\text{mm} = 374\text{mm}$$

$$V_j = 3546.1\text{kN} \leqslant \frac{1}{\gamma_{RE}}\left[2.3\varphi_j\eta_j f_t b_j h_j + f_{yv}\frac{A_{sv}}{s}(h_0 - a'_s) + 0.58 f_a t_w h_w\right]$$

$$= \frac{1}{0.85}\times\left[2.3\times1\times1.3\times1.91\times625\times750 + 270\times\frac{113.1}{120}\times(652-93.3) + 0.58\times295\times8\times374\right]\text{N}$$

$$= 3918.9\text{kN}$$

4.4.4 型钢混凝土梁柱节点构造要求

1）在各种结构体系中，型钢混凝土梁柱节点的连接应做到构造简单，传力明确，便于混凝土浇捣和配筋。梁柱连接可采用：型钢混凝土柱与型钢混凝土梁的连接；型钢混凝土柱与钢筋混凝土梁的连接；型钢混凝土柱与钢梁的连接。

2）在各种结构体系中，型钢混凝土柱与型钢混凝土梁、钢筋混凝土梁或钢梁的连接，其柱内型钢宜采用贯通型，柱内型钢的拼接构造应符合钢结构的连接规定（图4-31）。当钢梁采用箱形等空腔截面时，钢梁与柱型钢连接所形成的节点区混凝土不连续部位，宜采用同等强度等级的自密实低收缩混凝土填充。

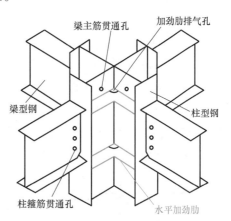

图 4-31 型钢混凝土梁柱
节点及水平加劲肋

3）型钢混凝土柱与型钢混凝土梁或钢梁采用刚性连接时，其柱内型钢与型钢混凝土梁内型钢或钢梁的连接应采用刚性连接。当钢梁直接与钢柱连接时，钢梁翼缘与柱内型钢翼缘应采用全熔透焊缝连接；梁腹板与柱宜采用摩擦型高强度螺栓连接；当采用柱边伸出钢悬臂梁段时，悬臂梁段与柱应采用全熔透焊缝连接。具体连接构造应符合国家现行标准 GB 50017—2017《钢结构设计标准》、JGJ 99—2015《高层民用建筑钢结构技术规程》的规定（图4-32）。

4）型钢混凝土柱与钢梁采用铰接时，可在型钢柱上焊接短牛腿，牛腿端部宜焊接与柱边平齐的封口板，钢梁腹板与封口板宜采用高强度螺栓连接；钢梁翼缘与牛腿翼缘不应焊接（图4-33）。

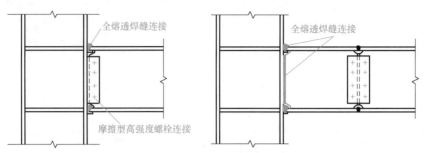

图 4-32 型钢混凝土柱与型钢混凝土梁内型钢或钢梁的连接构造

5）型钢混凝土柱与钢筋混凝土梁的梁柱节点宜采用刚性连接，梁的纵向钢筋应伸入柱节点，且应符合现行国家标准 GB 50010—2010《混凝土结构设计规范》（2015 年版）对钢筋的锚固规定。柱内型钢的截面形式和纵向钢筋的配置，宜减少梁纵向钢筋穿过柱内型钢柱的数量，且不宜穿过型钢翼缘，也不应与柱内型钢直接焊接连接。梁柱连接节点可采用的连接方式：

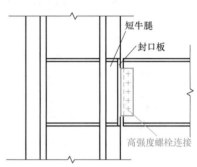

图 4-33 型钢混凝土柱与钢梁的铰接连接

① 梁的纵向钢筋可采取双排钢筋等措施尽可能多的贯通节点，其余纵向钢筋可在柱内型钢腹板上预留贯穿孔，型钢腹板截面损失率宜小于腹板面积的 20%（图 4-34a）。

② 当梁纵向钢筋伸入柱节点与柱内型钢翼缘相碰时，可在柱型钢翼缘上设置可焊接机械连接套筒与梁纵筋连接，并应在连接套筒位置的柱型钢内设置水平加劲肋，加劲肋形式应便于混凝土浇灌（图 4-34b）。

③ 梁纵筋可与型钢柱上设置的钢牛腿可靠焊接，且宜有不少于 1/2 梁纵筋面积穿过型钢混凝土柱连续配置。钢牛腿的高度不宜小于 0.7 倍混凝土梁高，长度不宜小于混凝土梁截面高度的 1.5 倍。钢牛腿的上、下翼缘应设置栓钉，直径不宜小于 19mm，间距不宜大于 200mm，且栓钉至钢牛腿翼缘边缘距离不应小于 50mm。梁端至牛腿端部以外 1.5 倍梁高范围内，箍筋设置应符合现行国家标准 GB 50010—2010《混凝土结构设计规范》（2015 年版）梁端箍筋加密区的规定（图 4-34c）。

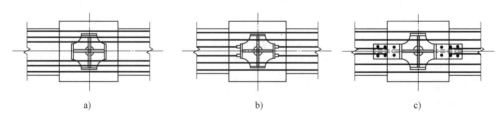

图 4-34 型钢混凝土柱与钢筋混凝土梁的连接
a）梁柱节点穿筋构造　b）可焊接连接器连接　c）钢牛腿焊接

6）型钢混凝土柱与钢梁、钢斜撑连接的复杂梁柱节点，其节点核心区除在纵筋外围设置间距为 200mm 的构造箍筋外，可设置外包钢板（图 4-35）。外包钢板宜与柱表面平齐，其高度宜与梁型钢高度相同，厚度可取柱截面宽度的 1/100，钢板与钢梁的翼缘和腹板可靠焊接。梁型钢上、下部可设置条形小钢板箍，条形小钢板箍尺寸应符合下列公式的规定

$$t_{w1}/h_b \geq 1/30 \qquad (4\text{-}155)$$

$$t_{w1}/b_c \geq 1/30 \qquad (4\text{-}156)$$

$$h_{w1}/h_b \geq 1/5 \qquad (4\text{-}157)$$

式中　t_{w1}——小钢板箍厚度；

h_{w1}——小钢板箍高度；

h_b——钢梁高度；

b_c——柱截面宽度。

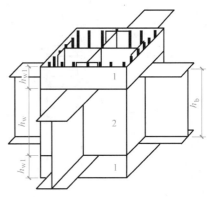

图 4-35　型钢混凝土柱与钢梁连接节点
1—小钢板箍　2—大钢板箍

7）型钢混凝土节点核心区的箍筋最小直径宜符合第 4.3.5 节第 6）条的规定。对一、二、三级抗震等级的框架节点核心区，其箍筋最小体积配筋率分别不宜小于 0.6%、0.5%、0.4%；且箍筋间距不宜大于柱端加密区间距的 1.5 倍，箍筋直径不宜小于柱端箍筋加密区的箍筋直径；柱纵向受力钢筋不应在各层节点中切断。

8）型钢柱的翼缘与竖向腹板间连接焊缝宜采用坡口全熔透焊缝或部分熔透焊缝。在节点区及梁翼缘上下各 500mm 范围内，应采用坡口全熔透焊缝；在高层建筑底部加强区，应采用坡口全熔透焊缝；焊缝质量等级为一级。

9）型钢柱沿高度方向，对应于型钢混凝土梁内型钢或钢梁的上、下翼缘处或钢筋混凝土梁的上下边缘处，应设置水平加劲肋，加劲肋形式宜便于混凝土浇筑；对型钢混凝土梁或钢梁，水平加劲肋厚度不宜小于梁端型钢翼缘厚度，且不宜小于 12mm；对钢筋混凝土梁，水平加劲肋厚度不宜小于型钢柱腹板厚度。加劲肋与型钢翼缘的连接宜采用坡口全熔透焊缝，与型钢腹板可采用角焊缝，焊缝高度不宜小于加劲肋厚度。

4.5　柱脚

4.5.1　基本形式

型钢混凝土柱的柱脚包括非埋入式柱脚和埋入式柱脚两种形式。型钢不埋入基础内部，将型钢柱下部的钢底板采用地脚螺栓锚固在基础或基础梁顶，称为非埋入式柱脚，如图 4-36a 所示。将柱型钢伸入基础内部，称为埋入式柱脚，如图 4-36b 所示。考虑地震作用组合的偏心受压柱宜采用埋入式柱脚；不考虑地震作用组合的偏心受压柱可采用埋入式柱脚，也可采用非埋入式柱脚；偏心受拉柱应采用埋入式柱脚。

非埋入式柱脚是通过底板及其锚栓将型钢的内力传至基础，钢筋混凝土部分的钢筋可按锚固要求埋入基础，如图 4-37 所示。若型钢部分的连接为铰接，则弯矩全部由周边钢筋混凝土部分承担；若型钢部分连接为刚接，则应验算受拉锚固所需面积，并计算柱脚的受弯承载力。非埋入式柱脚的柱底剪力由型钢柱下部钢底板摩擦力及四周混凝土截面受剪承载力共同承担。

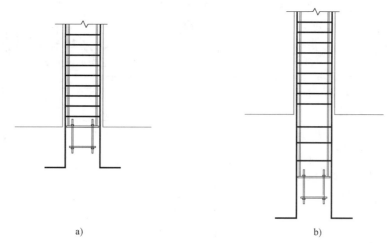

图 4-36　型钢混凝土柱脚

a）非埋入式柱脚　b）埋入式柱脚

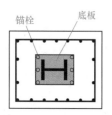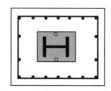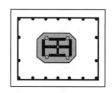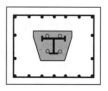

图 4-37　非埋入式柱脚底板和锚栓与基础的连接

　　埋入式柱脚是通过基础对型钢柱翼缘的承压力来提供受弯和受剪承载力，承压力在埋入部分的顶部最大。埋入式柱脚的抗弯作用除了由基础底板和地脚螺栓提供外，还主要由型钢侧面的混凝土参与，因此埋入部分的外包混凝土必须达到一定厚度。当柱脚埋置较深时，剪力将对柱脚侧面混凝土产生压力，几乎不可能传至柱脚底板处，因此可不予考虑。

4.5.2　非埋入式柱脚的设计计算

　　型钢混凝土偏心受压柱，其非埋入式柱脚型钢底板截面处的锚栓配置，应符合下列偏心受压正截面承载力计算规定（图 4-38）：

　　对于持久、短暂设计状况

$$N \leqslant \alpha_1 f_c bx + f'_y A'_s - \sigma_s A_s - 0.75\sigma_{sa}A_{sa} \tag{4-158}$$

$$Ne \leqslant \alpha_1 f_c bx\left(h_0 - \frac{x}{2}\right) + f'_y A'_s (h_0 - a'_s) \tag{4-159}$$

　　对于地震设计状况

$$N \leqslant \frac{1}{\gamma_{RE}}(\alpha_1 f_c bx + f'_y A'_s - \sigma_s A_s - 0.75\sigma_{sa}A_{sa}) \tag{4-160}$$

$$Ne \leqslant \frac{1}{\gamma_{RE}}\left[\alpha_1 f_c bx\left(h_0 - \frac{x}{2}\right) + f'_y A'_s (h_0 - a'_s)\right] \tag{4-161}$$

$$e = e_i + \frac{h}{2} - a \tag{4-162}$$

$$e_i = e_0 + e_a \tag{4-163}$$

$$e_0 = \frac{M}{N} \tag{4-164}$$

$$h_0 = h - a \tag{4-165}$$

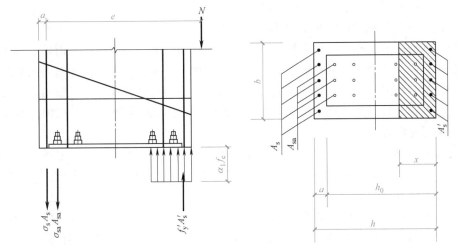

图 4-38　柱脚底板锚栓配置计算参数示意图

纵向受拉钢筋应力 σ_s 和受拉一侧最外排锚栓应力 σ_{sa} 可按下列规定计算：

当 $x \leqslant \xi_b h_0$ 时，$\sigma_s = f_y$，$\sigma_{sa} = f_{sa}$。

当 $x > \xi_b h_0$ 时

$$\sigma_s = \frac{f_y}{\xi_b - \beta_1}\left(\frac{x}{h_0} - \beta_1\right) \tag{4-166}$$

$$\sigma_{sa} = \frac{f_{sa}}{\xi_b - \beta_1}\left(\frac{x}{h_0} - \beta_1\right) \tag{4-167}$$

$$\xi_b = \frac{\beta_1}{1 + \dfrac{f_y + f_{sa}}{2 \times 0.003 E_s}} \tag{4-168}$$

式中　　N——非埋入式柱脚底板截面处轴向压力设计值；

M——非埋入式柱脚底板截面处弯矩设计值；

e——轴向压力作用点至纵向受拉钢筋与受拉一侧最外排锚栓合力点之间的距离；

e_0——轴向压力对截面重心的偏心矩；

e_a——附加偏心距，其值取 20mm 和偏心方向截面尺寸的 1/30 两者中的较大值；

A_s、A_s'、A_{sa}——纵向受拉钢筋、纵向受压钢筋、受拉一侧最外排锚栓的截面面积；

σ_s、σ_{sa}——纵向受拉钢筋、受拉一侧最外排锚栓的应力；

a——纵向受拉钢筋与受拉一侧最外排锚栓合力点至受拉边缘的距离；

E_s——钢筋弹性模量；

x——混凝土受压区高度；

  b、h——型钢混凝土柱截面宽度、高度；

   h_0——截面有效高度；

   ξ_b——相对界限受压区高度；

  f_y、f_{sa}——钢筋抗拉强度设计值、锚栓抗拉强度设计值；

   α_1——受压区混凝土压应力影响系数；

   β_1——受压区混凝土应力图形影响系数。

  如果型钢混凝土偏心受压柱非埋入式柱脚底板截面处的偏心受压正截面承载力不符合上述计算规定，可在柱周边外包钢筋混凝土增大柱截面，并配置计算所需的纵向钢筋及构造规定的箍筋。外包钢筋混凝土应延伸至基础底板以上一层的层高范围，其纵筋锚入基础底板的锚固长度应符合现行国家标准 GB 50010—2010《混凝土结构设计规范》（2015 年版）的规定，钢筋端部应设置弯钩。

  型钢混凝土偏心受压柱，其非埋入式柱脚在柱轴向压力作用下，基础底板的局部受压承载力应符合现行国家标准 GB 50010—2010《混凝土结构设计规范》（2015 年版）中有关局部受压承载力计算的规定。

  型钢混凝土偏心受压柱，其非埋入式柱脚在柱轴向压力作用下，基础底板的受冲切承载力应符合现行国家标准 GB 50010—2010《混凝土结构设计规范》（2015 年版）中有关受冲切承载力计算的规定。

  型钢混凝土偏心受压柱，其非埋入式柱脚型钢底板截面处受剪承载力应符合下列规定（图 4-39）：

  当柱脚型钢底板下不设置抗剪连接件时

$$V \leqslant 0.4N_B + V_{rc} \qquad (4\text{-}169)$$

  当柱脚型钢底板下设置抗剪连接件时

$$V \leqslant 0.4N_B + V_{rc} + 0.58f_a A_{wa} \qquad (4\text{-}170)$$

$$N_B = N\frac{E_a A_a}{E_c A_c + E_a A_a} \qquad (4\text{-}171)$$

$$V_{rc} = 1.5f_t(b_{c1}+b_{c2})h + 0.5f_y A_{s1} \qquad (4\text{-}172)$$

式中 V——柱脚型钢底板处剪力设计值；

  N_B——柱脚型钢底板下按弹性刚度分配的轴向压力设计值；

  N——柱脚型钢底板下与剪力设计值 V 相应的轴向压力设计值；

  A_c——型钢混凝土柱混凝土截面面积；

  A_a——型钢混凝土柱型钢截面面积；

b_{c1}、b_{c2}——柱脚型钢底板周边箱形混凝土截面左、右侧沿受剪方向的有效受剪宽度；

  h——柱脚底板周边箱形混凝土截面沿受剪方向的高度；

  A_{s1}——柱脚底板周边箱形混凝土截面沿受剪方向的有效受剪宽度和高度范围内的纵向钢筋截面面积；

  A_{wa}——抗剪连接件型钢腹板的受剪截面面积。

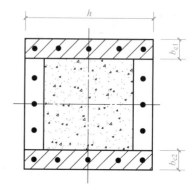

图 4-39　型钢混凝土柱非埋入式柱脚
受剪承载力的计算参数示意图

4.5.3 埋入式柱脚的设计计算

型钢混凝土偏心受压柱，其埋入式柱脚的埋置深度应符合下式规定（图 4-40）

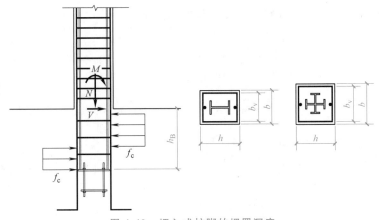

图 4-40 埋入式柱脚的埋置深度

$$h_B \geqslant 2.5 \sqrt{\frac{M}{b_v f_c}}$$ （4-173）

式中 h_B——型钢混凝土柱脚埋置深度；

M——埋入式柱脚最大组合弯矩设计值；

f_c——基础底板混凝土抗压强度设计值；

b_v——型钢混凝土柱垂直于计算弯曲平面方向的箍筋边长。

型钢混凝土偏心受压柱，其埋入式柱脚在柱轴向压力作用下，基础底板的局部受压承载力应符合现行国家标准 GB 50010—2010《混凝土结构设计规范》（2015 年版）中有关局部受压承载力计算的规定。

型钢混凝土偏心受压柱，其埋入式柱脚在柱轴向压力作用下，基础底板的受冲切承载力应符合现行国家标准 GB 50010—2010《混凝土结构设计规范》（2015 年版）中有关冲切承载力计算的规定。

型钢混凝土偏心受拉柱，其埋入式柱脚的埋置深度应按式（4-173）计算。基础底板在轴向拉力作用下的受冲切承载力应符合 GB 50010—2010《混凝土结构设计规范》（2015 年版）中有关冲切承载力计算的规定，冲切面高度应取型钢的埋置深度，冲切计算中的轴向拉力设计值应按下式计算

$$N_t = N_{tmax} \frac{f_a A_a}{f_y A_s + f_a A_a}$$ （4-174）

式中 N_t——冲切计算中的轴向拉力设计值；

N_{tmax}——埋入式柱脚最大组合轴向拉力设计值；

A_a——型钢截面面积；

A_s——全部纵向钢筋截面面积；

f_a——型钢抗拉强度设计值；

f_y——纵向钢筋抗拉强度设计值。

例 4-10　某型钢混凝土框架底层柱的净高为 3.15m，截面尺寸为 $b = 800mm$、$h = 800mm$，内含型钢采用 Q235 级钢板拼接十字形，如图 4-41 所示，截面面积 $A_{ss} = 34400mm^2$，截面模量 $W_{ss} = 2601000mm^3$，混凝土的强度等级为 C40，箍筋采用 HPB300 级钢筋。柱底承受的轴向压力设计值为 $N = 8800kN$，弯矩设计值 $M_x = 1320kN \cdot m$。试设计该柱的柱脚。

解：

采用埋入式柱脚，取柱脚箍筋为 φ14@100，则柱脚所需埋深 h_B 应满足下式要求

$$h_B \geq 2.5 \sqrt{\frac{M}{b_v f_c}} = 2.5 \times \sqrt{\frac{1320 \times 10^6}{752 \times 19.1}} mm = 758mm$$

其中：b_v 为型钢混凝土柱垂直于计算弯曲平面方向的箍筋边长，$b_v = (800 - 40 - 40 + 18 + 14)mm = 752mm$。

当埋深大于 758mm 时，基础底板和地脚螺栓可根据构造和施工要求设置，现取埋深为 800mm。

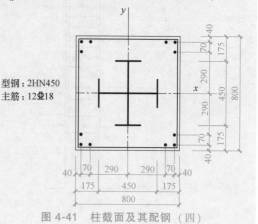

型钢：2HN450
主筋：12Φ18

图 4-41　柱截面及其配钢（四）

4.5.4　柱脚构造要求

1）型钢混凝土偏心受压柱嵌固端以下有两层及两层以上地下室时，可将型钢混凝土柱伸入基础底板，也可伸至基础底板顶面。当伸至基础底板顶面时，纵向钢筋和锚栓应锚入基础底板并符合锚固要求；柱脚除应按非埋入式柱脚计算其受压、受弯和受剪承载力，计算中不考虑型钢作用，轴向压力、弯矩和剪力设计值应取柱底部的相应设计值。

2）型钢混凝土偏心受压柱，其非埋入式柱脚型钢底板厚度不应小于柱脚型钢翼缘厚度，且不宜小于 30mm。

3）型钢混凝土偏心受压柱，其非埋入式柱脚型钢底板的锚栓直径不宜小于 25mm，锚栓锚入基础底板的长度不宜小于 40 倍锚栓直径。纵向钢筋锚入基础的长度应符合受拉钢筋锚固规定，外围纵向钢筋锚入基础部分应设置箍筋。柱与基础在一定范围内混凝土宜连续浇筑。

4）型钢混凝土偏心受压柱，其非埋入式柱脚上一层的型钢翼缘和腹板应设置栓钉，栓钉直径不宜小于 19mm，水平和竖向间距不宜大于 200mm，栓钉离型钢翼缘板边缘不宜小于 50mm，且不宜大于 100mm。

5）无地下室或仅有一层地下室的型钢混凝土柱的埋入式柱脚，其型钢在基础底板（承台）中的埋置深度除满足式（4-173）外，尚不应小于柱型钢截面高度的 2.0 倍。

6）型钢混凝土柱的埋入式柱脚，其型钢底板厚度不应小于柱脚型钢翼缘厚度，且不宜小于 25mm。

7）型钢混凝土柱的埋入式柱脚，其埋入范围及其上一层的型钢翼缘和腹板部位应按本节 4）设置栓钉。

8）型钢混凝土柱的埋入式柱脚，伸入基础内型钢外侧的混凝土保护层的最小厚度，中柱不应小于 180mm，边柱和角柱不应小于 250mm（图 4-42）。

9）型钢混凝土柱的埋入式柱脚，在其埋入部分顶面位置处，应设置水平加劲肋，加劲

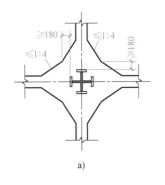
a)

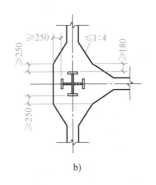
b)

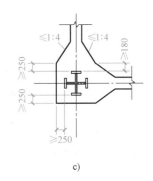
c)

图 4-42　埋入式柱脚混凝土保护层厚度

a）中柱　b）边柱　c）角柱

肋的厚度宜与型钢翼缘等厚，其形状应便于混凝土浇筑。

10）埋入式柱脚型钢底板处设置的锚栓埋置深度，以及柱内纵向钢筋在基础底板中的锚固长度，应符合现行国家标准 GB 50010—2010《混凝土结构设计规范》（2015 年版）的规定，柱内纵向钢筋锚入基础底板部分应设置箍筋。

本 章 小 结

1）型钢混凝土结构是指在混凝土中主要配置型钢，并配有适量纵向钢筋和箍筋的一种结构形式。它既发挥了钢筋混凝土结构和钢结构的优点，又克服了两者各自的缺点，具有良好的受力性能。根据截面配钢形式的不同，型钢混凝土构件可分为实腹式和空腹式两类。

2）实腹式配钢的型钢混凝土梁是在型钢受拉翼缘或腹板全部或部分屈服，变形加大，受压区混凝土压碎之后达到正截面受弯承载力。

3）型钢混凝土梁的斜截面破坏形式可以分为三类，分别为剪切斜压破坏、剪切粘结破坏和剪压破坏；承载力计算公式以剪压破坏为依据建立。影响型钢混凝土梁斜截面受剪承载力的主要因素包括剪跨比、加载方式、混凝土强度等级、含钢率与型钢强度及配箍率。

4）在型钢混凝土构件中，由于型钢的存在，增强了对核心混凝土的约束作用，抑制了裂缝的发展，使得其裂缝宽度比钢筋混凝土构件的小。

5）型钢混凝土梁中配置的型钢能够显著提高梁的抗弯刚度，且提高作用随截面含钢率的增大而增大。在正常使用极限状态下，型钢混凝土梁的挠度可采用结构力学的方法计算。

6）与钢筋混凝土偏心受压柱类似，型钢混凝土偏心受压柱根据荷载偏心距大小的不同，可以发生大偏心受压破坏和小偏心受压破坏。

7）根据剪跨比不同，型钢混凝土柱可能发生剪切斜压破坏、剪切粘结破坏和弯剪破坏。

8）型钢混凝土梁柱节点受力复杂，处于压、弯、剪复合受力状态，其破坏模式一般为水平荷载作用下的剪切破坏。

9）型钢混凝土的柱脚分为埋入式柱脚和非埋入式柱脚两种形式。考虑抗震设防时，一般宜优先采用埋入式柱脚。

思 考 题

4-1 与钢筋混凝土结构和钢结构相比，型钢混凝土结构在应用中具有哪些优势？

4-2 简述型钢混凝土梁受弯时的变形和裂缝特征。

4-3 简述型钢混凝土梁的斜截面受剪破坏形态。

4-4 简述型钢混凝土柱偏心受压和偏心受拉承载力计算的异同点。

4-5 影响型钢混凝土柱斜截面受剪性能的主要因素有哪些？

4-6 简述型钢混凝土梁柱节点的主要形式及受力特点。

4-7 型钢混凝土柱脚有哪几类？试简要说明其异同点。

习 题

4-1 已知型钢混凝土梁截面如图 4-43 所示，弯矩设计值为 640kN·m，混凝土强度等级为 C35，型钢为 Q235，纵筋为 HRB400。试验算该梁的正截面受弯承载力。

4-2 已知型钢混凝土梁截面如图 4-44 所示，梁端剪力设计值为 960kN，混凝土强度等级为 C40，型钢为 Q235，纵筋为 HRB400，箍筋为 HRB400。型钢和纵筋已根据正截面受弯承载力计算确定，要求对该梁的斜截面受剪承载力进行验算。

4-3 已知型钢混凝土柱截面如图 4-45 所示，承担的轴向压力设计值为 7000kN，弯矩设计值为 1080kN·m，混凝土强度等级为 C35，型钢为 Q355，纵筋为 HRB400。试验算该柱的正截面受压承载力。

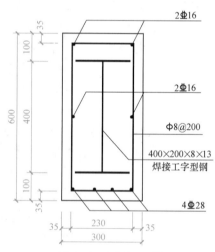

图 4-43 习题 4-1 图

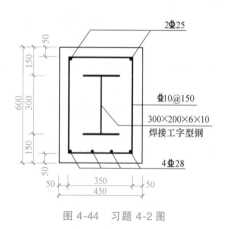

图 4-44 习题 4-2 图

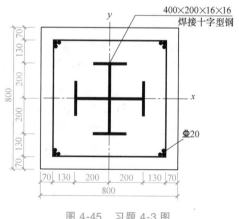

图 4-45 习题 4-3 图

4-4 型钢混凝土柱净高为 3.3m，截面尺寸为 700mm×400mm，考虑水平地震作用的柱端组合剪力设计值为 550kN，轴向压力为 1800kN，弯矩为 210kN·m，弯矩和剪力均沿截面长边方向作用，如图 4-46 所示。柱内配 Q235 级 H 型钢（300mm×200mm×8mm×16mm），纵筋为 HRB400，箍筋为 HRB400，混凝土强度等级为 C40。试配置该柱的箍筋。

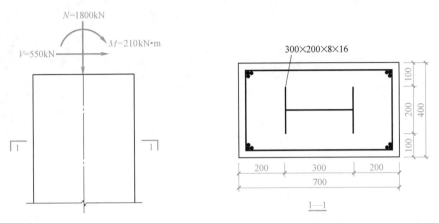

图 4-46 习题 4-4 图

4-5 某型钢混凝土框架中间节点，左右梁截面均为 600mm×350mm，内配 Q235 级 H 型钢（400mm×200mm×8mm×13mm）。节点上下柱截面为 600mm×600mm，内配两个 Q235 级 H 型钢（300mm×200mm×6mm×10mm）构成的十字形型钢，如图 4-47 所示。混凝土强度等级为 C35。在竖向荷载和水平地震作用下，节点左、右梁端的弯矩设计值分别为 100kN·m 和 -160kN·m。柱的轴向压力设计值为 1200kN，节点上下反弯点之间的距离为 3.6m。试验算节点的受剪承载力。

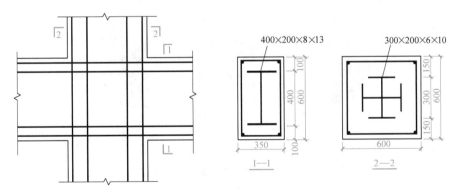

图 4-47 习题 4-5 图

第5章

钢管混凝土结构

5.1 概述

钢管混凝土是指在钢管中填充混凝土，且钢管及其核心混凝土能共同承受外荷载作用的结构构件，最常见的截面形式有圆形和方形、矩形，如图 5-1 所示。作为一种典型的组合结构构件，钢管混凝土利用钢和混凝土两种材料在受力过程中的相互作用，即钢管对其核心混凝土的约束作用，使混凝土处于复杂应力状态之下，其强度得以提高，延性得到改善；同时，由于混凝土的存在，可以延缓或避免钢管过早地发生局部屈曲，保证其材料性能的充分发挥。在钢管混凝土的施工过程中，钢管还可以作为浇筑核心混凝土的模板，与传统钢筋混凝土相比，可节省模板费用，加快施工速度。总之，通过钢管和混凝土组合而成为钢管混凝土，不仅可以弥补两种材料各自的缺点，而且能够充分发挥两者的优点。

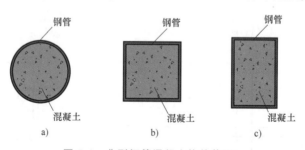

图 5-1 典型钢管混凝土构件截面

a) 圆形钢管混凝土　b) 方形钢管混凝土　c) 矩形钢管混凝土

钢管混凝土宜用作轴心受压或小偏心受压构件。当大偏心受压采用单根构件不够经济合理时，宜采用格构式构件。对于厂房柱和构架柱，常用截面形式有单肢、双肢、三肢和四肢四种，设计时应根据厂房高度、跨度、结构形式、荷载情况和使用要求确定。由于厂房框架柱多为承载力高的偏压构件，采用格构式柱，使柱肢处于轴压或小偏压状态，可以充分发挥钢管混凝土的优越性。

5.1.1 钢管混凝土的工作原理

钢管混凝土的基本工作原理可以圆形钢管混凝土轴心受压短柱为例进行说明。钢管混凝土轴心受压时核心混凝土的受力特点是：其所承受的侧压力是被动的。受荷初期，混凝土总体上处于单向受压状态。随着混凝土纵向变形的增加，其横向变形系数会不断增大，当超过钢材的横向变形系数时，在钢管和核心混凝土之间产生相互作用力，此时混凝土会处于三向受压的应力状态，可延缓其受压时的纵向开裂。同时，核心混凝土可以延缓或避免钢管过早地发生局部屈曲。两种材料相互弥补了彼此的弱点，同时充分发挥彼此的长处，从而使钢管混凝土具有较高的承载能力，一般都高于组成钢管混凝土的钢管和核心混凝土单独承载力之和。图5-2所示为圆形钢管混凝土在轴心受压下钢管和核心混凝土的受力状态示意图。

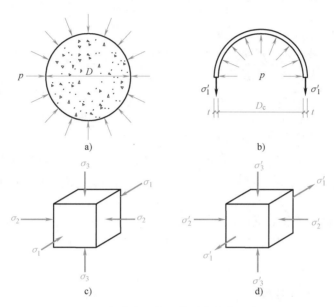

图 5-2　钢管和混凝土的受力状态示意图

a）混凝土　b）钢管　c）混凝土单元　d）钢单元

通过对国内外钢管混凝土轴心受压短柱（长径比 $L/D = 3 \sim 3.5$）的试验结果进行整理和分析，发现钢管混凝土轴心受压短柱的工作性能、破坏形态和荷载-变形关系与钢管对核心混凝土的约束大小有密切关系，这种约束作用可以用约束效应系数标准值 ξ 表示，ξ 可写为

$$\xi = \frac{f_y A_a}{f_{ck} A_c} \tag{5-1}$$

式中　A_c、f_{ck}——钢管内核心混凝土截面面积、轴心抗压强度标准值；

A_a、f_y——钢管的截面面积、钢材屈服强度。

如果 ξ 值越大，在受力过程中，钢管对核心混凝土提供的约束作用越强，混凝土强度和延性的提高相对较大；反之，ξ 值越小，则钢管对核心混凝土提供的约束作用随之减小，混凝土强度和延性的提高就越小。

钢管混凝土轴心受压短柱一次加载时纵向力 N-纵向应变 ε 的关系曲线（图5-3）可分为三个阶段：

1）弹性阶段（Oa 段）：这一阶段 N 和 ε 的关系基本为直线，a 点相应于钢管应力达到比例极限，在 a 点附近开始在钢管和核心混凝土之间产生相互作用的紧箍力 p。

2）弹塑性阶段 ab：由于钢管应力进入弹塑性阶段，钢材的模量不断减小，这就使钢管和混凝土间轴心压力分配比例不断变化，轴心压力与应变关系逐渐偏离直线而形成弹塑性阶段。这时混凝土所受压应力增大，泊松比 μ_c 超过钢管的泊松比 μ_s，两者之间处产生了相互作用的紧箍力 p，钢管和混凝土都处于三向应力状态，钢管为纵向、径向受压，而环向受拉。混凝土则为三向受压。在此阶段中，b 点表示钢管局部位置（常在试件两端附近）开始出现塑性，管壁出现整齐的斜向剪切滑移线。

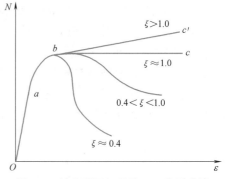

图 5-3　轴心受压短柱的 N-ε 典型曲线

3）强化阶段 bc'：从 b 点开始，由于钢管进入塑性阶段，增加的荷载将由核心混凝土承担，混凝土的横向变形迅速增大，径向推挤钢管，促使钢管的环向应力增大（即紧箍力增加）。这时钢管处于异号应力场，其纵向承载力随着环向拉应力的增大而下降；但核心混凝土的纵向承载力却随着紧箍力的增大而提高。b 点以后的关系曲线形状决定于约束效应系数标准值 ξ 的大小。

当 $\xi \approx 1.0$ 时，核心混凝土纵向承载力因紧箍效应而提高，恰好弥补了钢管因异号应力场使纵向承载力的减小，这就出现了塑性的水平段 bc。当 $\xi > 1.0$ 时，混凝土纵向承载力的提高超过了钢管纵向承载力的减小，形成了曲线上升的强化阶段 bc'。当 $\xi < 1.0$ 时，混凝土纵向承载力的提高低于钢管纵向承载力的减小，曲线出现了下降段。ξ 越小，曲线下降坡度越大，b 点后的塑性段也越短。在 $\xi \approx 0.4$ 时，曲线陡然下降，且无塑性段，呈脆性破坏特征。

5.1.2　钢管混凝土的基本特点

（1）承载力高　众所周知，薄壁钢管对局部缺陷很敏感，且受焊接残余应力的影响较大，故其极限承载力不是很稳定。在钢管中填充混凝土形成钢管混凝土后，钢管约束了混凝土，在轴心受压荷载作用下，混凝土三向受压，可延缓其受压时的纵向开裂。而混凝土可以延缓或避免薄壁钢管过早地发生局部屈曲。上述受力机理使钢管混凝土具有较高的承载能力。

（2）塑性和韧性好　混凝土属于脆性材料。如果将混凝土灌入钢管中形成钢管混凝土，核心混凝土在钢管的约束下，不但在使用阶段改善了它的弹性性质，而且在破坏时具有较大的塑性变形。此外，这种结构在承受冲击荷载和振动荷载时，也具有很大的韧性。由于钢管混凝土具有良好的塑性和韧性，因而抗震性能好。

（3）施工方便　与钢筋混凝土柱相比，采用钢管混凝土时没有绑扎钢筋、支模和拆模等工序。钢管内一般不再配置受力钢筋，因此混凝土的浇灌更为方便，混凝土的密实度更容易保证。由于混凝土的存在，在钢管混凝土中可更广泛地选用薄壁钢管，因此钢管的现场拼接对焊更为简便快捷，且安装偏差也更易校正。由于薄壁空钢管构件的自重小，可减少运输和吊装等费用。和普通钢柱相比，钢管混凝土柱脚的构造一般更为简单，如零件少，焊缝短，可以直接插入混凝土基础的预留杯口中等。

（4）耐火性能较好　由于组成钢管混凝土的钢管和其核心混凝土之间具有相互贡献、协同互补和共同工作的优势，使这种结构具有较好的耐火性能及火灾后可修复性。一方面，内部混凝土能够吸收部分热量，延缓钢管的升温；另一方面，随着升温进行，钢管承载力逐渐降低，混凝土可承担更大的荷载比例，延缓构件承载力的降低。此外，钢管还能约束混凝土，避免混凝土爆裂发生。

火灾后，随着外界温度的降低，钢管混凝土结构已屈服截面处钢管的强度可以得到不同程度的恢复，截面的力学性能比高温下有所改善，结构的整体性比火灾中也将有所提高，这不仅为结构的加固补强提供了一个较为安全的工作环境，也可减少补强工作量，降低维修费用。

（5）经济效果好 如前所述，作为一种较为合理的结构形式，采用钢管混凝土可以很好地发挥钢材和混凝土两种材料的特性和潜力，使它们的优点得到更为充分和合理的发挥，因此，采用钢管混凝土一般都具有很好的经济效果。

大量工程实际表明：采用钢管混凝土的承压构件比普通钢筋混凝土承压构件约可节约混凝土 50%，减轻结构自重 50% 左右。钢材用量略高或略相等；和钢结构相比，可节约钢材 50% 左右。对于高层或超高层建筑结构，随着建筑层数的增加，钢管混凝土的造价与钢筋混凝土基本持平。

5.1.3 钢管混凝土的应用和发展

钢管混凝土结构已被越来越广泛地应用于各种工程结构中，并取得良好的经济效益和建筑效果，成为结构工程学科的一个重要的发展方向。

工业革命之后，随着钢铁产量的增长，钢管结构在土木工程中得到了应用。与此同时，混凝土材料因其优良的力学性能和便捷的施工性能，在工程中也得到了广泛应用。在实践过程中，工程师想到可以在钢管中填充混凝土，将两种材料组合在一起使用。最早的钢管混凝土工程案例可以追溯到 19 世纪 80 年代。例如，在 1879 年建成的英国赛文铁路桥（Severn Railway Bridge）中就采用了钢管混凝土。人们在钢管桥墩中灌注混凝土，以防止钢管内部锈蚀，并提高了承载力。1897 年，美国人 John Lally 注册了在圆形钢管中填充混凝土作为房屋支撑柱的专利。

早期钢管混凝土的钢管材料一般采用普通强度的热轧钢管、铸管或无缝管等，内部填充的混凝土一般采用普通强度混凝土。从 20 世纪 60 年代开始，人们对钢管混凝土压弯构件的力学性能、钢管和混凝土之间的粘结问题进行了系列研究。当时的工作以试验研究为主，且以研究和应用圆形截面的钢管混凝土居多。20 世纪 70、80 年代开始较多地研究该类结构的抗震性能、耐火极限以及长期荷载作用的影响等问题。20 世纪 90 年代，大量冷弯钢管、焊接钢管等出现在建筑工程中。和热轧或铸管相比，冷弯和焊接钢管的机械性能相对更好。此外，高强混凝土也被应用于钢管混凝土结构中。高强材料的应用使钢管混凝土构件的截面减小，从而具有更好的经济性能。20 世纪 90 年代以来，对钢管混凝土结构抗震性能的研究进一步深入，对采用高性能材料的钢管混凝土，以及薄壁钢管混凝土工作性能和设计方法的研究也有不少报道。在这一阶段，研究者们还较多地开展了压弯剪和压弯扭构件性能的研究，对钢管混凝土工作机理的理论研究得到了较快发展，使人们对这类组合构件力学实质的认识逐渐深入。在这一阶段，对方形、矩形截面钢管混凝土的研究也取得较大进展，工程应用也逐渐增多，一些新型的钢管混凝土结构形式相继出现。近十几年来，高强、高性能材料，如高强钢材（一般指钢材屈服强度高于 460MPa 的钢材）、自密实混凝土、纤维增强聚合物（Fiber Reinforced Polymer）等逐渐被应用于钢管混凝土结构及相关加固工程等。钢管混凝的工业化生产程度也大大提高，预制钢管混凝土构件开始在工程中得到应用。

我国主要研究在钢管中浇筑素混凝土的内填型钢管混凝土结构，在这方面较早开展工作的有原中国科学院哈尔滨土建研究所（现中国地震局工程力学研究所）等单位。到 1968 年以后，建筑材料研究院（现苏州混凝土与水泥制品研究院）、北京地下铁道工程局、原哈尔滨建筑工程学院、冶金部建筑研究总院、国家电力研究所及中国建筑科学院等单位都先后对钢管混凝土基本构件的力学性能和设计方法、节点构造和施工技术等方面进行了比较系统的研究。20 世纪 60 年代中，钢管混凝土开始在一些厂房柱和地铁工程中采用。进入 20 世纪 70 年代后，这类结构在冶金、造船、电力等行业的单层或多层工业厂房得到广泛的推广应用。1978 年，钢管混凝土结构被列入国家科学发展规划，使这一结构在我国的发展进入一个新阶段，无论是科学研究还是设计施工都取得较大进展，实际工程应用不断增多，取得了良好的经济效益和社会效益。进入 21 世纪后，随着新型建筑材料和结构形式的创新发展，钢管混凝土结构在我国得到了蓬勃发展。

伴随着建筑结构材料和建筑结构朝着高性能方面发展，出现了不少新型钢管混凝土结构构件类型。根据截面几何特征，它们一般都具有钢管和核心混凝土，并继承了普通钢管混凝土的一些优点，同时又具有自身的特点，适用于各种不同类型的工程。这类"广义"的钢管混凝土，具体对象包括中空夹层钢管混凝土、内置型钢或钢筋的钢管混凝土、钢管混凝土叠合柱和薄壁钢管混凝土等，部分构件的截面如图 5-4 所示。

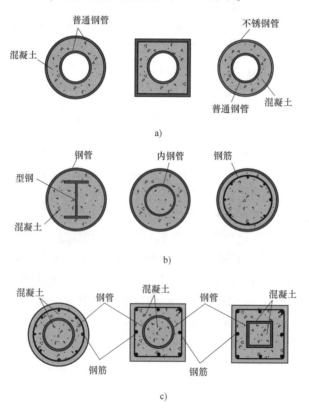

图 5-4　部分新型钢管混凝土构件截面示意图

a）中空夹层钢管混凝土　b）内置型钢或钢筋的钢管混凝土　c）钢管混凝土叠合柱

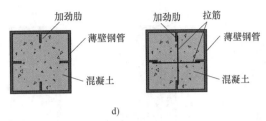

图 5-4　部分新型钢管混凝土构件截面示意图（续）

d）薄壁钢管混凝土（带加劲肋）

钢管混凝土结构设计理论也在不断发展创新。众所周知，工程结构的全寿命周期包括设计、施工、运营和维护等环节，其安全性和耐久性会影响到可持续城镇化建设过程中的环境、材料、信息、能源、经济、管理和社会等多个方面。系统研究基于全寿命周期的钢管混凝土结构理论具有重要的理论和现实意义。基于系统的理论分析和系列的试验研究，韩林海等学者提出并建立了基于全寿命周期的钢管混凝土结构设计理论，其内容总体概述为：

1）全寿命周期服役过程中钢管混凝土结构在遭受可能导致灾害的荷载（如强烈地震、火灾和撞击等）作用下的分析理论，以及考虑各种荷载作用相互耦合的分析方法。

2）综合考虑施工因素（如钢管制作和核心混凝土浇灌等）、长期荷载（如混凝土收缩和徐变等）与环境作用影响（如氯离子腐蚀等）的钢管混凝土结构分析理论。

3）基于全寿命周期的钢管混凝土结构设计原理和设计方法。

上述理论可用于指导钢管混凝土结构的研究和工程实践。可以预期，钢管混凝土结构的研究和应用必将随着社会发展水平的提高不断进步。

5.2　钢管混凝土构件的基本破坏形态和承载力计算方法

5.2.1　构件的基本破坏形态

1. 轴心受压构件

对轴心受压构件的试验全过程的观察表明，试件开始受荷时处于弹性阶段，当外荷载加至极限荷载的 60%~70% 时，钢管壁上局部开始出现剪切滑移线。随着外荷载的继续增加，滑移线由少到多，逐渐布满管壁，随后，试件开始进入破坏阶段。由于钢管和核心混凝土之间的相互作用，钢管达到极限状态时的变形较空钢管大为增加。和空钢管试件相比，钢管混凝土的破坏形态表现出很大的不同：核心混凝土的存在延缓了钢管过早地发生局部屈曲，从而使构件的承载力和塑性能力得到很大的提高，并且不会发生对应空钢管构件的内凹局部屈曲破坏形态。对于圆钢管混凝土，约束效应系数标准值 ξ 不同，试件的破坏形态也有很大不同。当试件的约束效应系数标准值 ξ 较大时，试件的破坏形态呈现腰鼓状，如图 5-5 所示。

图 5-6 给出了典型的圆形和方形钢管混凝土试件在轴向压缩荷载作用下的荷载-变形关系曲线。同时，图中也给出了相应的钢筋混凝土和空钢管的荷载位移曲线。由图可见，由于钢管和混凝土之间的组合作用，钢管混凝土的承载力和延性都优于相应钢管和混凝土的简单叠加结果。

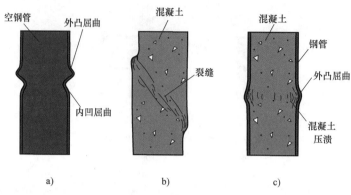

图 5-5　空钢管、素混凝土和钢管混凝土轴压试件破坏形态比较

a）空钢管　b）素混凝土　c）钢管混凝土

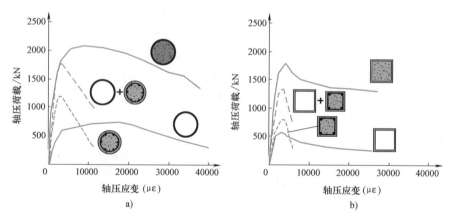

图 5-6　轴心受压试件荷载-应变关系比较

a）圆形截面　b）方形截面

2. 轴心受拉构件

钢管混凝土在轴心受拉荷载作用下，钢管及其核心混凝土也能协同互补，共同受力，核心混凝土表面会均匀发展与受力方向垂直的微细裂缝，并改变钢管的应力状态。对于没有核心混凝土的空钢管试件，破坏时钢管出现明显的"颈缩"；相应的钢筋混凝土则更可能会形成主裂缝，并在受力过程中不断发展，最终导致试件破坏。图 5-7 所示为空钢管、素混凝土和钢管混凝土试件破坏形态的比较。

3. 受弯构件

对于受弯构件，钢管混凝土受拉区的混凝土会出现一些微裂缝，

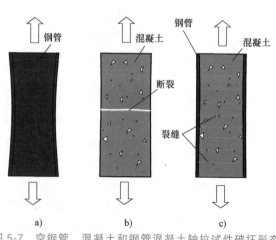

图 5-7　空钢管、混凝土和钢管混凝土轴拉试件破坏形态比较

a）空钢管　b）素混凝土　c）钢管混凝土

受压区会有若干压碎区域。对应的钢筋混凝土往往裂缝相对集中，且开裂明显；受压区则会出现集中的压碎区域，如图5-8所示。

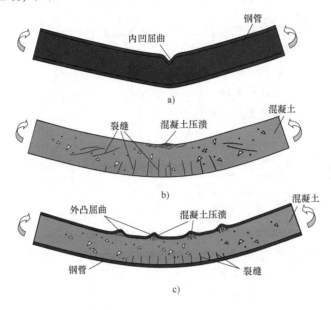

图 5-8 空钢管、钢筋混凝土和钢管混凝土受弯试件破坏形态比较

a）空钢管　b）钢筋混凝土　c）钢管混凝土

5.2.2 圆形截面构件的承载力计算方法

钢管混凝土框架柱和转换柱的轴心受压、偏心受压、轴心受拉和受弯承载力的计算可按以下方法计算。定义套箍指标 θ 的表达式为

$$\theta = \frac{f_a A_a}{f_c A_c} \tag{5-2}$$

式中　A_c、f_c——钢管内的核心混凝土横截面面积、抗压强度设计值；

A_a、f_a——钢管的横截面面积、抗拉和抗压强度设计值。

套箍指标中钢管和混凝土的强度都采用了设计值。

1）圆形钢管混凝土轴心受压柱的正截面受压承载力应符合下列规定：

① 持久、短暂设计状况

当 $\theta \leqslant [\theta]$ 时

$$N \leqslant 0.9\varphi_l f_c A_c (1+\alpha\theta) \tag{5-3}$$

当 $\theta > [\theta]$ 时

$$N \leqslant 0.9\varphi_l f_c A_c (1+\sqrt{\theta}+\theta) \tag{5-4}$$

② 地震设计状况

当 $\theta \leqslant [\theta]$ 时

$$N \leqslant \frac{1}{\gamma_{RE}} [0.9\varphi_l f_c A_c (1+\alpha\theta)] \tag{5-5}$$

当 $\theta>[\theta]$ 时

$$N \leqslant \frac{1}{\gamma_{\mathrm{RE}}}[0.9\varphi_l f_c A_c(1+\sqrt{\theta}+\theta)] \tag{5-6}$$

式中 α——与混凝土强度等级有关的系数，按表 5-1 取值；

$\quad\quad \gamma_{\mathrm{RE}}$——承载力抗震调整系数，按 GB 50011—2010《建筑抗震设计规范》的相关规定取值；

$\quad\quad [\theta]$——与混凝土强度等级有关的套箍指标界限值，按表 5-1 取值；

$\quad\quad \varphi_l$——考虑长细比影响的承载力折减系数。

表 5-1 系数 α、套箍指标界限值 $[\theta]$

混凝土等级	≤C50	C50~C80
α	2.00	1.8
$[\theta]=\dfrac{1}{(\alpha-1)^2}$	1.00	1.56

2）圆形钢管混凝土轴心受压柱考虑长细比影响的承载力折减系数 φ_l 应按下列公式计算：

当 $L_e/D>4$ 时

$$\varphi_l=1-0.115\sqrt{L_e/D-4} \tag{5-7}$$

当 $L_e/D\leqslant4$ 时

$$\varphi_l=1 \tag{5-8}$$

$$L_e=\mu L \tag{5-9}$$

式中 L——柱的实际长度；

$\quad\quad D$——钢管的外直径；

$\quad\quad L_e$——柱的等效计算长度；

$\quad\quad \mu$——考虑柱端约束条件的计算长度系数，根据梁柱刚度的比值，按现行国家标准 GB 50017—2017《钢结构设计标准》确定。

例 5-1 某圆形截面钢管混凝土轴心受压柱，钢管截面规格为 $D\times t=1000\mathrm{mm}\times18\mathrm{mm}$，计算长度 $L=7.924\mathrm{m}$，钢材牌号选用 Q345，混凝土强度等级为 C50，轴力设计值为 5783kN。试对该圆形钢管混凝土柱进行承载力验算。

解：

$$A=\pi\times\frac{1000^2}{4}\mathrm{mm}^2=7.854\times10^5\mathrm{mm}^2$$

$$A_c=\pi\times\frac{(1000-36)^2}{4}\mathrm{mm}^2=7.299\times10^5\mathrm{mm}^2$$

$$A_a=A-A_c=5.55\times10^4\mathrm{mm}^2$$

选用 Q345 钢，C50 混凝土，因此 $f_a=295\mathrm{N/mm}^2$，$f_c=23.1\mathrm{N/mm}^2$。

查表 5-1，可得 $\alpha=2.00$，$[\theta]=1.00$。

$$\theta=\frac{f_a A_a}{f_c A_c}=\frac{295\times5.55\times10^4}{23.1\times7.299\times10^5}=0.971<[\theta]$$

$$\frac{L_e}{D} = \frac{L}{D} = \frac{7924}{1000} = 7.924 > 4$$

$$\varphi_l = 1 - 0.115\sqrt{L_e/D - 4} = 1 - 0.115 \times \sqrt{7.924 - 4} = 0.772$$

$$N = 5783\text{kN} < 0.9\varphi_l f_c A_c (1 + \alpha\theta) = 0.9 \times 0.772 \times 23.1 \times 7.299 \times 10^5 \times (1 + 2.00 \times 0.971) \times 10^{-3}\text{kN}$$

$$= 34465\text{kN （满足要求）}$$

3）圆形钢管混凝土偏心受压框架柱和转换柱的正截面受压承载力应符合下列规定：

① 持久、短暂设计状况

当 $\theta \leqslant [\theta]$ 时

$$N \leqslant 0.9\varphi_l\varphi_e f_c A_c (1 + \alpha\theta) \tag{5-10}$$

当 $\theta > [\theta]$ 时

$$N \leqslant 0.9\varphi_l\varphi_e f_c A_c (1 + \sqrt{\theta} + \theta) \tag{5-11}$$

② 地震设计状况

当 $\theta \leqslant [\theta]$ 时

$$N \leqslant \frac{1}{\gamma_{RE}} [0.9\varphi_l\varphi_e f_c A_c (1 + \alpha\theta)] \tag{5-12}$$

当 $\theta > [\theta]$ 时

$$N \leqslant \frac{1}{\gamma_{RE}} [0.9\varphi_l\varphi_e f_c A_c (1 + \sqrt{\theta} + \theta)] \tag{5-13}$$

③ $\varphi_l\varphi_e$ 应符合的规定

$$\varphi_l\varphi_e \leqslant \varphi_0 \tag{5-14}$$

式中 φ_e——考虑偏心率影响的承载力折减系数；

φ_0——按轴心受压柱考虑的长细比影响的承载力折减系数 φ_l 值。

4）圆形钢管混凝土框架柱和转换柱考虑偏心率影响的承载力折减系数 φ_e，应按下列公式计算：

当 $e_0/r_c \leqslant 1.55$ 时

$$\varphi_e = \frac{1}{1 + 1.85\dfrac{e_0}{r_c}} \tag{5-15}$$

当 $e_0/r_c > 1.55$ 时

$$\varphi_e = \frac{1}{3.92 - 5.16\varphi_l + \varphi_l\dfrac{e_0}{0.3r_c}} \tag{5-16}$$

$$e_0 = \frac{M}{N} \tag{5-17}$$

式中 e_0——柱端轴向压力偏心距之较大值；

r_c——核心混凝土横截面的半径；

M——柱端较大弯矩设计值。

5）圆形钢管混凝土偏心受压框架柱和转换柱考虑长细比影响的承载力折减系数 φ_l 应按下列公式计算：

当 $L_e/D>4$ 时

$$\varphi_l = 1-0.115\sqrt{L_e/D-4} \qquad (5\text{-}18)$$

当 $L_e/D\leqslant 4$ 时

$$\varphi_l = 1 \qquad (5\text{-}19)$$

$$L_e = \mu kL \qquad (5\text{-}20)$$

式中　k——考虑柱身弯矩分布梯度影响的等效长度系数。

6) 圆形钢管混凝土框架柱和转换柱考虑柱身弯矩分布梯度影响的等效长度系数 k，应按下列公式计算（图5-9）：

无侧移

$$k = 0.5+0.3\beta+0.2\beta^2 \qquad (5\text{-}21)$$

$$\beta = M_1/M_2 \qquad (5\text{-}22)$$

有侧移

当 $e_0/r_c\leqslant 0.8$ 时

$$k = 1-0.625e_0/r_c \qquad (5\text{-}23)$$

当 $e_0/r_c>0.8$ 时

$$k = 0.5 \qquad (5\text{-}24)$$

式中　β——柱两端弯矩设计值之绝对值较小者 M_1 与较大者 M_2 的比值；单向压弯时，β 为正值；双曲压弯时，β 为负值。

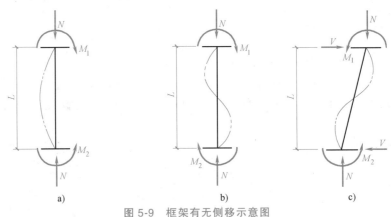

图 5-9　框架有无侧移示意图

a) 无侧移单向压弯 ($\beta\geqslant 0$)　　b) 无侧移双向压弯 ($\beta<0$)　　c) 有侧移双向压弯 ($\beta<0$)

例 5-2　某工程采用的圆形钢管混凝土柱，钢管截面规格 $D\times t=1500\text{mm}\times 22\text{mm}$，计算长度 $L=3.7\text{m}$，钢材牌号选用 Q345，混凝土强度等级为 C60，轴向力设计值为 47247kN，弯矩设计值为 1142kN·m。试对该圆形钢管混凝土柱进行验算。

解：

$$A = \pi\times\frac{1500^2}{4}\text{mm}^2 = 1.767\times 10^6\text{mm}^2$$

$$A_c = \pi\times\frac{(1500-44)^2}{4}\text{mm}^2 = 1.665\times 10^6\text{mm}^2$$

$$A_a = A-A_c = 1.02\times 10^5\text{mm}^2$$

选用 Q345 钢，C60 混凝土；查表 2-4 和表 2-16 得 $f_a=295\text{N/mm}^2$，$f_c=27.5\text{N/mm}^2$；查表 5-1，可得 $\alpha=1.8$，$[\theta]=1.56$。

$$\theta=\frac{f_aA_a}{f_cA_c}=\frac{295\times1.02\times10^5}{27.5\times1.665\times10^6}=0.657<[\theta]$$

$$e_0=\frac{M}{N}=\frac{1142}{47247}\times10^3\text{mm}=24.17\text{mm}$$

$$r_c=\frac{1500}{2}\text{mm}-22\text{mm}=482\text{mm}$$

$$\frac{e_0}{r_c}=\frac{24.17}{482}=0.03<1.55$$

$$\varphi_e=\frac{1}{1+1.85\dfrac{e_0}{r_c}}=\frac{1}{1+1.85\times0.03}=0.947$$

$$\frac{L_e}{D}=\frac{L}{D}=\frac{3700}{1500}=2.467<4$$

$$\varphi_l=1$$

按轴心受压柱考虑的长细比影响的承载力折减系数，$\varphi_0=1$，满足 $\varphi_l\varphi_e<\varphi_0$。

$N=47247\text{kN}<0.9\varphi_l\varphi_ef_cA_c(1+\alpha\theta)=0.9\times1\times0.947\times27.5\times1.665\times10^6\times(1+1.8\times0.657)\times10^{-3}\text{kN}=85175\text{kN}$（满足要求）

7）圆形钢管混凝土轴心受拉柱的正截面受拉承载力应符合下列公式的规定：

持久、短暂设计状况

$$N\leqslant f_aA_a \tag{5-25}$$

地震设计状况

$$N\leqslant\frac{1}{\gamma_{RE}}f_aA_a \tag{5-26}$$

8）圆形钢管混凝土偏心受拉框架柱和转换柱的正截面受拉承载力应符合下列公式的规定：

持久、短暂设计状况

$$N\leqslant\frac{1}{\dfrac{1}{N_{ut}}+\dfrac{e_0}{M_u}} \tag{5-27}$$

地震设计状况

$$N\leqslant\frac{1}{\gamma_{RE}}\left[\frac{1}{\dfrac{1}{N_{ut}}+\dfrac{e_0}{M_u}}\right] \tag{5-28}$$

N_{ut}、M_u 的计算

$$N_{ut}=f_aA_a \tag{5-29}$$

$$M_u=0.3r_cN_0 \tag{5-30}$$

当 $\theta \leqslant [\theta]$ 时

$$N_0 = 0.9 f_c A_c (1 + \alpha \theta) \tag{5-31}$$

当 $\theta > [\theta]$ 时

$$N_0 = 0.9 f_c A_c (1 + \sqrt{\theta} + \theta) \tag{5-32}$$

式中　　N——圆形钢管混凝土柱轴向拉力设计值；

　　　　N_{ut}——圆形钢管混凝土柱轴心受拉承载力计算值；

　　　　M_u——圆形钢管混凝土柱正截面受弯承载力计算值；

　　　　N_0——圆形钢管混凝土柱轴心受压短柱的承载力计算值。

9）圆形钢管混凝土框架柱和转换柱轴力为 0 的正截面受弯承载力应符合下列公式的规定：

持久、短暂设计状况

$$M \leqslant M_u \tag{5-33}$$

地震设计状况

$$M \leqslant \frac{1}{\gamma_{RE}} M_u \tag{5-34}$$

式中　　M_u——圆形钢管混凝土柱正截面受弯承载力计算值，按式（5-30）计算。

10）圆形钢管混凝土偏心受压框架柱和转换柱，当剪跨小于柱直径 D 的 2 倍时，应验算其斜截面受剪承载力。斜截面受剪承载力应符合下列公式的规定：

持久、短暂设计状况

$$V \leqslant \left[0.2 f_c A_c (1 + 3\theta) + 0.1 N \right] \left(1 - 0.45 \sqrt{\frac{a}{D}} \right) \tag{5-35}$$

地震设计状况

$$V \leqslant \frac{1}{\gamma_{RE}} \left[0.2 f_c A_c (0.8 + 3\theta) + 0.1 N \right] \left(1 - 0.45 \sqrt{\frac{a}{D}} \right) \tag{5-36}$$

$$a = \frac{M}{V} \tag{5-37}$$

式中　　V——柱剪力设计值；

　　　　N——与剪力设计值对应的轴向力设计值；

　　　　M——与剪力设计值对应的弯矩设计值；

　　　　D——钢管混凝土柱的外径；

　　　　a——剪跨。

5.2.3　矩形截面构件的承载力计算方法

1）矩形钢管混凝土轴心受压柱的受压承载力应符合下列公式的规定（图 5-10）：

持久、短暂设计状况

$$N \leqslant 0.9 \varphi (\alpha_1 f_c b_c h_c + 2 f_a bt + 2 f_a h_c t) \tag{5-38}$$

地震设计状况

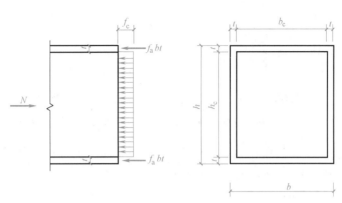

图 5-10 轴心受压柱受压承载力计算参数示意图

$$N \leqslant \frac{1}{\gamma_{RE}}\left[\,0.9\varphi\,(\,\alpha_1 f_c b_c h_c + 2 f_a b t + 2 f_a h_c t\,)\,\right] \tag{5-39}$$

式中　N——柱轴向压力设计值；

　　　γ_{RE}——承载力抗震调整系数；

　f_a、f_c——矩形钢管抗压和抗拉强度设计值、内填混凝土抗压强度设计值；

　b、h——矩形钢管截面宽度、高度；

　　　b_c——矩形钢管内填混凝土的截面宽度；

　　　h_c——矩形钢管内填混凝土的截面高度；

　　　t——矩形钢管的管壁厚度；

　　　α_1——受压区混凝土压应力影响系数，当混凝土强度等级不超过 C50 时，取 1.0，当混凝土强度等级为 C80 时，取 0.94，其间按线性内插法确定；

　　　φ——轴心受压柱稳定系数，按表 4-6 取值。

例 5-3　有一方形钢管混凝土轴心受压柱，承受轴向压力设计值为 1800kN，方形钢管截面尺寸为 $B \times t = 350\text{mm} \times 8\text{mm}$，采用 Q235 钢材，$f_a = 215\text{N/mm}^2$，混凝土强度等级为 C40，$f_c = 19.1\text{N/mm}^2$，柱两端铰支，柱长 $L = 4.5\text{m}$。试验算其轴心受压承载力是否满足要求。

解：

（1）确定有关基本参数

组合截面面积

$$A = B^2 = 350 \times 350\text{mm}^2 = 122500\text{mm}^2$$

混凝土横截面面积

$$A_c = (B - 2t)^2 = (350 - 2 \times 8)^2\text{mm}^2 = 111556\text{mm}^2$$

钢管横截面面积

$$A_a = A - A_c = 10944\text{mm}^2$$

截面总惯性矩

$$I = B^4/12 = 1250520833\text{mm}^4$$

混凝土截面惯性矩

$$I_c = (B-2t)^4/12 = 1037061761mm^4$$

钢管截面惯性矩

$$I_a = I - I_c = 213459072mm^4$$

钢材弹性模量 $E_a = 2.06 \times 10^5 N/mm^2$，混凝土弹性模量 $E_c = 3.25 \times 10^4 N/mm^2$，柱计算长度 $l_0 = 4.5m$，混凝土强度等级 C40 < C50，混凝土压应力影响系数 $\alpha_1 = 1.0$。

回转半径 $i = \sqrt{\dfrac{E_c I_c + E_a I_a}{E_c A_c + E_a A_a}} = \sqrt{\dfrac{3.25 \times 10^4 \times 1037061761 + 2.06 \times 10^5 \times 213459072}{3.25 \times 10^4 \times 111556 + 2.06 \times 10^5 \times 10944}} mm$

$\qquad\quad = 114.9mm$

长细比 $\lambda = l_0/i = 4500/114.9 = 39.2$

查表 4-6，得 $\varphi = 0.96$。

（2）受压承载力验算

$N = 1800kN < 0.9\varphi(\alpha_1 f_c b_c h_c + 2f_a bt + 2f_a h_c t) = 0.9 \times 0.96 \times (1.0 \times 19.1 \times 334 \times 334 + 2 \times 215 \times 350 \times 8 + 2 \times 215 \times 334 \times 8)N = 3874kN$（满足要求）

2）矩形钢管混凝土偏心受压框架柱和转换柱正截面受压承载力应符合下列规定：

① 当 $x \leq \xi_b h_c$ 时（图 5-11）

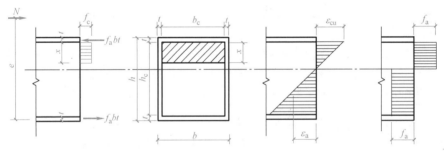

图 5-11 大偏心受压柱计算参数示意图

持久、短暂设计状况

$$N \leq \alpha_1 f_c b_c x + 2f_a t\left(2\frac{x}{\beta_1} - h_c\right) \tag{5-40}$$

$$Ne \leq \alpha_1 f_c b_c x(h_c + 0.5t - 0.5x) + f_a bt(h_c + t) + M_{aw} \tag{5-41}$$

地震设计状况

$$N \leq \frac{1}{\gamma_{RE}}\left[\alpha_1 f_c b_c x + 2f_a t\left(2\frac{x}{\beta_1} - h_c\right)\right] \tag{5-42}$$

$$Ne \leq \frac{1}{\gamma_{RE}}\left[\alpha_1 f_c b_c x(h_c + 0.5t - 0.5x) + f_a bt(h_c + t) + M_{aw}\right] \tag{5-43}$$

$$M_{aw} = f_a t\frac{x}{\beta_1}\left(2h_c + t - \frac{x}{\beta_1}\right) - f_a t\left(h_c - \frac{x}{\beta_1}\right)\left(h_c + t - \frac{x}{\beta_1}\right) \tag{5-44}$$

② 当 $x > \xi_b h_c$ 时（图 5-12）

持久、短暂设计状况

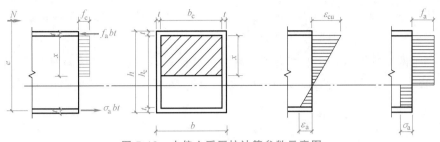

图 5-12　小偏心受压柱计算参数示意图

$$N \leqslant \alpha_1 f_c b_c x + f_a bt + 2f_a t \frac{x}{\beta_1} - 2\sigma_a t\left(h_c - \frac{x}{\beta_1}\right) - \sigma_a bt \tag{5-45}$$

$$Ne \leqslant \alpha_1 f_c b_c x(h_c + 0.5t - 0.5x) + f_a bt(h_c + t) + M_{aw} \tag{5-46}$$

地震设计状况

$$N \leqslant \frac{1}{\gamma_{RE}}\left[\alpha_1 f_c b_c x + f_a bt + 2f_a t \frac{x}{\beta_1} - 2\sigma_a t\left(h_c - \frac{x}{\beta_1}\right) - \sigma_a bt\right] \tag{5-47}$$

$$Ne \leqslant \frac{1}{\gamma_{RE}}\left[\alpha_1 f_c b_c x(h_c + 0.5t - 0.5x) + f_a bt(h_c + t) + M_{aw}\right] \tag{5-48}$$

$$M_{aw} = f_a t \frac{x}{\beta_1}\left(2h_c + t - \frac{x}{\beta_1}\right) - \sigma_a t\left(h_c - \frac{x}{\beta_1}\right)\left(h_c + t - \frac{x}{\beta_1}\right) \tag{5-49}$$

$$\sigma_a = \frac{f_a}{\xi_b - \beta_1}\left(\frac{x}{h_c} - \beta_1\right) \tag{5-50}$$

ξ_b、e 应按下列公式计算

$$\xi_b = \frac{\beta_1}{1 + \dfrac{f_a}{E_a \varepsilon_{cu}}} \tag{5-51}$$

$$e = e_i + \frac{h}{2} - \frac{t}{2} \tag{5-52}$$

$$e_i = e_0 + e_a \tag{5-53}$$

$$e_0 = M/N \tag{5-54}$$

式中　e——轴力作用点至矩形钢管远端翼缘钢板厚度中心的距离；

　　　e_0——轴力对截面重心的偏心距；

　　　e_a——附加偏心距；

　　　M——柱端较大弯矩设计值，当考虑挠曲产生的二阶效应时，柱端弯矩 M 应按 GB 50010—2010《混凝土结构设计规范》（2015 年版）的规定确定；

　　　N——与弯矩设计值 M 相对应的轴向压力设计值；

　　M_{aw}——钢管腹板轴向合力对受拉或受压较小端钢管翼缘钢板厚度中心的力矩；

　　　σ_a——受拉或受压较小端钢管翼缘应力；

　　　x——混凝土等效受压区高度；

　　　ε_{cu}——混凝土极限压应变，取 0.003；

　　　ξ_b——相对界限受压区高度；

　　　β_1——受压区混凝土应力图形影响系数，当混凝土强度等级不超过 C50 时，取为 0.8，当混凝土强度等级为 C80 时，取为 0.74，其间按线性内插法确定。

矩形钢管混凝土偏心受压框架柱和转换柱的正截面受压承载力计算，应考虑轴向压力在偏心方向存在的附加偏心距 e_a，其值宜取 20mm 和偏心方向截面尺寸的 1/30 两者中的较大者。

例 5-4　两端铰支的方形钢管混凝土柱，其截面尺寸及所用材料同例 5-3。该柱承受偏心作用的压力设计值为 $N=1500kN$，单轴作用的荷载偏心距 $e_0=200mm$。试验算该柱承载力是否满足要求。

解：

（1）确定有关基本参数

由例 5-3 可知，该柱横截面面积 $A=122500mm^2$，钢管横截面面积 $A_a=10944mm^2$，柱计算长度 $l_0=4.5m$，混凝土极限压应变 $\varepsilon_{cu}=0.003$，$h_c=b_c=B-2t=(350-2\times8)mm=334mm$，混凝土强度等级 C40<C50，混凝土应力图形影响系数 $\beta_1=0.8$。

附加偏心距　　　　　　$e_a=\max\{20mm,b/30\}=20mm$

初始偏心距　　　　　　$e_i=e_0+e_a=200mm+20mm=220mm$

荷载偏心距　　　$e=e_i+\dfrac{B}{2}-\dfrac{t}{2}=220mm+175mm-4mm=391mm$

（2）作用在柱上的弯矩设计值

$$M=Ne_0=1500\times0.2kN\cdot m=300kN\cdot m$$

$$\xi_b=\frac{\beta_1}{1+\dfrac{f_a}{E_a\varepsilon_{cu}}}=\frac{0.8}{1+\dfrac{215}{2.06\times10^5\times0.003}}=0.59$$

$$\xi_b h_c=0.59\times334mm=197.06mm$$

先按大偏压求出混凝土等效受压区高度 x。由 $N=\alpha_1 f_c b_c x+2f_a t\left(2\dfrac{x}{\beta_1}-h_c\right)$ 可得

$$x=\frac{(N+2f_a t h_c)\beta_1}{\alpha_1 f_c b_c\beta_1+4f_a t}$$

则

$$x=\frac{(1500000+2\times215\times8\times334)\times0.8}{1.0\times19.1\times334\times0.8+4\times215\times8}mm=177mm<\xi_b h_c=197.06mm$$

故按大偏压进行计算，弯矩设计值 M_u 为

$$M_u=\alpha_1 f_c b_c x(h_c+0.5t-0.5x)+f_a bt(h_c+t)+M_{aw}$$

其中

$$M_{aw}=f_a t\frac{x}{\beta_1}\left(2h_c+t-\frac{x}{\beta_1}\right)-f_a t\left(h_c-\frac{x}{\beta_1}\right)\left(h_c+t-\frac{x}{\beta_1}\right)$$

$$=\left[215\times8\times\frac{177}{0.8}\times\left(2\times334+8-\frac{177}{0.8}\right)-215\times8\times\left(334-\frac{177}{0.8}\right)\times\left(334+8-\frac{177}{0.8}\right)\right]N\cdot mm$$

$$=150kN\cdot m$$

代入 M_u 计算公式可得

$$M_u=\left[1.0\times19.1\times334\times177\times(334+0.5\times8-0.5\times177)+215\times350\times8\times(334+8)+150\times10^6\right]N\cdot mm$$

$$=638kN\cdot m>M=300kN\cdot m\text{（满足要求）}$$

3）矩形钢管混凝土轴心受拉柱的受拉承载力应符合下列公式的规定：

持久、短暂设计状况

$$N \leqslant 2f_a bt + 2f_a h_c t \tag{5-55}$$

地震设计状况

$$N \leqslant \frac{1}{\gamma_{RE}}(2f_a bt + 2f_a h_c t) \tag{5-56}$$

4）矩形钢管混凝土偏心受拉框架柱和转换柱正截面受拉承载力应符合下列公式的规定：

① 大偏心受拉（图 5-13）

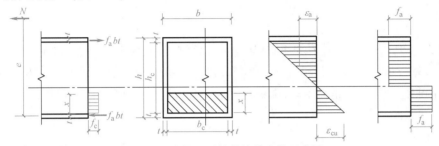

图 5-13 大偏心受拉柱计算参数示意图

持久、短暂设计状况

$$N \leqslant 2f_a t\left(h_c - 2\frac{x}{\beta_1}\right) - \alpha_1 f_c b_c x \tag{5-57}$$

$$Ne \leqslant \alpha_1 f_c b_c x(h_c + 0.5t - 0.5x) + f_a bt(h_c + t) + M_{aw} \tag{5-58}$$

地震设计状况

$$N \leqslant \frac{1}{\gamma_{RE}}\left[2f_a t\left(h_c - 2\frac{x}{\beta_1}\right) - \alpha_1 f_c b_c x\right] \tag{5-59}$$

$$Ne \leqslant \frac{1}{\gamma_{RE}}\left[\alpha_1 f_c b_c x(h_c + 0.5t - 0.5x) + f_a bt(h_c + t) + M_{aw}\right] \tag{5-60}$$

$$M_{aw} = f_a t\frac{x}{\beta_1}\left(2h_c + t - \frac{x}{\beta_1}\right) - f_a t\left(h_c - \frac{x}{\beta_1}\right)\left(h_c + t - \frac{x}{\beta_1}\right) \tag{5-61}$$

$$e = e_0 - \frac{h}{2} + \frac{t}{2} \tag{5-62}$$

② 小偏心受拉（图 5-14）

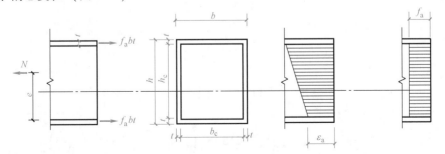

图 5-14 小偏心受拉柱计算参数示意图

持久、短暂设计状况

$$N \leqslant 2f_abt+2f_ah_ct \tag{5-63}$$

$$Ne \leqslant f_abt(h_c+t)+M_{aw} \tag{5-64}$$

地震设计状况

$$N \leqslant \frac{1}{\gamma_{RE}}\left[2f_abt+2f_ah_ct\right] \tag{5-65}$$

$$Ne \leqslant \frac{1}{\gamma_{RE}}\left[f_abt(h_c+t)+M_{aw}\right] \tag{5-66}$$

$$M_{aw}=f_ah_ct(h_c+t) \tag{5-67}$$

$$e=\frac{h}{2}-\frac{t}{2}-e_0 \tag{5-68}$$

例 5-5　有一两端铰支的方形钢管混凝土柱，截面尺寸为 $B \times t = 400mm \times 8mm$，采用 Q235 钢材，$f_a = 215N/mm^2$，混凝土强度等级为 C35，柱长 $L = 4.5m$，该柱承受偏心作用的拉力设计值为 $N = 150kN$，弯矩设计值为 $M = 100kN \cdot m$。试验算该柱承载力是否满足要求。

解：

（1）确定有关基本参数

混凝土轴心抗压强度设计值 $f_c = 16.7N/mm^2$，$f_a = 215N/mm^2$，$h_c = b_c = B - 2t = (400 - 2 \times 8)mm = 384mm$，混凝土强度等级 C35 < C50，混凝土应力图形影响系数 $\beta_1 = 0.8$。

$$e_0 = \frac{M}{N} = \frac{100 \times 10^6}{150 \times 10^3}mm = 667mm > \frac{B}{2} - \frac{t}{2} = 196mm$$

属于大偏心受拉构件。

$$e = e_0 - \frac{B}{2} + \frac{t}{2} = 667mm - 200mm + 4mm = 471mm$$

凝土等效受压区高度 x：

由 $N = 2f_at\left(h_c - 2\dfrac{x}{\beta_1}\right) - \alpha_1 f_c b_c x$ 可得

$$x = \frac{(2f_ath_c - N)\beta_1}{\alpha_1 f_c b_c \beta_1 + 4f_at}$$

则

$$x = \frac{(2 \times 215 \times 8 \times 384 - 150000) \times 0.8}{1.0 \times 16.7 \times 384 \times 0.8 + 4 \times 215 \times 8}mm = 78mm$$

（2）弯矩设计值 M_u

$$M_u = \alpha_1 f_c b_c x(h_c + 0.5t - 0.5x) + f_abt(h_c + t) + M_{aw}$$

其中

$$M_{aw} = f_at\frac{x}{\beta_1}\left(2h_c + t - \frac{x}{\beta_1}\right) - f_at\left(h_c - \frac{x}{\beta_1}\right)\left(h_c + t - \frac{x}{\beta_1}\right)$$

$$= \left[215 \times 8 \times \frac{78}{0.8} \times \left(2 \times 384 + 8 - \frac{78}{0.8}\right) - 215 \times 8 \times \left(384 - \frac{78}{0.8}\right) \times \left(384 + 8 - \frac{78}{0.8}\right)\right]N \cdot mm$$

$$= -31kN \cdot m$$

代入 M_u 计算公式可得

$$M_u = [1.0 \times 16.7 \times 384 \times 78 \times (384 + 0.5 \times 8 - 0.5 \times 78) + 215 \times 400 \times 8 \times (384 + 8) - 31 \times 10^6] \text{N} \cdot \text{mm}$$
$$= 413 \text{kN} \cdot \text{m} > M = 100 \text{kN} \cdot \text{m} \quad (满足要求)$$

5) 矩形钢管混凝土偏心受压框架柱和转换柱的斜截面受剪承载力应符合下列公式的规定：

持久、短暂设计状况

$$V_c \leqslant \frac{1.75}{\lambda + 1} f_t b_c h_c + \frac{1.16}{\lambda} f_a th + 0.07N \tag{5-69}$$

地震设计状况

$$V_c \leqslant \frac{1}{\gamma_{RE}} \left(\frac{1.05}{\lambda + 1} f_t b_c h_c + \frac{1.16}{\lambda} f_a th + 0.056N \right) \tag{5-70}$$

式中 λ——框架柱计算剪跨比，取上下端较大弯矩设计值 M 与对应剪力设计值 V 和柱截面高度 h 的比值，即 $M/(Vh)$；当框架结构中的框架柱反弯点在柱层高范围内时，也可采用 1/2 柱净高与柱截面高度 h 的比值；当 λ 小于 1 时，取 $\lambda = 1$；当 λ 大于 3 时，取 $\lambda = 3$；

N——框架柱和转换柱的轴向压力设计值；当 $N > 0.3 f_c b_c h_c$ 时，取 $N = 0.3 f_c b_c h_c$。

6) 矩形钢管混凝土偏心受拉框架柱和转换柱的斜截面受剪承载力应符合下列公式的规定：

持久、短暂设计状况

$$V_c \leqslant \frac{1.75}{\lambda + 1} f_t b_c h_c + \frac{1.16}{\lambda} f_a th - 0.2N \tag{5-71}$$

当 $V_c \leqslant \frac{1.16}{\lambda} f_a th$ 时，应取 $V_c = \frac{1.16}{\lambda} f_a th$。

地震设计状况

$$V_c \leqslant \frac{1}{\gamma_{RE}} \left(\frac{1.05}{\lambda + 1} f_t b_c h_c + \frac{1.16}{\lambda} f_a th - 0.2N \right) \tag{5-72}$$

当 $V_c \leqslant \frac{1}{\gamma_{RE}} \left(\frac{1.16}{\lambda} f_a th \right)$ 时，应取 $V_c = \frac{1}{\gamma_{RE}} \left(\frac{1.16}{\lambda} f_a th \right)$。

式中 N——柱轴向拉力设计值。

5.2.4 钢管混凝土弹塑性分析

对钢管混凝土结构进行弹塑性分析时，核心混凝土的本构关系是计算的关键输入。研究者们给出了适用于"纤维模型法"和有限元法的核心混凝土本构关系。其中，适用于"纤维模型法"的核心混凝土受压应力-应变（σ-ε）关系如下：

1) 对于圆形钢管混凝土

$$y = 2x - x^2 \qquad (x \leqslant 1) \tag{5-73}$$

$$y = \begin{cases} 1 + q(x^{0.1\xi} - 1) & (\xi \geqslant 1.12) \\ \dfrac{x}{\beta(x-1)^2 + x} & (\xi < 1.12) \end{cases} \qquad (x > 1) \tag{5-74}$$

其中

$$x = \frac{\varepsilon}{\varepsilon_0}$$

$$y = \frac{\sigma}{\sigma_0}$$

$$\sigma_0 = \left[1 + (-0.054\xi^2 + 0.4\xi)\left(\frac{24}{f_c'}\right)^{0.45} \right] f_c'$$

$$\varepsilon_0 = \varepsilon_{cc} + \left[1400 + 800\left(\frac{f_c'}{24} - 1\right) \right]\xi^{0.2}$$

$$\varepsilon_{cc} = 1300 + 12.5 f_c'$$

$$q = \frac{\xi^{0.745}}{2 + \xi}$$

$$\beta = (2.36 \times 10^{-5})^{\left[0.25 + (\xi - 0.5)^7 \right]} f_c'^2 \times 3.51 \times 10^{-4}$$

f_c' 为混凝土圆柱体轴心抗压强度,与混凝土立方体抗压强度标准值 $f_{cu,k}$ 的换算关系见表 5-2。

2) 对于矩形钢管混凝土

$$y = 2x - x^2 \qquad (x \le 1) \tag{5-75}$$

$$y = \frac{x}{\beta(x-1)^\eta + x} \qquad (x > 1) \tag{5-76}$$

其中

$$x = \frac{\varepsilon}{\varepsilon_0}$$

$$y = \frac{\sigma}{\sigma_0}$$

$$\sigma_0 = \left[1 + (-0.0135\xi^2 + 0.1\xi)\left(\frac{24}{f_c'}\right)^{0.45} \right] f_c'$$

$$\varepsilon_0 = \varepsilon_{cc} + \left[1330 + 760\left(\frac{f_c'}{24} - 1\right) \right]\xi^{0.2}$$

$$\varepsilon_{cc} = 1300 + 12.5 f_c'$$

$$\eta = 1.6 + 1.5/x$$

$$\beta = \begin{cases} \dfrac{(f_c')^{0.1}}{1.35\sqrt{1+\xi}} & (\xi \le 3.0) \\[4mm] \dfrac{(f_c')^{0.1}}{1.35\sqrt{1+\xi}(\xi-2)^2} & (\xi > 3.0) \end{cases}$$

式 (5-73)~式 (5-76) 的适用范围是:$\xi = 0.2 \sim 5$,且 $f_y = 200 \sim 700\text{MPa}$,$f_{cu,k} = 30 \sim 120\text{MPa}$,$\alpha = 0.03 \sim 0.2$。对于矩形钢管混凝土,其截面高宽比 $D/B = 1 \sim 2$。

适用于有限元法的核心混凝土受压应力-应变 (σ-ε) 关系如下

$$y = \begin{cases} 2x - x^2 & (x \le 1) \\[3mm] \dfrac{x}{\beta_0(x-1)^\eta + x} & (x > 1) \end{cases} \tag{5-77}$$

其中

$$x = \frac{\varepsilon}{\varepsilon_0}$$

$$y = \frac{\sigma}{\sigma_0}$$

$$\sigma_0 = f'_c$$

$$\varepsilon_0 = \varepsilon_c + 800\xi^{0.2} \times 10^{-6}$$

$$\varepsilon_c = (1300 + 12.5f'_c) \times 10^{-6}$$

$$\eta = \begin{cases} 2 & （圆形钢管混凝土） \\ 1.6 + 1.5/x & （矩形钢管混凝土） \end{cases}$$

$$\beta_0 = \begin{cases} (2.36 \times 10^{-5})^{[0.25+(\xi-0.5)^7]} (f'_c)^{0.5} \times 0.5 \geqslant 0.12 & （圆形钢管混凝土） \\ \dfrac{(f'_c)^{0.1}}{1.2\sqrt{1+\xi}} & （矩形钢管混凝土） \end{cases}$$

以上各式中，混凝土圆柱体抗压强度（f'_c）以 N/mm^2 计。

式（5-77）的适用范围为：$\xi = 0.2 \sim 5$，$f_y = 200 \sim 700$MPa，$f_{cu,k} = 30 \sim 120$MPa，$\alpha = 0.03 \sim 0.2$。对于矩形钢管混凝土，其截面高宽比 $D/B = 1 \sim 2$。

计算时，参考 ACI 318-14（2014）标准中混凝土弹性模量的计算方法，取 $E_c = 4700\sqrt{f'_c}$ MPa，混凝土弹性阶段的泊松比取 0.2。上述混凝土强度取值的换算可根据表 5-2 进行。

表 5-2　混凝土抗压强度不同表示值之间的近似对应关系

强度等级	C30	C40	C50	C60	C70	C80	C90
$f_{cu,k}$ / MPa	30	40	50	60	70	80	90
f_{ck} / MPa	20.1	26.8	33.5	41	48	56	64
f'_c / MPa	24	33	41	51	60	70	80
E_c / MPa	30000	32500	34500	36500	38500	40000	41500

混凝土受拉应力-应变（σ-ε）曲线可按 GB 50010—2010《混凝土结构设计规范》（2015版）的规定确定。

另一方面，在利用有限元法对钢管混凝土结构进行往复加载计算时，可以用塑性损伤模型考虑混凝土材料的损伤。该模型中假定混凝土的破坏主要由混凝土受拉开裂和压碎破坏两种破坏机制组成。在单轴受力的情况下，当混凝土由受压卸载，再反向加载时，卸载、再加载路径近似地指向空间某些点。根据这个特点，研究者还给出了损伤系数 d_c 和 d_t 的定义方法，如下式所示

$$d_c = 1 - \frac{(\sigma_c + n_c \sigma_{c0})}{E_c(n_c \sigma_{c0}/E_c + \varepsilon_c)} \tag{5-78}$$

$$d_t = 1 - \frac{(\sigma_t + n_t \sigma_{t0})}{E_c(n_t \sigma_{t0}/E_c + \varepsilon_t)} \tag{5-79}$$

式中　d_t——受拉损伤变量，$d_t = 0$ 时表示没有损伤，$d_t = 1$ 时表示材料完全破坏；

d_c——受压损伤变量，$d_c = 0$ 时表示没有损伤，$d_c = 1$ 时表示材料完全破坏；

E_c——混凝土初始弹性模量；

σ_t、σ_c——混凝土拉应力、压应力；

σ_{t0}、σ_{c0}——混凝土峰值拉应力、压应力；

n_c、n_t——计算参数，对核心混凝土，可取 $n_c = 2$，$n_t = 1$。

5.3 钢管混凝土节点连接

5.3.1 柱-梁节点

柱-梁节点是建筑框架结构的关键部件，尤其当结构在强震作用下进入弹塑性阶段之后，节点对结构的整体性和稳定性起着关键作用。作为钢管混凝土框架体系中的传力枢纽，钢管混凝土柱-梁节点应满足强度、刚度、稳定性和抗震性能的要求，使钢管和核心区混凝土能共同工作以保证荷载的有效传递。

根据受力特点，钢管混凝土结构的柱-梁节点可主要分为以下几种类型：

铰接节点：梁只传递支座反力给钢管混凝土柱。

半刚接节点：受力过程中梁和钢管混凝土柱轴线的夹角发生改变，即两者之间有相对转角位移，从而可能引起内力重分布。

刚接节点：刚接节点须保证在受力过程中，梁和钢管混凝土柱轴线的夹角保持不变。

1. 铰接节点

对于铰接节点，需要设置连接件传递剪力。这类节点的构造相对比较简单。通常情况下，钢梁翼缘与钢管无须焊接，腹板采用摩擦型高强度螺栓与焊接在钢管上的连接板进行连接，如图 5-15 所示。

铰接节点的连接件可根据梁、柱截面形式的不同而采用不同的形式。图 5-15a 所示为最简单的直接在柱上焊接钢板连接板。其他形式的连接件还包括穿心钢板、T 形板、单边角钢

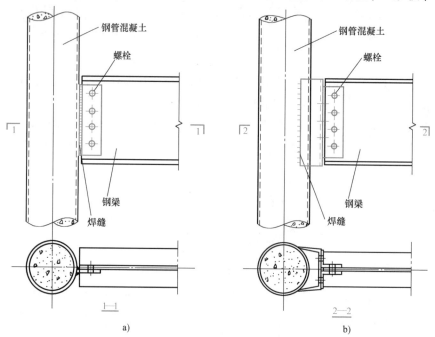

图 5-15 典型铰接节点

或双边角钢等。当钢梁传递的梁端剪力较大时，还可以在柱上直接焊接牛腿来承担外荷载。

2. 半刚接节点

采用半刚接节点会引起结构发生内力重分布，受力比较复杂，且变形较大，因此在应用时需慎重对待。但半刚接节点也有其优点，例如：由于考虑了节点区域的相对变形，可以缓和杆件内的应力集中；地震作用下，节点部位的能量耗散可降低结构的位移反应；更易于灾后的修复工作；相对于完全刚接或铰接，设计能够更接近于结构的实际工作情况；和刚接节点相比，采用半刚接节点可以简化节点的施工。目前，国内采用半刚接节点的钢管混凝土结构还不多见，但其在工业厂房和层数不多的建筑中有一定的应用前景。

典型的半刚接节点为穿心螺栓端板连接节点，如图 5-16 所示。该节点具有较高的受弯承载力和转动刚度，同时还具有良好的耗能能力。

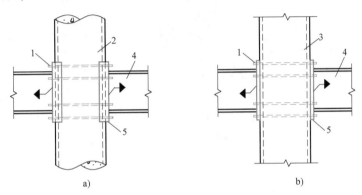

图 5-16　穿心螺栓端板连接节点

1—螺栓　2—圆形钢管混凝土柱　3—矩形钢管混凝土柱　4—钢梁　5—端板

3. 刚接节点

刚接节点是在我国建筑工程中应用最为广泛的一种节点形式，该类节点要通过合理的构造措施使梁端弯矩和剪力安全可靠地传给钢管混凝土柱身。柱-梁节点处的梁宜采用钢梁、型钢混凝土梁，也可采用钢筋混凝土梁。

（1）圆形钢管混凝土柱-梁节点连接　当采用钢梁时，刚接节点通常在梁的上、下翼缘水平位置设置加强环。加强环一般设在管外，如图 5-17 所示。外加强环应是环绕柱的封闭钢环（图 5-18），外加强环与钢管外壁应采用全熔透焊缝连接，外加强环与钢梁应采用栓焊

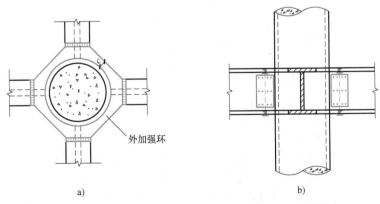

图 5-17　钢梁与圆形钢管混凝土柱外设置加强环连接构造

连接，环板厚度不宜小于钢梁翼缘厚度，宽度 c 不宜小于钢梁翼缘宽度的 0.7 倍。当钢管截面尺寸较大时，在不影响混凝土浇筑的前提下，也可将加强环设置在钢管内，如图 5-19 所示，这样可达到美观和方便使用的目的。内加强环与钢管外壁应采用全熔透焊缝连接；梁与柱可采用现场焊接连接，也可在柱上设置悬臂梁段现场拼接，型钢翼缘应采用全熔透焊缝，腹板宜采用摩擦型高强度螺栓连接。也可根据实际情况，采用内、外加强环混合使用的方式。

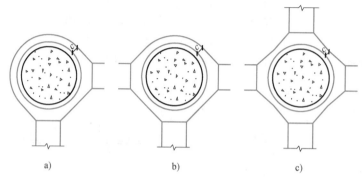

图 5-18 外加强环构造示意图

a）角柱 b）边柱 c）中柱

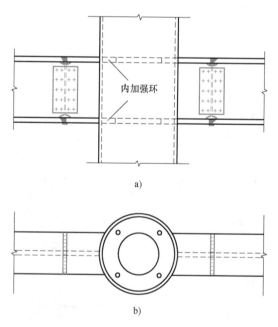

图 5-19 钢梁与圆形钢管混凝土柱内设置加强环连接构造

a）立面图 b）平面图

圆形钢管混凝土柱与钢筋混凝土梁连接时，钢管外剪力传递可采用环形牛腿或承重销。钢管混凝土柱与钢筋混凝土无梁楼板或井式密肋楼板连接时，钢管外剪力传递可采用台锥式环形深牛腿。环形牛腿或台锥式环形深牛腿由均匀分布的肋板和上、下加强环组成，肋板与钢管壁、加强环与钢管壁及肋板与加强环均可采用角焊缝连接；牛腿下加强环应预留直径不小于 50mm 的排气孔（图 5-20）。当钢筋混凝土梁端剪力较小时，可在柱表面焊接圆钢或带钢抗剪环，以代替钢牛腿。

钢管混凝土柱外径较大时，可采用承重销传递剪力。承重销的腹板和部分翼缘应伸入柱内，其截面高度宜取梁截面高度的 0.5 倍，翼缘板穿过钢管壁不少于 50mm，钢管与翼缘板、钢管与穿心腹板应采用全熔透坡口焊缝连接，其余焊缝可采用角焊缝连接（图 5-21）。

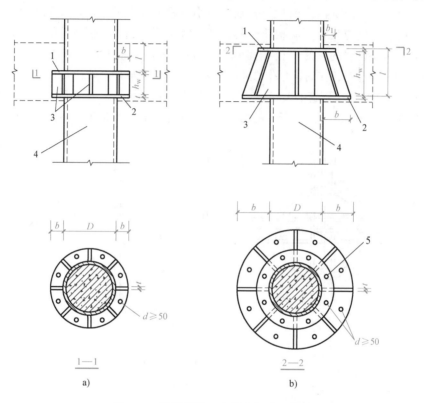

1—1
a)

2—2
b)

图 5-20　环形牛腿、台锥式深牛腿构造

a）环形牛腿　b）台锥式深牛腿

1—上加强环　2—下加强环　3—腹板（肋板）　4—钢管混凝土柱

5—根据上加强环宽确定是否开孔

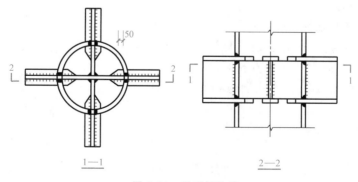

1—1　　　　　　　2—2

图 5-21　承重销构造

钢筋混凝土梁与圆形钢管混凝土柱的管外弯矩传递可采用设置钢筋混凝土环梁、穿筋单梁、变宽度梁或外加强环。钢筋混凝土环梁的构造应符合:

1) 环梁截面高度宜比框架梁高 50mm。

2) 环梁的截面宽度不宜小于框架梁宽度。

3) 钢筋混凝土梁的纵向钢筋应深入环梁,在环梁内的锚固长度应符合现行 GB 50010—2010《混凝土结构设计规范》(2015 年版)的规定。

4) 环梁上、下环筋的截面面积,分别不应小于梁上、下纵筋截面面积的 0.7 倍。

5) 环梁内、外侧应设置环向腰筋,其直径不宜小于 16mm,间距不宜大于 150mm。

6) 环梁按构造设置的箍筋直径不宜小于 10mm,外侧间距不宜大于 150mm。

采用穿筋单梁构造时,在钢管开孔的区段应采用内衬管段或外套管段与钢管壁紧贴焊接,衬(套)管的壁厚 t_1 不应小于钢管的壁厚 t,穿筋孔的环向净距 s 不应小于孔的长径 b,衬(套)管端面至孔边的净距 w 不应小于孔长径 b 的 2.5 倍,宜采用双筋并股穿孔(图 5-22)。

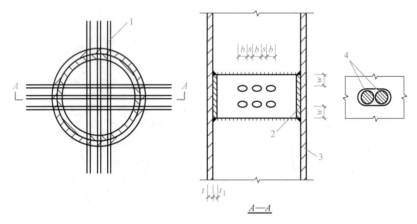

图 5-22 穿筋单梁构造示意图

1—双钢筋 2—内衬管段 3—柱钢管 4—双筋并股穿孔

钢管直径较小或梁宽较大时可采用梁端加宽的变宽度梁传递管外弯矩(图 5-23),一个方向梁的 2 根纵向钢筋可穿过钢管,梁的其余纵向钢筋应连续绕过钢管,绕筋的斜度不应大于 1/6,应在梁变宽度处设置箍筋。

钢筋混凝土梁与钢管混凝土柱采用外加强环连接时,应符合下列规定:

1) 钢管外设置加强环,梁内的纵向钢筋可焊在加强环板上(图 5-24);或通过钢筋套筒与加强环相连,此时应在钢牛腿上焊接带有孔洞的钢板连接件,钢筋穿过钢板连接件上的孔洞应与钢筋套筒连接。

2) 当受拉钢筋较多时,腹板可增加至 2~3 块,将钢筋焊在腹板上。

3) 加强环板外伸段的宽度 b_s 与钢筋混凝土梁等宽。加强环板的厚度 t 应符合下列规定

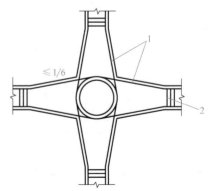

图 5-23 变宽度梁构造示意图

1—梁纵筋 2—附加箍筋

$$t \geq \frac{A_s f_s}{b_s f} \qquad (5\text{-}80)$$

式中　A_s——焊接在加强环上全部受力负弯矩钢筋的截面面积；

　　　　f_s——钢筋的抗拉强度设计值；

　　　　b_s——加强环板外伸段的宽度；

　　　　f——外加强环钢材的抗拉强度设计值。

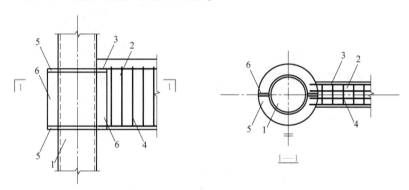

图 5-24　钢筋混凝土梁-钢管混凝土柱外加强环节点

1—钢管混凝土柱　2—钢筋混凝土梁　3—纵向主筋　4—箍筋　5—外加强环板翼缘

6—外加强环板腹板

（2）矩形钢管混凝土柱-梁节点连接　矩形钢管混凝土柱与钢梁的连接可采用下列形式：

1）带牛腿内隔板式刚性连接：矩形钢管内设横隔板，钢管外焊接钢牛腿，钢梁翼缘应与牛腿翼缘焊接，钢梁腹板与牛腿腹板宜采用摩擦型高强度螺栓连接（图 5-25）。

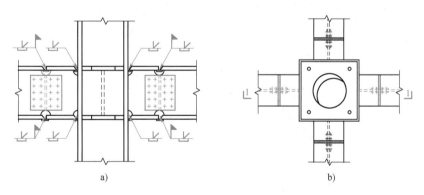

图 5-25　带牛腿内隔板式梁柱连接示意图

a）节点 1—1 剖面　b）节点平面

2）内隔板式刚性连接：矩形钢管内设横隔板，钢梁翼缘应与钢管壁焊接，钢梁腹板与钢管壁宜采用摩擦型高强度螺栓连接（图 5-26）。

3）外环板式刚性连接：钢管外焊接环形牛腿，钢梁翼缘应与环板焊接，钢梁腹板与牛腿腹板宜采用摩擦型高强度螺栓连接；环板挑出宽度 c 应符合下列规定（图 5-27）

$$100\text{mm} \leq c \leq 15t_j \sqrt{235/f_{ak}} \qquad (5\text{-}81)$$

式中　t_j——外环板厚度；

f_{ak}——外环板钢材的屈服强度标准值。

4）外伸内隔板式刚性连接：矩形钢管内设贯通钢管壁的横隔板，钢管与隔板焊接，钢梁翼缘应与外伸内隔板焊接，钢梁腹板与钢管壁宜采用摩擦型高强度螺栓连接（图 5-28）。

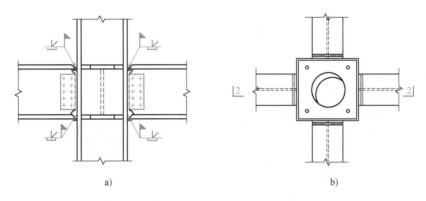

图 5-26　内隔板式梁柱连接示意图

a）节点 2—2 剖面　b）节点平面

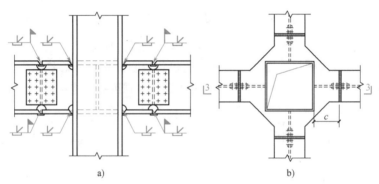

图 5-27　外环板式梁柱连接示意图

a）节点 3—3 剖面　b）节点平面

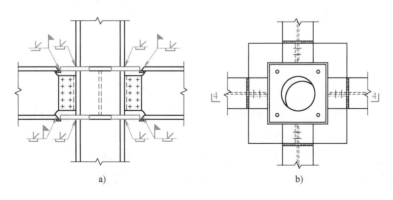

图 5-28　外伸内隔板式梁柱连接示意图

a）节点 4—4 剖面　b）节点平面

矩形钢管混凝土柱与型钢混凝土梁的连接可采用焊接牛腿式连接节点，梁内型钢可通过变截面牛腿与柱焊接，梁纵筋应与钢牛腿可靠焊接，钢管柱内对应牛腿翼缘位置应设置横隔板，其厚度应与牛腿翼缘等厚（图5-29）。

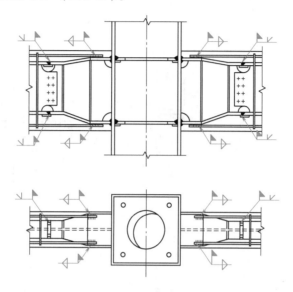

图 5-29 型钢混凝土梁与矩形钢管混凝
土柱连接节点示意图

矩形钢管混凝土柱与钢筋混凝土梁的连接可采用焊接牛腿式连接节点，其钢牛腿高度不宜小于 0.7 倍梁高，长度不宜小于 1.5 倍梁高；牛腿上下翼缘和腹板的两侧应设置栓钉，间距不宜大于 200mm；梁纵筋与钢牛腿应可靠焊接。钢管柱内对应牛腿翼缘位置应设置横隔板，其厚度应与牛腿翼缘等厚。梁端应设置箍筋加密区，箍筋加密区范围除钢牛腿长度以外，尚应从钢牛腿外端点处为起点并符合箍筋加密区长度的规定；加密区箍筋构造应符合现行国家标准 GB 50011—2010《建筑抗震设计规范》（2016 年版）和 GB 50010—2010《混凝土结构设计规范》（2015 年版）的规定（图5-30）。

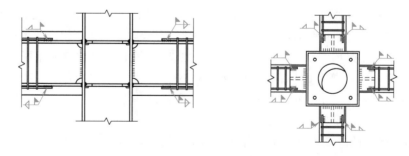

图 5-30 钢筋混凝土梁与矩形铜管混凝土柱焊接牛腿式连接节点示意图

5.3.2 柱-柱节点

图 5-31 给出了几种柱肢的连接节点构造措施。实际工程中还会有其他的连接方式，

但无论哪种形式都必须保证对接件的轴线对中。图中所示的几种形式中，a、e 节约钢材，外形好，适合工厂对接；b、d 构件对位容易，适合现场操作；c 没有焊接，适合室外小直径架构柱肢或预制柱肢连接，但较费钢材；f 适合大直径直缝焊管连接（图中 t 为钢管壁厚，a 为内套钢管长度）。

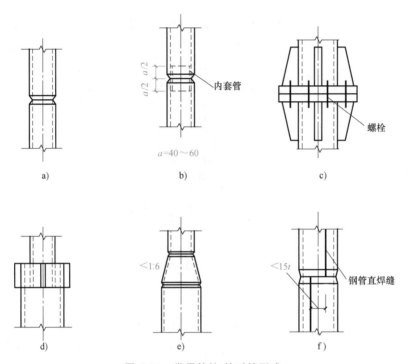

图 5-31　常用的柱-柱对接形式

a) 剖口对接焊　b) 内套管对接　c) 法兰盘对接　d) 十字变径对接
e) 变径对接　f) 直焊缝钢管的对接

5.3.3　柱脚节点

钢管混凝土柱的柱脚可以采用端承式柱脚（图 5-32a、b）或埋入式柱脚（图 5-32c）。考虑地震作用组合的偏心受压柱宜采用埋入式柱脚；不考虑地震作用组合的偏心受压柱可采用埋入式柱脚，也可采用端承式柱脚（非埋入式柱脚）；偏心受拉柱应采用埋入式柱脚。对于单层厂房，埋入式柱脚的埋入深度不应小于 1.5D；无地下室或仅有一层地下室的房屋建筑，埋入式柱脚埋入深度不应小于 2.0D（D 为钢管混凝土柱直径）。

端承式柱脚的构造应符合下列规定：

1）环形柱脚板的厚度不宜小于钢管壁厚的 1.5 倍，且不应小于 20mm。

2）环形柱脚板的宽度不宜小于钢管壁厚的 6 倍，且不应小于 100mm。

3）加劲肋的厚度不宜小于钢管厚度，肋高不宜小于柱脚板外伸宽度的 2 倍，肋距不应大于柱脚板厚度的 10 倍。

4）锚栓直径不宜小于 25mm，间距不宜大于 200mm，锚入钢筋混凝土基础的长度不应小于 40d 及 100mm 的较大者（d 为锚栓直径）。

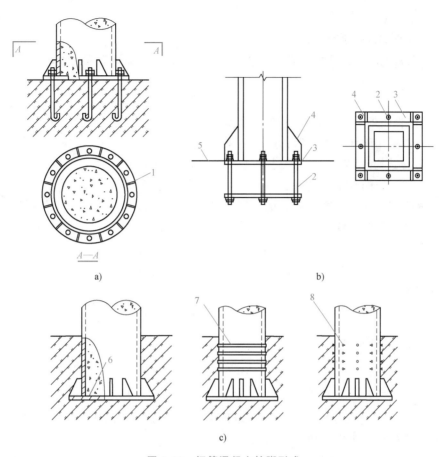

图 5-32 钢管混凝土柱脚形式

a) 圆形钢管混凝土柱端承式柱脚 b) 矩形钢管混凝土柱端承式柱脚 c) 埋入式柱脚

1—肋板，厚度不小于 1.5t（t 为管厚） 2—锚栓 3—矩形环底板 4—加劲肋

5—基础顶面 6—柱脚板 7—贴焊钢筋环 8—平头栓钉

5.4 一般规定及构造措施

5.4.1 圆形钢管混凝土

1. 一般规定

1）圆形钢管混凝土框架柱和转换柱的钢管外直径不宜小于 400mm，壁厚不宜小于 8mm。

2）圆形钢管混凝土框架柱和转换柱的套箍指标宜取 0.5~2.5。

3）圆形钢管混凝土框架柱和转换柱的钢管外直径与钢管壁厚之比 D/t 应符合下式规定（图 5-33）

$$D/t \leqslant 135(235/f_{ak}) \tag{5-82}$$

式中 D——钢管外直径；

t——钢管壁厚；

f_{ak}——钢管的抗拉强度标准值。

4) 圆形钢管混凝土框架柱和转换柱的等效计算长度与钢管外直径之比（L_e/D）不宜大于 20。

2. 构造措施

1) 圆形钢管混凝土柱与钢梁、型钢混凝土梁或钢筋混凝土梁的连接宜采用刚性连接，圆形钢管混凝土柱与钢梁也可采用铰接连接。对于刚性连接，柱内或柱外应设置与梁上、下翼缘位置对应的水平加劲肋，设置在柱内的水平加劲肋应留有混凝土浇筑孔；设置在柱外的水平加劲肋应形成加劲环肋。加劲肋的厚度与钢梁翼缘等厚，且不宜小于 12mm。

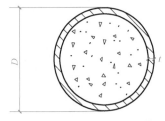

图 5-33　圆形钢管混凝土柱截面

2) 圆形钢管混凝土柱的直径大于或等于 2000mm 时，宜采取在钢管内设置纵向钢筋和构造箍筋形成芯柱等有效构造措施，减少钢管内混凝土收缩对其受力性能的影响。

3) 焊接圆形钢管的焊缝应采用坡口全熔透焊缝。

5.4.2　矩形钢管混凝土

1. 一般规定

1) 矩形钢管混凝土框架柱和转换柱的截面最小边尺寸不宜小于 400mm，钢管壁壁厚不宜小于 8mm，截面高宽比不宜大于 2。当矩形钢管混凝土柱截面边长大于或等于 1000mm时，应在钢管内壁设置竖向加劲肋。

2) 矩形钢管混凝土框架柱和转换柱管壁宽厚比 b/t、h/t 应符合下列公式的规定（图5-34）

$$b/t \leqslant 60\sqrt{235/f_{ak}} \tag{5-83}$$

$$h/t \leqslant 60\sqrt{235/f_{ak}} \tag{5-84}$$

式中　b、h——矩形钢管管壁宽度、高度；

　　　　t——矩形钢管管壁厚度；

　　　　f_{ak}——矩形钢管抗拉强度标准值。

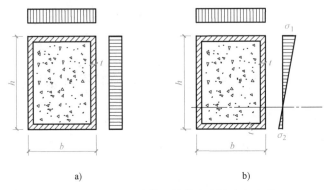

a)　　　　　　　　　　　　b)

图 5-34　矩形钢管截面板件应力分布示意图

a) 轴压　b) 压弯

3）矩形钢管混凝土框架柱和转换柱，其内设的钢隔板宽厚比 h_{w1}/t_{w1}、h_{w2}/t_{w2} 宜符合规范中 h_w/t_w 的限值规定（图5-35）。

2. 构造措施

1）矩形钢管混凝土柱与钢梁、型钢混凝土梁或钢筋混凝土梁的连接宜采用刚性连接，矩形钢管混凝土柱与钢梁也可采用铰接连接。当采用刚性连接时，对应钢梁上、下翼缘或钢筋混凝土梁上、下边缘处应设置水平加劲肋，水平加劲肋与钢梁翼缘等厚，且不宜小于12mm；水平加劲肋的中心部位宜设置混凝土浇筑孔，孔径不宜小于200mm；加劲肋周边宜设置排气孔，孔径宜为50mm。

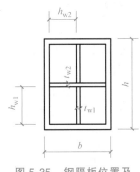

图5-35　钢隔板位置及尺寸示意图

2）矩形钢管混凝土柱边长大于或等于2000mm时，应设置内隔板形成多个封闭截面；矩形钢管混凝土柱边长或由内隔板分隔的封闭截面边长大于或等于1500mm时，应在柱内或封闭截面中设置竖向加劲肋和构造钢筋笼。内隔板的厚度宜符合表4-6中 h_w/t_w 的规定，构造钢筋笼纵筋的最小配筋率不宜小于柱截面或分隔后封闭截面面积的0.3%。

3）每层矩形钢管混凝土柱下部的钢管壁上应对称设置两个排气孔，孔径宜为20mm。

4）焊接矩形钢管上、下柱的对接焊缝应采用坡口全熔透焊缝。

5.5　钢管混凝土的施工

5.5.1　钢管的制作与施工

钢管的制作、钢管焊缝的施工与检验应按设计文件的规定，并应符合现行国家标准的相关规定。钢管的制作应根据设计文件绘制钢结构施工详图，并应按设计文件和施工详图的规定编制制作工艺文件，根据制作厂的生产条件和现场施工条件、运输要求、吊装能力和安装条件，确定钢管的分段或拼焊。钢管段制作的允许偏差应符合表5-3的规定。在钢管构件制作完成后，应按设计文件和现行国家标准进行验收。

表5-3　钢管段制作的允许偏差

项目	允许偏差/mm	
	空心钢管	实心钢管
端头直径 D 的偏差	$\pm1.5D/1000$ 且 ±5	$\pm1.2D/1000$ 且 ±3
弯曲矢高（L 为构件长度）	$L/1500$ 且 $\leqslant5$	$L/1200$ 且 $\leqslant8$
长度偏差	-5，2	±3
端面倾斜	$\leqslant2（D<600mm）$ $\leqslant3（D\geqslant600mm）$	$D/1000$ 且 $\leqslant1$
钢管扭曲	$3°$	$1°$
椭圆度	$3D/1000$	

注：对接焊接连接时，D 为管端头的直径；法兰连接时，D 为连接孔中心的圆周直径。

钢管构件的焊接（包括施工现场焊接）应严格按照所编工艺文件规定的焊接方法、工艺参数、施焊顺序进行，并应符合设计文件和现行国家行业标准的规定。采用现场焊接拼接时，要采取可靠的施焊工艺，尽可能减少焊接残余应力和残余变形。

钢管构件应根据设计文件要求选择除锈、防腐涂装工艺。当设计未提出具体内外表面处理方法时，内表面处理应无可见油污、无附着不牢的氧化皮、铁锈或污染物；外表面可根据涂料的除锈匹配要求，采用适当处理方法，涂装材料附着力应达到相关规定。钢管构件防腐涂装可采用热镀锌、喷涂锌、喷刷涂料等方式。热镀锌、喷涂锌工艺顺序应安排在管内浇筑混凝土之前。

钢管运输及现场安装时应注意避免钢管的附加变形，钢管构件在吊装时应控制吊装荷载作用下的变形，吊点的设置应根据钢管构件本身的承载力和稳定性经验算后确定。必要时，应采取临时加固措施。吊装钢管构件时，应将其管口包封，防止异物落入管内。

5.5.2 混凝土施工

对于钢管混凝土的核心混凝土，要充分考虑控制混凝土的强度和密实度，前者可以保证混凝土达到设计强度，后者则可以保证钢管和核心混凝土相互协同作用的充分发挥。对于一些具体工程，可因地制宜地制定可行的工法和实施措施。

由于核心混凝土被外围钢管所包覆，混凝土浇筑质量控制问题存在特殊性和一定难度。不符合质量要求的混凝土会导致其强度等力学性能指标的降低。对于钢管混凝土，不密实的核心混凝土还会导致钢管混凝土构件承载力和刚度不同程度的降低。因此，可靠的浇筑质量是保证混凝土满足其设计强度、保证钢管和核心混凝土相互协同作用充分发挥的重要前提。

钢管内的混凝土浇筑工作，应符合现行国家标准的规定。管内混凝土可采用从管顶向下浇筑、从管底泵送顶升浇筑法或立式手工浇筑法。管内混凝土宜采用自密实混凝土，应采取减少收缩的技术措施，且当钢管截面较小时，应在钢管壁适当位置留有足够的排气孔，并在确认浆体流出和浇筑密实后再封堵排气孔。

混凝土从管顶向下浇筑时应符合下列规定：

1）浇筑应有足够的下料空间，并应使混凝土充满整个钢管。

2）输送管端内径或斗容器下料口内径应小于钢管内径，且每边应留不小于100mm的间隙。

3）应控制浇筑速度和单次下料量，并应分层浇筑至设计标高。

4）混凝土浇筑完毕后应对管口进行临时封闭。

混凝土从管底泵送顶升浇筑时应符合下列规定：

1）应在钢管底部设置进料输送管，进料输送管应设止流阀门，止流阀门可在顶升浇筑的混凝土达到终凝后拆除。

2）应合理选择混凝土顶升浇筑设备；应配备上下方通信联络工具，并应采取可有效控制混凝土顶升或停止的措施。

3）应控制混凝土顶升速度，并应均衡浇筑至设计标高。

立式手工浇筑法应符合下列规定：

1）当钢管直径大于350mm时，可采用内部振捣器（振捣棒或锅底形振捣器等），每次振捣时间宜在15~30s，一次浇筑高度不宜大于2m；当钢管直径小于350mm时，可采用附着在钢管上的外部振捣器进行振捣，外部振捣器的位置应随混凝土的浇筑进展调整振捣。

2）一次浇筑的高度不宜大于振捣器的有效工作范围，且不宜大于2m。

自密实混凝土浇筑应符合下列规定：

1）应根据结构部位、结构形状、结构配筋等确定合适的浇筑方案。

2）自密实混凝土粗骨料最大粒径不宜大于20mm。

3）浇筑应能使混凝土充填到钢筋、预埋件、预埋钢构周边及模板内各部位。

4）自密实混凝土浇筑布料点应结合拌合物特性选择适宜的间距，必要时可通过试验确定混凝土布料点下料间距。

当混凝土浇筑到钢管顶端时，可按下列施工方法选择其中一种方式：

1）使混凝土稍微溢出后，再将留有排气孔的层间横隔板或封顶板紧压到管端，随即进行点焊；待混凝土达到设计强度的50%后，再将横隔板或封顶板按设计要求补焊完成。

2）将混凝土浇灌到稍低于管口位置，待混凝土达到设计强度的50%后，再用相同等级的水泥砂浆补填至管口，并按上述方法将横隔板或封顶板一次封焊到位。

尽管实际工程中核心混凝土的施工方法有多种，但无论采用哪种方法，都要保证混凝土的强度和密实度达到设计要求。总之，合理的配合比，适当的施工工艺，有效可行的检测检验措施是保证钢管混凝土中混凝土密实度的重要条件。

管内混凝土的浇筑质量，可采用敲击钢管的方法进行初步检查，当有异常，可采用超声波进行检测。对浇筑不密实的部位，可采用钻孔压浆法进行补强，然后将钻孔进行补焊封固。

本 章 小 结

1）钢管混凝土结构具有承载力高、塑性和韧性好、施工方便、耐火性能较好、经济效益高等特点。

2）钢管混凝土宜用作轴心受压构件或小偏心受压构件。在受力过程中，钢管对核心混凝土产生约束作用，使其强度得以提高，延性得到改善；同时，由于混凝土的存在，可以延缓或避免钢管过早地发生局部屈曲，保证其材料性能的充分发挥。由于钢管和混凝土之间的组合作用，钢管混凝土的承载力和延性都优于相应钢管和混凝土的简单叠加结果。

3）钢管混凝土在各类荷载工况作用下的承载力计算应按现行国家和行业标准中的有关规定进行。

4）钢管混凝土可与钢梁、型钢混凝土梁或钢筋混凝土梁连接，连接方式宜采用刚性连接。钢管混凝土柱的柱脚可以采用端承式柱脚或埋入式柱脚。

5）钢管混凝土的施工和制作应符合现行国家和行业标准的相关规定。对于核心混凝土，要充分考虑控制混凝土的强度和密实度。

思 考 题

5-1 钢管混凝土内核心混凝土的受力有哪些特点？

5-2 简述钢管混凝土在轴压作用下的受力性能。

5-3 钢管混凝土刚性连接节点有哪些设计要点？

5-4 简述圆形和矩形钢管混凝土柱与钢梁连接节点的构造要求。

5-5 简述钢管混凝土的施工要点。

习　题

5-1 某圆形截面钢管混凝土轴心受压短柱，钢管为 $\phi250mm\times8mm$，Q235 钢材，混凝土强度等级为 C40，柱长 $L=1m$。试计算其极限承载力设计值。

5-2 某圆形截面钢管混凝土轴心受压柱，钢管为 $\phi400mm\times12mm$，Q345 钢材，混凝土强度等级为 C40，柱计算长度 $L_0=8m$，轴向压力设计值 $N=3200kN$。试验算其承载力是否满足要求。

5-3 某方形截面钢管混凝土轴心受压柱，钢管为 $\phi340mm\times10mm$，Q345 钢材，混凝土强度等级为 C50，柱计算长度 $L_0=9m$，轴向压力设计值 $N=6000kN$。试计算其极限承载力设计值。

5-4 某圆形截面钢管混凝土偏心受压柱，钢管为 $\phi380mm\times10mm$，Q345 钢材，混凝土强度等级为 C50，柱计算长度 $L_0=7.5m$，轴向压力设计值 $N=3500kN$，偏心距 $e_0=120mm$。试验算该柱的承载力是否满足要求。

5-5 某工程采用的两根方形钢管混凝土柱，典型柱内力及截面尺寸见表 5-4。试验算上述两根方形钢管混凝土柱的承载力是否满足要求。

表 5-4 方形钢管混凝土截面尺寸及内力

柱号	截面尺寸 $B/mm\times t/mm$	计算长度/m	钢材牌号	混凝土强度等级	内力设计值	
					轴力 N/kN	弯矩 $M/(kN\cdot m)$
1	500×25	4.57	Q345	C50	7913.6	316
2	600×25	4.57	Q345	C50	18389	93

第6章

钢-混凝土组合梁

6.1 钢-混凝土组合梁的概念和特点

6.1.1 钢-混凝土组合梁的概念

组合梁有两类：一类是通过抗剪连接件将钢梁与混凝土板组合在一起形成的组合梁（Composite Beam）；另一类是将型钢或焊接钢骨架埋入钢筋混凝土梁而形成的组合梁，又称为型钢混凝土梁（Steel Reinforced Concrete Beam 或 Concrete Encased Steel Beam）。本章介绍的组合梁是第一类钢-混凝土组合梁。

由混凝土板和钢梁组成的楼盖中，如果在两者交界面处没有连接构造措施，在弯矩作用下，混凝土板截面和钢梁截面的弯曲变形相互独立，各自有其中和轴。如果忽略交界面处的摩擦力，两者之间必定发生相对水平滑移错动，因此其受弯承载力为混凝土板受弯承载力和钢梁受弯承载力之和，这种梁称为非组合梁（图6-1）。

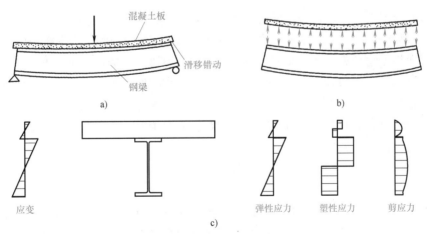

图 6-1 非组合梁受力情况及截面应力、应变分布示意图

a）交界面的滑移错动 b）交界面应力 c）截面应力、应变分布示意图

如果在钢梁上翼缘和混凝土板之间设置足够的抗剪连接件，防止混凝土板与钢梁在弯矩作用下的相互滑移，使两者的弯曲变形协调，组成一个整体，这种梁称为组合梁（图6-2）。

在荷载作用下，组合梁截面仅有一个中和轴，混凝土板主要承受压力，钢梁主要承受拉力，组合梁的受弯承载力和刚度与非组合梁相比有显著提高。

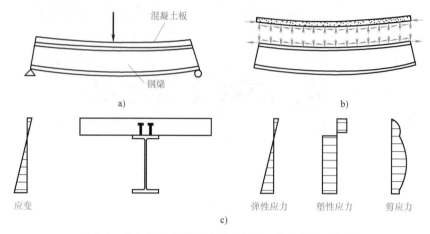

图6-2　组合梁受力情况及截面应力、应变分布示意图
a）交界面无滑移错动　b）交界面应力　c）截面应力、应变分布示意图

当钢梁与混凝土板间设置的抗剪连接件数量较少，受剪承载力不足时，梁在弯矩作用下的受力状态介于非组合梁和组合梁之间，混凝土板和钢梁上翼缘交界面处产生一定的相互滑移，这种梁称为部分抗剪连接组合梁。相应设置了足够数量抗剪连接件的组合梁称为完全抗剪连接组合梁。部分抗剪连接组合梁的受弯承载力和刚度介于非组合梁和完全抗剪连接组合梁之间，一般用于跨度不超过20m，以承受静力荷载为主且没有太大集中荷载的等截面组合梁。在满足设计要求的情况下，采用部分抗剪连接也可以获得较好的经济效益。

6.1.2　钢-混凝土组合梁的特点

与钢梁和混凝土梁相比，组合梁具有下列主要优点：

1）将混凝土板与钢梁组合成整体，使混凝土板成为组合梁的一部分，与非组合梁相比，承载力和刚度均显著提高，能有效降低梁高和房屋总高，降低工程造价。

2）组合梁承受正弯矩时，混凝土处于受压区，钢梁主要处于受拉区，两种材料的强度能得到充分发挥，受力合理，节约材料。

3）处于受压区的混凝土板刚度较大，对避免钢梁的整体和局部失稳有明显的作用，使钢梁用于防止失稳方面的材料大大节省。

4）与钢梁相比，组合梁用于吊车梁及桥梁等结构时，抗疲劳性能及抗冲击性能有所改善。

由于考虑组合作用，钢梁上必须焊接相当数量的抗剪连接件，不仅消耗部分钢材，也增加了许多焊接工作量。然而，进行栓焊的专用机具使焊接工作变得较为简单，所以组合梁在国内外也越来越广泛地被采用。

6.1.3　组合梁的组成

组合梁一般由混凝土翼板、钢梁、板托和抗剪连接件四部分组成（图6-3）。

1. 混凝土翼板

混凝土翼板一般可采用现浇混凝土楼板（图6-4）、由混凝土预制板及现浇混凝土面层组成的叠合板（图6-5）、压型钢板-混凝土组合板（图6-6）或钢筋桁架板等（图6-7）。

2. 钢梁

组合梁中的钢梁截面形式多样，常用的有下列形式：

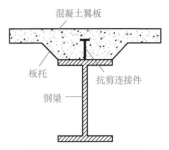

图6-3　组合梁的组成

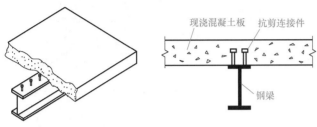

图6-4　现浇混凝土翼板组合梁

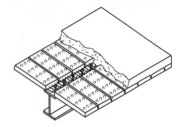

图6-5　叠合板翼板组合梁

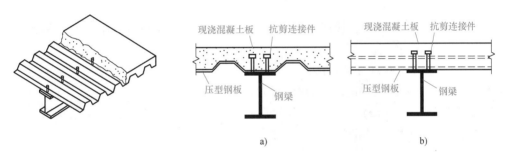

a)　　　　　　　　　　　b)

图6-6　带压型钢板的现浇混凝土翼板组合梁

a）压型钢板肋平行于钢梁　b）压型钢板肋垂直于钢梁

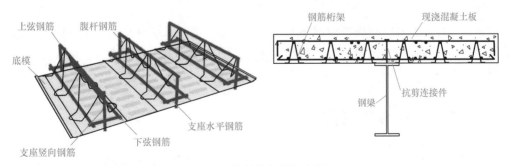

图6-7　钢筋桁架板组合梁

1）工字形钢梁，在跨度较小，荷载也较小的组合梁中，一般采用小型工字形钢梁（图6-8a）；荷载较大时，为增加受拉翼缘的面积，可在工字形钢翼缘加焊一块钢板条，形成不对称工字形截面（图6-8b）；大型组合梁则可采用钢板拼焊而成的不对称工字形钢。工字形钢可通过抗剪连接件与混凝土板连接，也可直接将上翼缘埋入混凝土板中（图6-8c）。

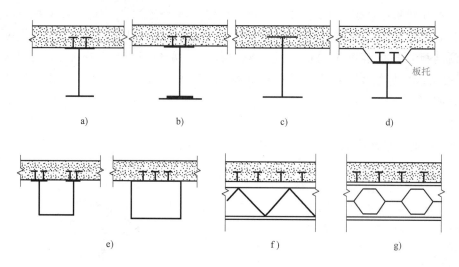

图 6-8　组合梁的截面形式

a）小型工字形钢梁　b）加焊不对称工字形钢梁　c）焊接不对称工字形钢梁　d）带混凝土板托组合梁

e）箱形钢梁　f）钢桁架梁　g）蜂窝式梁

2）箱形钢梁（图 6-8e），适用于公路和铁路桥梁及大跨度重载大梁。箱形钢梁的整体稳定性好，承载力也较高。

3）钢桁架梁（图 6-8f），桁架梁上弦用抗剪连接件与混凝土板连接，或将上弦节点伸入混凝土板中，以减小上弦杆型钢的截面尺寸。

4）蜂窝式梁（图 6-8g），用工字钢经过切割后再错位拼焊而成，具有刚度大、节约钢材和可穿行管线等优点。

3. 板托

板托是混凝土翼板与钢梁上翼缘之间的混凝土局部加宽部分，一般可设置或不设置，应根据工程的具体情况确定。设置板托的组合梁施工较困难，但可增加梁高，节约材料。

4. 抗剪连接件

抗剪连接件是混凝土翼板与钢梁共同工作的基础，用来承受混凝土翼板与钢梁接触面之间的纵向剪力，抵抗两者之间的相对滑移。通常抗剪连接件为圆柱头栓钉，在组合梁中应用很广。

6.2　混凝土翼板有效宽度

组合梁截面中，混凝土翼板内压应力是通过抗剪连接件传递的。所以，受弯时沿翼板宽度方向板内的压应力分布并不均匀，在钢梁强轴轴线附近较大，距轴线较远的板中压应力较小。为计算简便起见，计算时取有效宽度 b_e，并假定在 b_e 范围内压应力均匀分布。组合梁截面的混凝土翼板有效宽度的取值可按下式计算（图 6-9）

$$b_e = b_0 + b_1 + b_2 \tag{6-1}$$

式中　b_0——板托顶部的宽度；当板托倾角 $\alpha < 45°$ 时，应按 $\alpha = 45°$ 计算板托顶部宽度；当无板托时，则取钢梁上翼缘的宽度；当混凝土板和钢梁不直接接触（如之间有压

型钢板分隔）时，取栓钉的横向间距，仅有一列栓钉时取 0；

b_1、b_2——梁外侧和内侧的翼板计算宽度；当塑性中和轴位于混凝土板内时，各取梁等效跨径 l_e 的 $1/6$；b_1 尚不应超过翼板实际外伸宽度 S_1；b_2 不应超过相邻钢梁上翼缘或板托间净距 S_0 的 $1/2$；

l_e——等效跨径；对于简支组合梁，取为简支组合梁的跨度；对于连续组合梁，中间跨正弯矩区取为 $0.6l$，边跨正弯矩区取为 $0.8l$，l 为组合梁跨度，支座负弯矩区取为相邻两跨跨度之和的 20%。

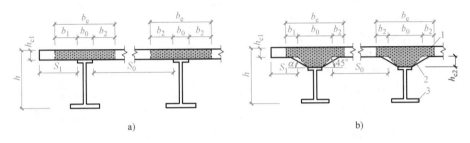

a)　　　　　　　　　　　　　　　b)

图 6-9　混凝土翼板的计算宽度

a) 无板托组合梁　b) 有板托组合梁

1—混凝土翼板　2—板托　3—钢梁

图 6-9 中，h_{c1} 为混凝土翼板的厚度。当采用压型钢板混凝土组合板时，翼板厚度等于组合板的总厚度减去压型钢板的肋高，但在计算混凝土翼板的有效宽度时，h_{c1} 可取有肋处板的总厚度。h_{c2} 为板托高度。

6.3　组合梁的设计方法

组合梁的设计方法可以分为弹性方法和塑性方法。对组合梁承载能力的计算可以采用弹性方法或塑性方法，对其正常使用极限状态的设计一般采用弹性方法。

弹性方法是以弹性理论为基础，把混凝土翼缘板按钢与混凝土的弹性模量比 α_E 折算成钢材截面，然后按材料力学方法计算截面的最大应力，并应使其小于材料容许应力。此计算方法不考虑塑性变形发展带来的承载力潜力。对直接承受动力荷载的组合梁，包括桥梁结构、工业厂房中的吊车梁等，其承载能力的计算应采用弹性方法。组合梁正常使用极限状态的验算，包括变形验算和连续组合梁负弯矩区混凝土翼板裂缝宽度的验算等，也采用弹性方法。

当组合梁按塑性方法设计时，组合梁中钢梁的受压翼缘和腹板应具有足够的刚度，在构件截面达到屈服应力并产生足够的塑性转动之前，不至由于板件发生局部屈曲而使得构件降低或丧失承载力。为此，GB 50017—2017《钢结构设计标准》要求钢梁截面板件的宽厚比等级及限值应符合表 6-1 的规定。

在组合梁分析中，还需要考虑施工条件对组合梁受力状态的影响。当施工阶段在钢梁下设置一系列临时支撑时，可近似认为钢梁在施工阶段不产生应力。混凝土硬化达到设计强度的 75% 后，拆去临时支撑，混凝土板、钢梁自重以及后加的恒载和使用期间的活荷载全部由组合梁承担。临时支撑的数量应根据施工阶段变形控制的要求确定，一般按跨度不同而

表 6-1　钢梁截面板件宽厚比等级及限值

构件	截面板件宽厚比等级		S1 级	S2 级	S3 级	S4 级	S5 级
受弯构件（梁）	工字形截面	翼缘 b/t	$9\varepsilon_k$	$11\varepsilon_k$	$13\varepsilon_k$	$15\varepsilon_k$	20
		腹板 h_0/t_w	$65\varepsilon_k$	$72\varepsilon_k$	$(40.4+0.5\lambda)\varepsilon_k$	$124\varepsilon_k$	250
	箱形截面	壁板（腹板）间翼缘 b_0/t	$25\varepsilon_k$	$32\varepsilon_k$	$37\varepsilon_k$	$42\varepsilon_k$	—

注：1. ε_k 为钢号修正系数，其值为 235 与钢材牌号中屈服点数值的比值的平方根。

2. b 为工字形、H 形截面的翼缘外伸宽度，t、h_0、t_w 分别为翼缘厚度、腹板净高和腹板厚度。对轧制型截面，腹板净高不包括翼缘腹板过渡处圆弧段；对于箱形截面，b_0、t 分别为壁板间的距离和壁板厚度；λ 为构件在弯矩平面内的长细比。

3. 箱形截面梁及单向受弯的箱形截面柱，其腹板限值可根据 H 形截面腹板采用。

4. 腹板的宽厚比可通过设置加劲肋减小。

异。当跨度小于 7m 时，每跨内可设 1~2 个支撑；当跨度大于 7m 时，每跨内不少于 3 个。这种施工方法可以减小使用阶段组合梁的挠度，但需要设置足够的抗剪连接件以抵抗混凝土与钢梁间的滑移。对施工阶段设置临时支撑的组合梁，可不进行施工阶段验算。

当施工阶段未设临时支撑时，在混凝土硬化前，钢梁、混凝土板自重以及施工期间活荷载均由钢梁承担，待混凝土有足够强度后，续加恒载及使用期间的活荷载才由组合梁截面承担。由于施工阶段的荷载仅由钢梁承担，因此应按 GB 50017—2017《钢结构设计标准》的要求验算施工阶段钢梁的应力、挠度变形和稳定性。这种施工方法的优点是施工速度快，交界面纵向剪力较小；缺点是组合梁在使用阶段的挠度较大。这种施工方法常用于混凝土板自重不大的楼盖结构。

6.4　简支组合梁的弹性设计方法

对于直接承受动力荷载的组合梁，或钢梁的板件尺寸不满足塑性截面设计的要求时，需要用弹性分析方法来计算其强度，包括弯曲应力、剪切应力及折算应力的验算。

6.4.1　基本假定

在组合梁截面的弹性分析中，通常采用如下假定：

1）在组合梁的弹性受力阶段，钢梁和混凝土翼板中应力均较小，因此钢与混凝土材料都可视为理想弹性体。

2）假定钢梁与混凝土翼板间连接可靠，滑移可忽略不计，因此整个组合截面满足平截面假定。

3）组合梁在正弯矩作用下，弹性阶段混凝土翼板基本处于受压状态，即使有部分混凝土受拉，也在中和轴附近，拉应力很小，因此计算时不考虑受拉区混凝土参与工作。基于同样原因，板托及压型钢板凹槽内的混凝土也忽略不计。

4）由于弹性阶段混凝土翼板应变较小，钢筋发挥作用很小，因此计算时忽略不计。

6.4.2　组合梁的换算截面

为了采用弹性方法计算组合梁的强度或变形，需要将由两种材料（钢与混凝土）构成的组合截面转换成单一材料（钢）的换算截面。换算原则是保持组合截面中翼板部分合力的大小和作用点位置不变。

令混凝土翼板面积为 A_c，换算截面面积为 A'_s，则由合力大小不变条件，得

$$A_c \sigma_c = A'_s \sigma_s \qquad (6\text{-}2)$$

则

$$A'_s = \frac{\sigma_c}{\sigma_s} A_c \qquad (6\text{-}3)$$

由应变协调条件，得

$$\frac{\sigma_c}{E_c} = \frac{\sigma_s}{E_a} \qquad (6\text{-}4)$$

因此

$$\sigma_c = \frac{E_c}{E_a} \sigma_s = \frac{1}{\alpha_E} \sigma_s \qquad (6\text{-}5)$$

将式（6-4）代入式（6-3），则有

$$A'_s = \frac{A_c}{\alpha_E} \qquad (6\text{-}6)$$

式中 σ_c、σ_s——混凝土和钢材的应力；

E_c、E_a——混凝土和钢材的弹性模量；

α_E——钢材和混凝土弹性模量的比值，$\alpha_E = E_a / E_c$。

此外，为保证换算前后合力点位置保持不变，换算时翼板厚度不变而仅改变其宽度。图 6-10 所示中，b_e 为混凝土翼板的有效宽度，b_{eq} 为换算宽度。因此，对于荷载的标准组合，翼板的换算宽度为

$$b_{eq} = \frac{b_e}{\alpha_E} \qquad (6\text{-}7)$$

当考虑荷载长期作用的影响时，由于混凝土会发生徐变变形，可近似取混凝土割线弹性模量 $E'_c = 0.5 E_c$。因此，对于荷载的准永久组合，翼板换算宽度为

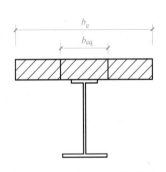

图 6-10 组合梁的换算截面

$$b_{eq} = \frac{b_e}{2\alpha_E} \qquad (6\text{-}8)$$

将组合梁截面换算成等价的钢梁截面以后，可根据材料力学方法计算截面的中和轴位置、面积矩和惯性矩等几何特征，用于截面应力和刚度分析。

6.4.3 组合梁截面的应力计算

当不考虑钢梁与混凝土界面之间的相对滑移时，组合梁截面的正应力和剪应力分布如图 6-11 所示。截面各点的正应力按下列公式计算：

对于钢梁部分

$$\sigma_s = \frac{My}{I} \qquad (6\text{-}9)$$

对于混凝土部分，根据式（6-5）和式（6-9），得

$$\sigma_c = \frac{My}{\alpha_E I} \tag{6-10}$$

式中　M——截面弯矩设计值；

　　　I——换算截面惯性矩；

　　　y——截面上某点对换算截面形心轴的坐标，向下为正；

σ_c、σ_s——混凝土板和钢梁的应力，均以受拉为正。

组合梁截面各点的剪应力按下列公式计算：

对于钢梁部分

$$\tau_s = \frac{VS}{It} \tag{6-11}$$

对于混凝土部分

$$\tau_c = \frac{VS}{\alpha_E It} \tag{6-12}$$

式中　V——竖向剪力设计值；

　　　S——剪应力计算点以上的换算截面对总换算截面中和轴的面积矩；

　　　t——换算截面的腹板厚度，在混凝土区，等于该处的换算宽度；在钢梁区，等于钢梁腹板厚度。

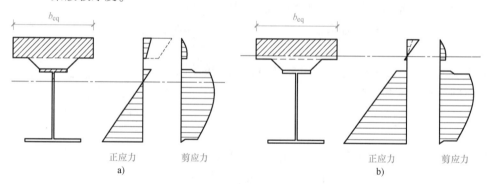

图 6-11　组合梁截面正应力和剪应力分布图

a）中和轴位于钢梁内　b）中和轴位于混凝土翼板内

关于剪应力的计算位置，当换算截面中和轴位于钢梁腹板内时，钢梁的剪应力计算点取换算截面中和轴处，混凝土翼板剪应力计算点取混凝土与钢梁上翼缘连接处（无板托时）或混凝土翼板与板托连接处（有板托时）。当换算截面中和轴位于钢梁以上时，钢梁的剪应力计算点取钢梁腹板上边缘处，混凝土翼板的剪应力计算点取换算截面中和轴处。

在施工和正常使用两个阶段分别进行弹性计算时，如各阶段剪应力计算点位置不同，则取产生剪应力较大阶段的计算点，在该点上对两阶段剪应力进行叠加。

当钢梁在同一部位的正应力和剪应力均较大时，如钢梁腹板的上下边缘处，还应验算折算应力 σ_{eq} 是否满足要求，σ_{eq} 按下式计算

$$\sigma_{eq} = \sqrt{\sigma^2 + 3\tau^2} \tag{6-13}$$

例6-1　某简支组合梁，跨度为6m，间距为3m，截面尺寸如图6-12所示。混凝土强度等级为C30，钢材为Q345。施工活荷载标准值为1kN/m²，使用阶段楼面活荷载标准值为3kN/m²，楼面铺装及吊顶荷载标准值为1.5kN/m²，施工时梁下未设置临时支撑。试按弹性方法计算其承载力。

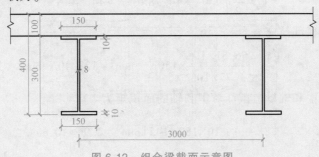

图6-12　组合梁截面示意图

解：

由题可知，$f=295\text{N}/\text{mm}^2$，$f_v=170\text{N}/\text{mm}^2$，$f_c=14.3\text{N}/\text{mm}^2$，$E_c=3\times10^4\text{N}/\text{mm}^2$，$E_a=2.06\times10^5\text{N}/\text{mm}^2$，$\alpha_E=6.87$。

钢梁截面面积为

$$A=[10\times150\times2+8\times(300-20)]\text{mm}^2=5240\text{mm}^2$$

钢梁截面惯性矩为

$$I_0=\left[\frac{1}{12}\times150\times300^3-2\times\frac{1}{12}\times\frac{150-8}{2}\times(300-20)^3\right]\text{mm}^4=7.77\times10^7\text{mm}^4$$

由题意可知，组合梁为简支组合梁，则$l_e=l$，混凝土翼板有效宽度为

$$b_e=\min\begin{cases}b_0+\dfrac{l_e}{3}=150\text{mm}+\dfrac{6000}{3}\text{mm}=2150\text{mm}\\[2mm]b_0+S_0=150\text{mm}+(3000-150)\text{mm}=3000\text{mm}\\[2mm]b_0+12h_{c1}=150\text{mm}+12\times100\text{mm}=1350\text{mm}\end{cases}$$

因此取$b_e=1350\text{mm}$。

(1) 施工阶段钢梁应力计算

由于钢梁下未设临时支撑，施工阶段荷载均由钢梁承担。钢梁承受荷载为

钢梁自重

$$78.5\times5240\times10^{-6}\text{kN}/\text{m}=0.411\text{kN}/\text{m}$$

混凝土板自重

$$25\times3\times0.1\text{kN}/\text{m}=7.5\text{kN}/\text{m}$$

施工活荷载

$$1\times3\text{kN}/\text{m}=3\text{kN}/\text{m}$$

因此，施工阶段钢梁承受的荷载设计值为

$$q_0=[1.3\times(0.411+7.5)+1.5\times3]\text{kN}/\text{m}=14.78\text{kN}/\text{m}$$

钢梁跨中截面弯矩为

$$M_0 = \frac{1}{8}q_0 l^2 = \frac{1}{8} \times 14.78 \times 6^2 \, \text{kN} \cdot \text{m} = 66.51 \text{kN} \cdot \text{m}$$

支座截面剪力为

$$V_0 = \frac{1}{2}q_0 l = \frac{1}{2} \times 14.78 \times 6 \, \text{kN} = 44.34 \text{kN}$$

钢梁跨中截面底部拉应力为

$$\sigma_1 = \frac{M_0}{I_0}y = \frac{66.51 \times 10^6}{7.77 \times 10^7} \times 150 \text{N} \cdot \text{mm}^2 = 128.40 \text{N/mm}^2$$

钢梁支座截面中和轴以上截面对中和轴的面积矩为

$$S_1 = \left(8 \times \frac{140^2}{2} + 10 \times 150 \times 145\right) \text{mm}^3 = 2.96 \times 10^5 \text{mm}^3$$

中和轴处剪应力为

$$\tau_1 = \frac{V_0 S_1}{I_0 t} = \frac{44.34 \times 10^3 \times 2.96 \times 10^5}{7.77 \times 10^7 \times 8} \text{N/mm}^2 = 21.11 \text{N/mm}^2$$

同理可得钢梁腹板边缘以上截面对中和轴面积矩为

$$S_2 = 2.18 \times 10^5 \text{mm}^3$$

该点处的剪应力为

$$\tau_2 = 15.55 \text{N/mm}^2$$

（2）使用阶段组合梁应力计算

组合梁等效翼缘宽度为

$$b_{eq} = \frac{b_e}{\alpha_E} = \frac{1350}{6.87} \text{mm} = 196.51 \text{mm}$$

组合梁的换算截面如图 6-13 所示。

组合梁截面形心轴距钢梁底部距离为

$$y = \frac{5240 \times 150 + 196.51 \times 100 \times 350}{5240 + 196.51 \times 100} \text{mm} = 307.90 \text{mm}$$

组合梁绕形心轴的惯性矩为

$$I = \left[7.77 \times 10^7 + 5240 \times (307.90 - 150)^2 + \frac{1}{12} \times 196.51 \times 100^3 + \right.$$

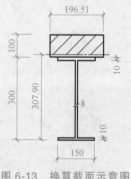

图 6-13　换算截面示意图

$$\left. 196.51 \times 100 \times (350 - 307.90)^2 \right] \text{mm}^4 = 25.95 \times 10^7 \text{mm}^4$$

使用阶段组合梁承受的荷载为：

楼面铺装及吊顶自重 $= 1.5 \times 3 \text{kN/m} = 4.5 \text{kN/m}$

翼板及钢梁的自重前面计算已考虑。

楼面活荷载 $= 3 \times 3 \text{kN/m} = 9 \text{kN/m}$

因此使用阶段组合梁承受的荷载设计值为

$$q = (1.3 \times 4.5 + 1.5 \times 9) \text{kN/m} = 19.35 \text{kN/m}$$

组合梁跨中截面弯矩为

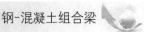

$$M = \frac{1}{8}ql^2 = \frac{1}{8} \times 19.35 \times 6^2 \, \text{kN} \cdot \text{m} = 87.08 \, \text{kN} \cdot \text{m}$$

支座截面剪力为

$$V = \frac{1}{2}ql = \frac{1}{2} \times 19.35 \times 6 \, \text{kN} = 58.05 \, \text{kN}$$

跨中截面梁底拉应力为

$$\sigma_s = \frac{M}{I}y = \frac{87.08 \times 10^6}{25.95 \times 10^7} \times 307.90 \, \text{N/mm}^2 = 103.32 \, \text{N/mm}^2$$

混凝土受压边缘压应力为

$$\sigma_c = \frac{M}{\alpha_E I}y = \frac{87.08 \times 10^6}{6.87 \times 25.95 \times 10^7} \times (400-307.9) \, \text{N/mm}^2 = 4.50 \, \text{N/mm}^2$$

支座截面钢梁形心轴以上换算截面对换算截面中和轴的面积矩为

$$S_1 = \left[150 \times 10 \times (307.9-5) + 8 \times 140 \times (307.9-10-70) \right] \, \text{mm}^3 = 7.10 \times 10^5 \, \text{mm}^3$$

该点的剪应力为

$$\tau_1 = \frac{VS_1}{It} = \frac{58.05 \times 10^3 \times 7.10 \times 10^5}{25.95 \times 10^7 \times 8} \, \text{N/mm}^2 = 19.85 \, \text{N/mm}^2$$

同理可得组合梁换算截面形心轴以上截面对中和轴面积矩为

$$S_2 = 8.08 \times 10^5 \, \text{mm}^3$$

该点处的剪应力为

$$\tau_2 = 22.59 \, \text{N/mm}^2$$

（3）组合梁承载力验算

将施工阶段的活荷载扣除，此时钢梁承受的荷载设计值为

$$q_0 = 1.3 \times (0.411+7.5) \, \text{kN/m} = 10.28 \, \text{kN/m}$$

钢梁跨中截面底部拉应力、中和轴处剪应力、腹板与翼缘相交处剪应力分别为

$$\sigma_1 = \frac{10.28}{14.78} \times 128.40 \, \text{N/mm}^2 = 89.31 \, \text{N/mm}^2$$

$$\tau_1 = \frac{10.28}{14.78} \times 21.11 \, \text{N/mm}^2 = 14.68 \, \text{N/mm}^2$$

$$\tau_2 = \frac{10.28}{14.78} \times 15.55 \, \text{N/mm}^2 = 10.82 \, \text{N/mm}^2$$

将以上结果和使用阶段组合梁各点应力叠加，可得跨中截面组合梁底部最大拉应力为

$$\sigma_1 = (89.31+103.32) \, \text{N/mm}^2 = 192.63 \, \text{N/mm}^2 < f = 295 \, \text{N/mm}^2$$

混凝土翼板顶部最大压应力为

$$\sigma_c = 4.50 \, \text{N/mm}^2 < f_c = 14.3 \, \text{N/mm}^2$$

支座截面钢梁形心轴处剪应力为

$$\tau_1 = (14.68+19.85) \, \text{N/mm}^2 = 34.53 \, \text{N/mm}^2 < f_v = 170 \, \text{N/mm}^2$$

钢梁腹板上边缘处剪应力为

$$\tau_2 = (10.82+22.59) \, \text{N/mm}^2 = 33.41 \, \text{N/mm}^2 < f_v = 170 \, \text{N/mm}^2$$

因此，按弹性方法验算，该组合梁承载力满足要求。

6.5 简支组合梁的塑性设计方法

弹性设计时，只允许混凝土和钢梁截面上最外层纤维应力达到极限值，而塑性设计则可以让塑性变形充分发展，允许利用截面的强度储备，因此梁的塑性受弯承载力要明显高于弹性承载力。不直接承受动力荷载，且板件尺寸满足允许宽厚比要求的组合梁，可以按照塑性设计方法计算承载力，但变形应按弹性方法进行计算。塑性设计方法不需要区分荷载的作用阶段和性质，计算比较简单。但对于施工时不设临时支撑的情况，需要对施工过程中钢梁的承载力、变形和稳定性按弹性方法进行验算。

6.5.1 组合梁受弯承载力计算

1. 完全抗剪连接

完全抗剪连接组合梁是指混凝土翼板与钢梁之间具有可靠的连接，抗剪连接件按计算需要配置，以充分发挥组合梁截面的抗弯能力。简支组合梁截面的塑性承载力计算基于以下假定：

1）忽略受拉混凝土的作用，板托部分也不予考虑。

2）混凝土受压区假定为均匀受压，并达到轴心抗压强度设计值。

3）根据塑性中和轴的位置，钢梁可能全部受拉或部分受压部分受拉，但都假定为均匀受力，并达到钢材的抗拉或抗压强度设计值。

4）忽略钢筋混凝土翼板受压区中钢筋的作用。

根据以上假定，组合梁截面在承载力极限状态可能有两种应力分布情况，即组合截面塑性中和轴位于混凝土翼板内或塑性中和轴位于钢梁截面内。对于这两种情况，根据截面力和弯矩的平衡条件，得到以下组合梁的受弯承载力计算公式：

当塑性中和轴在混凝土翼板内（图 6-14），即 $Af \leqslant b_e h_{c1} f_c$ 时

$$M \leqslant b_e x f_c y \tag{6-14}$$

$$x = \frac{Af}{b_e f_c} \tag{6-15}$$

式中　M——组合截面承受的正弯矩设计值；

　　　A——钢梁的截面面积；

　　　x——混凝土翼板受压区高度；

　　　y——钢梁截面应力的合力至混凝土受压区截面应力的合力间的距离；

　　　f——钢梁的抗压和抗拉强度设计值；

　　　f_c——混凝土抗压强度设计值。

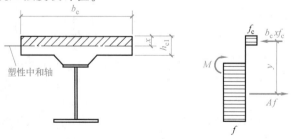

图 6-14　塑性中和轴在混凝土翼板内时的组合梁截面及应力图形

当塑性中和轴在钢梁截面内（图 6-15），即 $Af > b_e h_{c1} f_c$ 时

$$M \leqslant b_e h_{c1} f_c y_1 + A_c f y_2 \tag{6-16}$$

$$A_c = 0.5(A - b_e h_{c1} f_c / f) \tag{6-17}$$

式中　A_c——钢梁受压区截面面积；

$\quad\quad y_1$——钢梁受拉区截面应力合力至混凝土翼板受压区截面应力合力的距离；

$\quad\quad y_2$——钢梁受拉区截面应力合力至钢梁受压区截面应力合力的距离。

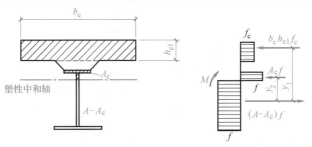

图 6-15　塑性中和轴在钢梁内时的组合梁截面及应力图形

2. 部分抗剪连接

当抗剪连接件的设置受构造等原因影响不能全部布置，因而不足以承受组合梁上最大弯矩点和临近零弯矩点之间的剪跨区段内总的纵向水平剪力时，可采用部分抗剪连接设计方法。试验研究和分析表明，采用栓钉等柔性抗剪连接件的组合梁，随着连接件数量的减少，钢梁和混凝土翼板间协同工作程度下降，导致钢梁和混凝土翼板的交界面产生相对滑移变形，钢梁的塑性性能不能充分发挥，因而组合梁的极限受弯承载力随抗剪连接程度的降低而降低。

部分抗剪连接组合梁极限受弯承载力的计算基于以下假定：

1）抗剪连接件具有一定的柔性，有充分的塑性变形能力（如栓钉直径 $d \leqslant 22\text{mm}$，杆长 $l \geqslant 4d$）。混凝土强度等级不能高于 C40，栓钉工作时全截面进入塑性状态。

2）钢梁与混凝土翼板间产生相对滑移，在截面应变图中混凝土翼板与钢梁有各自的中和轴。

3）计算截面的应力均呈矩形分布，混凝土翼板中的压应力达到其抗压强度 f_c，钢梁的拉、压应力分别达到屈服强度 f。

4）混凝土翼板中的压力等于抗剪连接件所传递的纵向剪力之和。

5）不考虑混凝土的抗拉作用，忽略钢筋混凝土翼板受压区中钢筋的作用。

此外，为保证部分抗剪连接的组合梁有较好的工作性能，在任一剪跨区内，部分抗剪连接时连接件的数量不得少于按完全抗剪连接设计时该剪跨区内所需抗剪连接件总数的 50%，否则将按单根钢梁计算，不考虑组合作用。

部分抗剪连接组合梁的应力分布如图 6-16 所示。根据截面力和弯矩平衡条件，得到部分抗剪连接简支组合梁的受弯承载力计算公式

$$x = \frac{n_r N_V^c}{b_e f_c} \tag{6-18}$$

$$A_c = \frac{Af - n_r N_V^c}{2f} \tag{6-19}$$

$$M_{u,r} = n_r N_V^c y_1 + 0.5(Af - n_r N_V^c) y_2 \tag{6-20}$$

式中 $M_{u,r}$——部分抗剪连接时组合梁截面受弯承载力；

n_r——部分抗剪连接时一个剪跨区的抗剪连接件数目；

N_V^c——每个抗剪连接件的纵向受剪承载力；

x——混凝土翼板受压区高度；

y_1——钢梁受拉区截面应力合力至混凝土翼板截面应力合力的距离；

y_2——钢梁受拉区截面应力合力至钢梁受压区截面应力合力的距离。

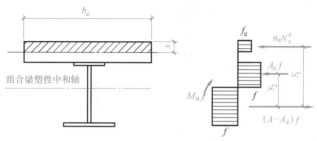

图 6-16　部分抗剪连接组合梁计算简图

6.5.2　组合梁竖向受剪承载力计算

采用塑性方法计算组合梁的竖向受剪承载力时，可认为在竖向受剪极限状态时钢梁腹板均匀受剪并且达到了钢材的抗剪设计强度，同时忽略混凝土翼板及板托的影响，按下式计算

$$V \leqslant h_w t_w f_v \tag{6-21}$$

式中　V——剪力设计值；

　h_w、t_w——钢梁腹板的高度及厚度；

　f_v——钢材的抗剪强度设计值。

试验研究表明，混凝土翼板能承担一部分剪力（约 $10\% \sim 30\%$），因此采用上式计算组合梁截面的受剪承载力是偏于安全的。

例 6-2　简支组合梁如图 6-17 所示。梁跨度为 9m。钢梁为热轧窄翼缘型钢 HN450×200×9×14，钢材为 Q235，混凝土强度等级为 C30。假设施工过程中钢梁下设足够的临时支撑，组合梁为完全抗剪连接。使用阶段承受的恒载标准值为 $g_k = 20kN/m$，活荷载标准值为 $q_k = 12kN/m$。试按塑性方法验算该组合梁的受弯承载力及受剪承载力。

解：

由题可知，$f = 215N/mm^2$，$f_v = 125N/mm^2$，$f_c = 14.3N/mm^2$，$h_{c1} = 150mm$，钢梁截面面积为 $A = [14 \times 200 \times 2 + 9 \times (450 - 28)]mm^2 = 9398mm^2$。

（1）组合梁使用阶段内力计算

组合梁使用阶段承受的恒载标准值为 $g_k = 20kN/m$，活载标准值为 $q_k = 12kN/m$，因此所承受的荷载设计值为

$$q = (1.3 \times 20 + 1.5 \times 12)kN/m = 44.0kN/m$$

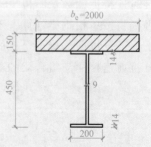

图 6-17　组合梁截面示意图

梁跨中弯矩为

$$M = \frac{1}{8}ql^2 = \frac{1}{8} \times 44.0 \times 9^2 \text{kN} \cdot \text{m} = 445.5 \text{kN} \cdot \text{m}$$

支座截面剪力为

$$V = \frac{1}{2}ql = \frac{1}{2} \times 44.0 \times 9 \text{kN} = 198.0 \text{kN}$$

（2）塑性受弯承载力计算

$$Af = 9398 \times 215 \text{N} = 2020.57 \text{kN} < b_e h_{c1} f_c = 2000 \times 150 \times 14.3 \text{N} = 4290.0 \text{kN}$$

因此，塑性中和轴在混凝土翼板内。混凝土受压区高度为

$$x = \frac{Af}{b_e f_c} = \frac{2020.57 \times 10^3}{2000 \times 14.3} \text{mm} = 70.65 \text{mm}$$

钢梁截面应力合力点至混凝土受压区应力合力点的距离为

$$y = (600 - 450/2 - 70.65/2) \text{mm} = 339.68 \text{mm}$$

组合梁的塑性弯矩为

$$M_u = b_e x f_c y = (2000 \times 70.65 \times 14.3 \times 339.68) \text{N} \cdot \text{mm} = 686.35 \text{kN} \cdot \text{m} > M = 445.5 \text{kN} \cdot \text{m}\ （满足要求）$$

（3）受剪承载力计算

$$V_u = h_w t_w f_v = [(450 - 28) \times 9 \times 125] \text{N} = 474.75 \text{kN} > V = 198.0 \text{kN}\ （满足要求）$$

6.6 连续组合梁的设计方法

简支组合梁最大的优势在于能充分发挥钢材和混凝土两种材料的强度，而当采用连续组合梁时，在中间支座附近的负弯矩区，会出现钢梁受压、混凝土翼板受拉的不利情况，因此应当在靠近板面的混凝土中配置纵向受拉钢筋，在钢梁与混凝土板之间设置抗剪连接件，使纵向钢筋与部分钢梁共同承担拉力。即便如此，考虑到承载力的提高以及变形的减小等有利因素，连续组合梁的综合性能相对于简支梁仍有较大的优势。

连续组合梁的正弯矩区，混凝土翼板的约束作用限制了钢梁受压翼缘的局部屈曲和钢梁的整体侧扭屈曲。同时，弯曲破坏时，组合梁的塑性中和轴通常位于混凝土翼板或钢梁上翼缘内，钢梁腹板不会受压或受压高度很小，也不会发生局部屈曲。

6.6.1 连续组合梁的受力性能

与简支组合梁相比，连续组合梁的受力性能有以下主要特点：

1）支座负弯矩区混凝土翼板受拉开裂后退出工作，抗弯仍以钢梁为主，截面受弯承载力和刚度不及跨中组合截面，因此支座截面是组合梁的薄弱环节。

2）负弯矩截面钢梁处于受压区时，其受压翼缘和腹板可能发生局部失稳，影响截面承载力的发挥和内力塑性重分布。当由于荷载不利布置使某跨均为负弯矩时，梁还可能发生整体失稳。

3）一般情况下，简支组合梁跨中截面承受的弯矩大而剪力小（或为零），支座截面承

受的剪力大而弯矩为零，因此可分别按纯弯或纯剪条件设计截面。而对于连续组合梁，支座截面承受的弯矩和剪力都较大，属于复杂受力状态，对承载力要产生交互影响。

4）连续组合梁的负弯矩区段中，抗剪连接件的承载力有所降低。

6.6.2 连续组合梁的弹性设计方法

与简支组合梁类似，对于直接承受动力荷载，以及钢梁板件宽厚比过大的连续组合梁，需采用弹性设计方法。弹性分析时，连续组合梁的弯矩或剪力分布取决于各个梁跨及正、负弯矩之间的相对刚度，当任一截面的内力达到其弹性强度时，组合梁达到其弹性承载力极限状态。对于普通钢筋混凝土连续梁，在荷载作用下正负弯矩区的混凝土都可能开裂，开裂后正弯矩区与负弯矩区的相对刚度变化不大，对弯矩分布的影响较小。而在连续组合梁中，混凝土受拉发生在负弯矩区，完全开裂后组合梁截面的抗弯刚度可能只有未开裂截面的 $1/3 \sim 2/3$，所以一根等截面连续组合梁在负弯矩区混凝土开裂后沿跨度方向刚度的变化可能较大，在进行内力分析及挠度计算时应当充分考虑到这种刚度变化的影响。

连续组合梁正弯矩区的刚度与同样截面和跨度的简支组合梁相同，负弯矩区的刚度则取决于钢梁和钢筋所形成的组合截面。根据不同的设计要求和结构受力特点，连续组合梁的内力和变形计算可采用以下两种分析方法。

1）不考虑混凝土开裂的分析方法。计算时假定连续梁各部分均可以采用未开裂截面的换算截面惯性矩进行计算。这种方法计算简便，但由于没有考虑组合梁沿长度方向刚度的变化，负弯矩区刚度取值偏大，导致负弯矩计算值要高于实际情况，不利于充分发挥组合梁的承载力潜力。

2）考虑混凝土开裂区影响的分析方法。在混凝土开裂区的长度范围内采用负弯矩区的截面惯性矩，而在未开裂区域仍采用正弯矩作用下的换算截面惯性矩。计算负弯矩开裂区的截面惯性矩时应包括钢梁和翼板有效宽度内纵向受力钢筋的作用，但不计混凝土的抗拉作用。按这种方法计算时，可以假定每个连续组合梁内支座两侧各15%的范围为开裂区域。

按弹性方法计算组合梁的内力并进行承载力验算往往与实际情况有较大差别，因此可按照未开裂的模型计算连续组合梁的内力并采用弯矩调幅法来考虑混凝土开裂的影响。而考虑混凝土开裂的计算模型则主要用于连续组合梁在正常使用极限状态的挠度分析。

6.6.3 连续组合梁的塑性设计方法

1. 塑性内力分析方法

如果连续组合梁各潜在的控制截面都具有充分的延性和转动能力，允许结构形成一系列塑性铰而达到极限状态，则可以根据极限平衡的方法计算其极限承载力。

极限塑性分析时假定连续组合梁的全部非弹性应变集中发生在塑性铰区，极限状态下结构的内力分布只取决于构件的强度和延性，而与各截面间的相对刚度无关。结构每形成一个塑性铰后减少一个冗余自由度，直到形成足够的塑性铰并产生了荷载最低的破坏机构时，连续组合梁达到其极限承载力。对于连续组合梁，塑性铰通常形成于负弯矩最大的支座部位及正弯矩最大的跨中位置。按这种方法计算连续组合梁的极限承载力，具有计算简便、材料强度发挥充分等优点。但应保证各控制截面、特别是负弯矩最大部位具备良好的延性。

2. 负弯矩截面的受弯承载力计算

试验表明，当混凝土翼板内垂直于梁轴方向的横向钢筋及抗剪连接件的数量和布置有充分保证时，在钢梁两侧 6~8 倍翼缘板厚度范围内，混凝土翼板可以通过纵向受剪使其中的纵向钢筋与钢梁共同工作，因此，连续组合梁负弯矩截面的受拉混凝土翼缘板计算宽度，可近似取与正弯矩截面相同值。

研究表明，组合连续梁负弯矩截面在接近极限弯矩时，钢梁下翼缘和钢筋都已经大大超过其屈服应变，截面的塑性性能发展比较充分。因此，组合梁负弯矩截面抗弯极限状态时的一般特征是：混凝土翼板受拉开裂退出工作，同时混凝土板中的纵向钢筋受拉达到其屈服强度，钢梁的拉区和压区大部分也达到屈服强度。

组合梁负弯矩截面达到塑性受弯承载力时，截面的塑性中和轴一般位于钢梁腹板内。截面应力如图 6-18 所示，钢梁的应力图简化为等效矩形应力图。负弯矩截面的受弯承载力应满足

$$M' \leq M_s + A_{st}f_{st}(y_3 + y_4/2) \tag{6-22}$$

$$M_s = (S_1 + S_2)f \tag{6-23}$$

$$f_{st}A_{st} + f(A - A_c) = fA_c \tag{6-24}$$

$$y_4 = A_{st}f_{st}/(2t_w f) \tag{6-25}$$

式中　M'——负弯矩设计值；

S_1、S_2——钢梁塑性中和轴以上和以下截面对该轴的面积矩；

A——钢梁的截面面积；

A_c——钢梁受压区截面面积；

t_w——钢梁腹板的厚度；

A_{st}——负弯矩区混凝土翼板有效宽度范围内的纵向钢筋截面面积；

f——钢梁的抗压和抗拉强度设计值；

f_{st}——钢筋抗拉强度设计值；

y_3——纵向钢筋截面形心至组合梁塑性中和轴的距离，根据截面轴力平衡式（6-24）求出钢梁受压区面积 A_c，取钢梁拉压区交界处位置为组合梁塑性中和轴位置；

y_4——组合梁塑性中和轴至钢梁塑性中和轴的距离。当组合梁塑性中和轴在钢梁腹板内时，可按式（6-25）计算，当组合梁塑性中和轴在钢梁翼缘内时，可取 y_4 等于钢梁塑性中和轴至腹板上边缘的距离。

3. 负弯矩截面的受剪承载力计算

连续组合梁的中间支座截面同时作用有较大的弯矩和剪力，因此，要考虑这两种内力的相关作用对相应承载力的影响。根据 Von Mises 强度理论，钢梁同时受弯、剪作用时，由于腹板中剪应力的存在，截面受弯承载力有所降低。同样，截面中弯矩的存在，也使得受剪承载力相应降低。但是，试验研究表明，由于组合梁混凝土翼缘板内配有纵向受拉钢筋，中间支座截面受弯承载力和纵向钢筋拉力与钢梁拉力的比值 $\eta = A_{st}f_y/Af$ 有关。当 η 较大时，截面受剪承载力可能高于钢梁腹板的受剪能力。只要保证翼板配筋满足 $\eta \geq 0.15$，且采取措施保证钢梁不发生局部失稳，剪力设计值也不超过钢梁截面的极限受剪承载力时，则可以不考虑负弯矩区段截面剪力和受弯承载力的相互影响，受剪承载力仍按式（6-21）计算。

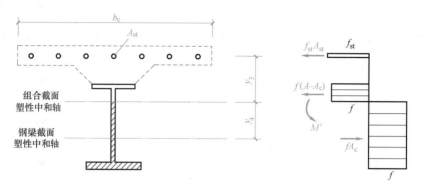

图 6-18　负弯矩作用时组合梁截面及应力图形

6.7　组合梁抗剪连接件的设计

6.7.1　抗剪连接件的计算

组合梁的抗剪连接件宜采用圆柱头焊钉，也可采用槽钢（图 6-19）。

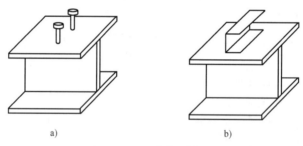

图 6-19　连接件的类型

a）圆柱头焊钉连接件　b）槽钢连接件

单个抗剪连接件的受剪承载力设计值应由下列公式确定：

圆柱头焊钉连接件

$$N_v^c = 0.43 A_s \sqrt{E_c f_c} \leqslant 0.7 A_s f_u \tag{6-26}$$

式中　E_c——混凝土的弹性模量；

　　　A_s——圆柱头焊钉钉杆截面面积；

　　　f_u——圆柱头焊钉极限抗拉强度设计值，需满足 GB/T 10433—2002《电弧螺柱焊用圆柱头焊钉》的要求。

槽钢连接件

$$N_v^c = 0.26(t+0.5t_w) l_c \sqrt{E_c f_c} \tag{6-27}$$

式中　t——槽钢翼缘的平均厚度；

　　　t_w——槽钢腹板的厚度；

　　　l_c——槽钢的长度。

槽钢连接件通过肢尖、肢背两条通长角焊缝与钢梁连接，角焊缝按承受该连接件的受剪

承载力设计值 N_v^c 进行计算。

对于用压型钢板混凝土组合板作翼板的组合梁（图 6-20），其焊钉连接件的受剪承载力设计值应分别按以下两种情况予以降低：

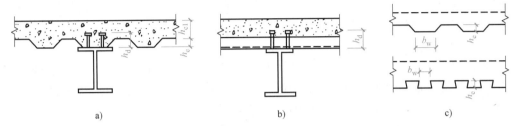

a)　　　　　　　　　　　　　b)　　　　　　　　　　　　c)

图 6-20　用压型钢板作混凝土翼板底模的组合梁

a）肋与钢梁平行的组合梁截面　b）肋与钢梁垂直的组合梁截面　c）压型钢板作底模的楼板剖面

1）当压型钢板肋平行于钢梁布置（图 6-20a），$b_w/h_e < 1.5$ 时，按式（6-26）算得的 N_v^c 应乘以折减系数 β_v 后取用。β_v 值按下式计算

$$\beta_v = 0.6 \times \frac{b_w}{h_e} \times \left(\frac{h_d - h_e}{h_e}\right) \leqslant 1 \tag{6-28}$$

式中　b_w——混凝土凸肋的平均宽度，当肋的上部宽度小于下部宽度时（图 6-20c），改取上部宽度；

　　　h_e——混凝土凸肋高度；

　　　h_d——焊钉高度。

2）当压型钢板肋垂直于钢梁布置时（图 6-20b），焊钉连接件承载力设计值的折减系数按下式计算

$$\beta_v = \frac{0.85}{\sqrt{n_0}} \times \frac{b_w}{h_e} \times \left(\frac{h_d - h_e}{h_e}\right) \leqslant 1 \tag{6-29}$$

式中　n_0——在梁某截面处一个肋中布置的焊钉数，当多于 3 个时，按 3 个计算。

当计算位于负弯矩区段的抗剪连接件时，其受剪承载力设计值 N_v^c 应乘以折减系数 0.9。

6.7.2　抗剪连接件的布置方式

在桥梁结构中，由于承受动力荷载的作用，组合梁应设置足够数量的抗剪连接件，即按完全抗剪连接进行设计。而当钢梁的稳定性起控制作用时，可适当减少连接件的数量形成部分抗剪连接组合梁。另一种可采用部分抗剪连接设计的情况是组合梁桥在施工阶段完全由钢梁来承担施工荷载及湿混凝土的重量，不采用临时支撑（因此钢梁截面较大），而使用阶段组合梁的承载力不需要充分发挥时，也可采用部分抗剪连接。但在任何情况下，合理设计的组合梁桥都不允许因为连接件的首先破坏而导致结构失效，也不允许在正常使用阶段钢梁与混凝土翼板间的界面发生过大的滑移。

采用弹性方法设计组合梁时，需要验算钢梁、混凝土板和抗剪连接件的应力均不得超过材料的强度容许值。为充分发挥抗剪连接件的效能，使设计更加经济，抗剪连接件的数量和间距应根据界面纵向剪力包络图确定，即在界面纵向剪力较大的支座或集中力作用处布置较

多的抗剪连接件，其余区段则可以布置较少数量的连接件。但按这种方法进行设计较为复杂，且不利于施工。

按照极限状态设计法设计组合梁时，在承载力极限状态时混凝土板与钢梁间的纵向剪力分布将趋于均匀，因此可以将抗剪连接件按等间距布置。为了使界面纵向剪力发生重分布，应采用柔性抗剪连接件，这会给设计和施工均带来很大方便。

1. 抗剪连接件的弹性设计方法

按弹性方法设计组合梁的抗剪连接件时采用换算截面法，即根据混凝土与钢材弹性模量的比值，将混凝土截面换算为钢材截面进行计算。计算时假定钢梁与混凝土板交界面上的纵向剪力完全由抗剪连接件承担，并忽略钢梁与混凝土板之间的黏结作用。

在荷载作用下，钢梁与混凝土桥面板交界面上的剪力由两部分组成。一部分是形成组合作用之后施加到结构上的准永久荷载所产生的剪力，需要考虑荷载的长期效应，即需要考虑混凝土收缩徐变等长期效应的影响，因此应按照长期效应下的换算截面计算；另一部分是可变荷载产生的剪力，不考虑荷载的长期效应，因此应按照短期效应下的换算截面计算。

当组合作用形成后，钢梁与混凝土翼板交界面单位长度上的纵向剪力计算式为

$$V_s = \frac{V_g S_0^c}{I_0^c} + \frac{V_q S_0}{I_0} \tag{6-30}$$

式中　V_g，V_q——计算截面处分别由形成组合截面之后施加到结构上的准永久荷载和除准永久荷载外的可变荷载所产生的竖向剪力设计值；

　　　S_0^c——考虑荷载长期效应时，钢梁与混凝土翼板交界面以上换算截面对组合梁弹性中和轴的面积矩；

　　　S_0——不考虑荷载长期效应时，钢梁与混凝土翼板交界面以上换算截面对组合梁弹性中和轴的面积矩；

　　　I_0^c——考虑荷载长期效应时，组合梁的换算截面惯性矩；

　　　I_0——不考虑荷载长期效应时，组合梁的换算截面惯性矩。

按上式可得到组合梁单位长度上的剪力 v_s 及其剪力分布图。将剪力图分成若干段，用每段的面积即该段总剪力值，除以单个抗剪连接件的抗剪承载力 N_v^c 即可得到该段所需要的抗剪连接件数量。

2. 抗剪连接件的塑性设计方法

大量研究表明，组合梁中常用的焊钉等柔性抗剪连接件在较大的荷载作用下会产生滑移变形，导致交界面上的剪力在各个连接件之间发生重分布，使得界面剪力沿梁长度方向的分布趋于均匀。当组合梁达到承载力极限状态时，各剪跨段内交界面上各抗剪连接件受力几乎相等，因此可以不必按照剪力分布图来布置连接件，可以在各段内均匀布置，从而给设计和施工带来极大的方便。

根据极限平衡方法，当采用塑性方法设计组合梁的抗剪连接件时，按以下原则进行布置：

1）以弯矩绝对值最大点及零弯矩点为界限，将组合梁划分为若干剪跨区段（图6-21）。

2）逐段确定各剪跨区段内钢梁与混凝土交界面的纵向剪力 V_s。

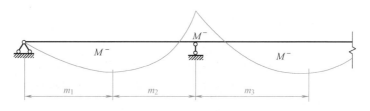

图 6-21　连续组合梁剪跨区划分图

正弯矩最大点到边支座区段，即 m_1 区段

$$V_s = \min\{Af, b_e h_{c1} f_c\} \tag{6-31}$$

正弯矩最大点到中支座（负弯矩最大点）区段，即 m_2 和 m_3 区段

$$V_s = \min\{Af, b_e h_{c1} f_c\} + A_{st} f_{st} \tag{6-32}$$

式中　b_e——混凝土翼板的有效宽度；

　　h_{c1}——混凝土翼板厚度；

　　A, f——钢梁的截面面积和抗拉强度设计值；

　　A_{st}, f_{st}——负弯矩混凝土翼板内纵向受拉钢筋的截面积和受拉钢筋的抗拉强度设计值。

3）确定每个剪跨内所需抗剪连接件的数目 n_f。

按完全抗剪连接设计时，每个剪跨段内的抗剪连接件数量为

$$n_f = \frac{V_s}{N_v^c} \tag{6-33}$$

对于部分抗剪连接的组合梁，实际配置的连接件数目通常不得少于 n_f 的一半。

4）将由式（6-33）计算得到的连接件数目 n_f 在相应的剪跨区段内均匀布置。

当在剪跨内作用有较大的集中荷载时，则应将计算得到的 n_f 按剪力图的面积比例进行分配后再各自均匀布置，如图 6-22 所示。各区段内的连接件数量为

$$n_1 = \frac{A_1}{A_1 + A_2} n_f \tag{6-34}$$

$$n_2 = \frac{A_2}{A_1 + A_2} n_f \tag{6-35}$$

式中　A_1, A_2——纵向剪力图的面积；

　　n_1, n_2——相应分段内抗剪连接件的数量。

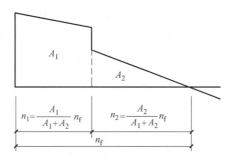

图 6-22　有较大集中荷载作用时抗剪连接件的布置

6.8 组合梁的纵向抗剪计算

组合梁交界面上的剪力通过连接件传递到混凝土翼板时,将在连接件周围的板托和混凝土翼板内产生纵向剪力,可能导致混凝土翼板出现纵向裂缝,进而产生沿翼板中线劈裂的现象(图6-23)。混凝土翼板纵向开裂是组合梁的破坏形式之一,如果没有足够的横向钢筋来控制裂缝的发展,或虽有横向钢筋但布置不当,会导致组合梁延性和极限承载能力急剧下降。因此,需进行混凝土翼板及其板托的纵向界面受剪承载力计算,防止组合梁在达到极限受弯承载力之前出现纵向劈裂破坏。

图 6-23 组合梁混凝土翼板的纵向裂缝图

混凝土翼板及板托的最不利受剪界面有两种类型(图6-24):一是穿过整个板厚的竖向受剪截面 a—a;二是围绕抗剪连接件周围的受剪界面 b—b(无板托)、c—c 和 d—d(有板托)。图中,A_t 为混凝土板顶部附近单位长度内钢筋面积的总和(mm^2/mm),包括混凝土板内抗弯和构造钢筋;A_b、A_{bh} 分别为混凝土板底部、承托底部单位长度内钢筋面积的总和(mm^2/mm)。在验算中,对于任意一个潜在的纵向剪切破坏界面,要求单位长度上纵向剪力的设计值 $v_{l,1}$ 不得超过单位长度上的界面抗剪强度,即

$$V_{l,1} \leqslant V_{ul,1} \tag{6-36}$$

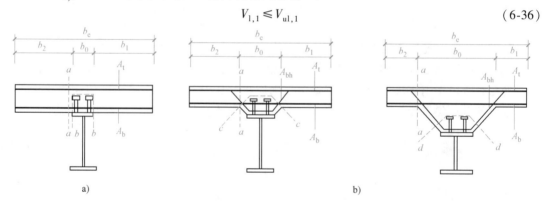

图 6-24 板托及翼板的纵向受剪界面及其横向配筋

a)无板托组合梁 b)有板托组合梁

当采用塑性方法设计抗剪连接件和进行纵向抗剪验算时,作为一种简化的处理方式,可假定连接件按满应力工作,因此荷载作用引起的单位界面长度上的纵向界面剪力可以直接由连接件的设计剪力确定。对于图6-24的 b—b、c—c 及 d—d 受剪界面,纵向剪力设计值为

$$V_{l,1} = \frac{V_s}{m_i} \tag{6-37}$$

a—a 受剪界面承担的纵向剪力设计值则为

$$V_{l,1} = \max\left(\frac{V_s}{m_i} \times \frac{b_1}{b_e}, \frac{V_s}{m_i} \times \frac{b_2}{b_e}\right) \tag{6-38}$$

式中　$V_{1,1}$——单位纵向长度内受剪界面上的纵向剪力设计值；

　　　V_s——每个剪跨区段内钢梁与混凝土翼板交界面的纵向剪力；

　　　m_i——剪跨区段长度；

　b_1、b_2——混凝土翼板左右两侧挑出的宽度；

　　　b_e——混凝土翼板有效宽度，应按对应跨的跨中有效宽度取值。

组合梁承托及翼缘板界面纵向受剪承载力计算应符合下列公式规定

$$V_{1,1} \leqslant v_{\mathrm{lu},1} \tag{6-39}$$

$$V_{\mathrm{lu},1} = 0.7 f_t b_f + 0.8 A_e f_r \tag{6-40}$$

$$V_{\mathrm{lu},1} = 0.25 b_f f_c \tag{6-41}$$

式中　$V_{\mathrm{lu},1}$——单位纵向长度内界面受剪承载力（N/mm），取式（6-40）和式（6-41）的
　　　　　较小值；

　　　f_t——混凝土抗拉强度设计值（N/mm）；

　　　b_f——受剪界面的横向长度，按图6-24所示的 $a—a$、$b—b$、$c—c$ 及 $d—d$ 连线在抗
　　　　　剪连接件以外的最短长度取值（mm）；

　　　A_e——单位长度上横向钢筋的截面面积（$\mathrm{mm}^2/\mathrm{mm}$），按图6-24和表6-2取值；

　　　f_r——横向钢筋的强度设计值（$\mathrm{N/mm}^2$）。

表 6-2　单位长度上横向钢筋的截面积 A_e

剪切面	$a—a$	$b—b$	$c—c$	$d—d$
A_e	$A_b + A_t$	$2A_b$	$2(A_b + A_{bh})$	$2A_{bh}$

此外，横向钢筋的最小配筋尚应符合以下条件

$$\frac{A_e f_r}{b_f} > 0.75 \mathrm{N/mm}^2 \tag{6-42}$$

式中，0.75为常量，单位为 $\mathrm{N/mm}^2$。

组合梁混凝土翼缘的横向钢筋，除板托中的横向钢筋是组合梁所特有的，此外的其他横向钢筋，其截面面积 A_t 及 A_b 中应包含楼板自身的配筋在内，且应满足锚固要求。

6.9　组合梁正常使用阶段验算

6.9.1　考虑滑移效应的组合梁刚度及变形计算

组合梁的挠度计算可按结构力学公式进行，但结构力学研究的对象为匀质弹性材料，其应力-应变关系呈直线，抗弯刚度 $B = EI$ 是一个常数。但组合梁是由钢和混凝土两种材料组成的，因此在计算截面刚度时应将其转换为由一种材料（钢）组成的换算截面。

试验研究表明，采用栓钉、槽钢等柔性抗剪连接件的钢-混凝土组合梁，连接件在传递钢梁与混凝土翼板交界面的剪力时，本身会发生变形，其周围的混凝土也会发生压缩变形，导致交界面处产生滑移应变，引起附加曲率，从而引起附加挠度。而换算截面法没有考虑钢梁和混凝土翼板之间的滑移效应，得到的组合梁刚度较实际刚度偏大，变形值较实测值偏小。因此，可以通过对组合梁的换算截面抗弯刚度进行折减的方法来考虑滑移效应。组合梁

的折减刚度可按下式确定

$$B = \frac{EI_{eq}}{1+\xi} \tag{6-43}$$

式中 E——钢梁的弹性模量;

I_{eq}——组合梁的换算截面惯性矩;对荷载的标准组合和准永久组合,分别采用式 (6-7) 和式 (6-8) 换算为钢截面宽度后,计算整个截面的惯性矩;对于钢梁 与压型钢板混凝土组合板构成的组合梁,取其较弱截面的换算截面进行计算, 且不计压型钢板的作用;

ξ——刚度折减系数,当 $\xi \leqslant 0$ 时,取 $\xi = 0$。

$$\xi = \eta \left[0.4 - \frac{3}{(jl)^2} \right] \tag{6-44}$$

$$\eta = \frac{36Ed_c pA_0}{n_s khl^2} \tag{6-45}$$

$$j = 0.81 \sqrt{\frac{n_s kA_1}{EI_0 p}} \tag{6-46}$$

$$A_0 = \frac{A_{cf}A}{\alpha_E A + A_{cf}} \tag{6-47}$$

$$A_1 = \frac{I_0 + A_0 d_c^2}{A_0} \tag{6-48}$$

$$I_0 = I + \frac{I_{cf}}{\alpha_E} \tag{6-49}$$

式中 A_{cf}——混凝土翼板截面面积;对压型钢板混凝土组合板的翼板,取其较弱截面的面 积,且不考虑压型钢板;

A——钢梁截面面积;

I——钢梁截面惯性矩;

I_{cf}——混凝土翼板的截面惯性矩;对压型钢板混凝土组合板的翼板,取其较弱截面 的惯性矩,且不考虑压型钢板的作用;

d_c——钢梁截面形心到混凝土翼板截面(对压型钢板混凝土组合板的翼板,取其较 弱截面)形心的距离;

h——组合梁截面高度;

l——组合梁的跨度;

k——抗剪连接件刚度系数, $k = N_v^c$;

p——抗剪连接件的纵向平均间距;

n_s——抗剪连接件在一根梁上的列数;

α_E——钢梁与混凝土弹性模量的比值。

6.9.2 连续组合梁的刚度及变形计算

连续组合梁在荷载作用下会出现负弯矩区混凝土翼板开裂,从而使得连续组合梁沿长度方向刚度发生改变。因此常采用变刚度法计算连续组合梁的挠度。可以在支座两侧各15%跨度范围内采用负弯矩截面的抗弯刚度，其余区段采用正弯矩作用下的组合截面刚度，然后按照弹性理论计算组合梁的挠度。在计算各截面刚度时，负弯矩区只考虑钢梁和钢筋的作用，正弯矩区则采用考虑钢梁与混凝土翼板之间滑移效应的折减刚度。对于不同的荷载工况，连续组合梁的挠度可参照表6-3和表6-4的计算图表和公式进行计算。

表 6-3　连续组合梁边跨的变形计算公式

荷载形式	
	$\Delta = \dfrac{pl^3}{48B}\left[\dfrac{3a}{l} - \dfrac{4a^3}{l^3} + \dfrac{0.027b}{l}(\alpha_1 - 1)\right]$, $a \leqslant \dfrac{l}{2}$ $\Delta = \dfrac{pl^3}{48B}\left[\dfrac{4ab^2}{l^3} + \dfrac{b}{l^2}(3a-b) + \dfrac{0.027b}{l}(\alpha_1 - 1)\right]$, $a > \dfrac{l}{2}$ $\theta_r = \dfrac{Pl^2}{6B}\left[\dfrac{a^2b^2}{l^4} + \dfrac{ab}{l^2} + \dfrac{0.255b}{l} + \dfrac{0.061b}{l}(\alpha_1 - 1)\right]$ $\theta_l = \dfrac{Pl^2}{6B}\left[\dfrac{2a^3b}{l^4} + \dfrac{3.3ab^2}{l^3} + \dfrac{0.00675b}{l}(\alpha_1 - 1) - \dfrac{0.255ab}{l^2}\right]$
	$\Delta = \dfrac{Ml^2}{24B}\left[1 + 0.122(\alpha_1 - 1)\right]$ $\theta_r = \dfrac{Ml}{3B}\left[1 + 0.386(\alpha_1 - 1)\right]$ $\theta_l = \dfrac{Ml}{6B}\left[1 + 0.061(\alpha_1 - 1)\right]$
	$\Delta = \dfrac{5ql^4}{384B}\left[1 + 0.019(\alpha_1 - 1)\right]$ $\theta_r = \dfrac{ql^3}{24B}\left[1 + 0.110(\alpha_1 - 1)\right]$ $\theta_l = \dfrac{ql^3}{24B}\left[1 + 0.012(\alpha_1 - 1)\right]$

注：α_1—组合梁正弯矩段的折减刚度 B_s 或 B_l 与中支座段的刚度之比；θ_{sr}—梁右端的转角；θ_{sl}—梁左端的转角。

表 6-4　连续组合梁中跨的变形计算公式

荷载形式	
	$\Delta = \dfrac{Pl^3}{48B}\left[\dfrac{3ab}{l^2} + \dfrac{4ab^2}{l^3} - \dfrac{b^2}{l^2} + 0.027(\alpha_1 - 1)\right]$ $\theta_r = \dfrac{Pl}{6B}\left[\dfrac{ab}{l}\left(1.45 + \dfrac{0.85b}{l}\right) + 0.0034(2.7b + 0.3a)(\alpha_1 - 1)\right]$ $\theta_l = \dfrac{Pl}{6B}\left[\dfrac{ab}{l}\left(1.45 + \dfrac{0.85a}{l}\right) + 0.0034(2.7a + 0.3b)(\alpha_1 - 1)\right]$
	$\Delta = \dfrac{Ml^2}{24B}\left[1 + 0.135(\alpha_1 - 1)\right]$ $\theta_r = \dfrac{Ml}{3B}\left[1 + 0.389(\alpha_1 - 1)\right]$ $\theta_l = \dfrac{Ml}{6B}\left[1 + 0.061(\alpha_1 - 1)\right]$

（续）

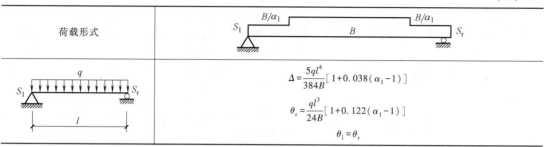

荷载形式	

注：α_1—组合梁正弯矩段的折减刚度 B_s 或 B_l 与中支座段的刚度之比；θ_{sr}—梁右端的转角；θ_{sl}—梁左端的转角。

组合梁的挠度应按分别荷载的标准组合和准永久组合进行计算，其中较大值不应超过表 6-5 规定的挠度限值。

表 6-5　钢与混凝土组合梁挠度限值

类型	挠度限值（以计算跨度 l_0 计算）
主梁	$l_0/300(l_0/400)$
其他梁	$l_0/250(l_0/300)$

注：1. 表中 l_0 为构件的计算跨度；悬臂构件的 l_0 按实际悬臂长度的 2 倍取用。
　　2. 表中数值为永久荷载和可变荷载组合产生的挠度允许值，有起拱时可减去起拱值。
　　3. 表中括号内数值为可变荷载标准值产生的挠度允许值。

6.9.3　混凝土翼板裂缝宽度计算

组合梁负弯矩区混凝土翼板的受力状况与钢筋混凝土轴心受拉构件相似，因此可采用下式计算组合梁负弯矩区最大裂缝宽度

$$\omega_{max} = 2.7\psi\frac{\sigma_{sk}}{E_s}\left(1.9c + 0.08\frac{d_{eq}}{\rho_{te}}\right) \tag{6-50}$$

式中　ψ——裂缝间纵向受拉钢筋的应变不均匀系数：当 $\psi<0.2$ 时，取 $\psi=0.2$；当 $\psi>1$ 时，取 $\psi=1$；对直接承受重复荷载的情况，取 $\psi=1$；

　　　σ_{sk}——受拉钢筋的应力；

　　　c——最上层纵向钢筋的保护层厚度，当 $c<20mm$ 时，取 $c=20mm$；当 $c>65mm$ 时，取 $c=65mm$；

　　　d_{eq}——纵向受拉钢筋的等效直径；

　　　ρ_{te}——以混凝土翼板薄弱截面处受拉混凝土的截面面积计算得到的受拉钢筋配筋率，$\rho_{te}=A_{st}/(b_e h_c)$，$b_e$ 和 h_c 是混凝土翼板的有效宽度和高度。

受拉钢筋应变不均匀系数 ψ 按下式计算

$$\psi = 1.1 - 0.65\frac{f_{tk}}{\rho_{te}\sigma_{sk}} \tag{6-51}$$

式中　f_{tk}——混凝土的抗拉强度标准值。

纵向受拉钢筋的等效直径 d_{eq} 按下式计算

$$d_{eq} = \frac{\sum n_i d_i^2}{\sum n_i v_i d_i} \tag{6-52}$$

式中 n_i——受拉区第 i 种纵向钢筋的根数;

　　d_i——受拉区第 i 种纵向钢筋的公称直径;

　　v_i——受拉区第 i 种纵向钢筋的表面特征系数,对带肋钢筋 $v=1.0$,对光面钢筋
　　　　$v=0.7$。

对于连续组合梁的负弯矩区,开裂截面纵向受拉钢筋的应力 σ_{sk} 按下式计算

$$\sigma_{sk}=\frac{M_k y_s}{I_{cr}} \tag{6-53}$$

$$M_k=M_e(1-\alpha_r) \tag{6-54}$$

式中 y_s——钢筋截面重心至钢筋和钢梁形成的组合截面中和轴的距离;

　　I_{cr}——由纵向钢筋与钢梁形成的组合截面惯性矩;

　　M_k——考虑了弯矩调幅的标准荷载作用下支座截面负弯矩组合值;对于悬臂组合梁,
　　　　M_k 应根据平衡条件计算得到;

　　M_e——标准荷载作用下按照未开裂模型进行弹性计算得到的连续组合梁中支座负弯矩值;

　　α_r——连续组合梁中支座负弯矩调幅系数,其取值不宜超过 15%。

按式 (6-50) 计算出的最大裂缝宽度 ω_{max} 不得超过允许的最大裂缝宽度限值 ω_{lim}。处于一类环境时,取 $\omega_{lim}=0.3mm$;处于二、三类环境时,取 $\omega_{lim}=0.2mm$;当处于年平均相对湿度小于 60% 地区的一类环境时,可取 $\omega_{lim}=0.4mm$。

例 6-3 试进行例 6-2 组合梁的变形验算。已知活荷载的准永久值系数为 0.8,栓钉列数为 2,间距为 200mm,单个栓钉的受剪承载力设计值 N_v^c 为 56.6kN。

解:

根据已知条件,$f=215N/mm^2$,$f_v=125N/mm^2$,$f_c=14.3N/mm^2$,$h_{c1}=150mm$,$E_a=2.06\times10^5N/mm^2$,$E_c=3\times10^4N/mm^2$,$\alpha_E=6.87$,钢梁截面面积 $A=9398mm^2$,钢梁截面惯性矩 $I=3.23\times10^8mm^4$。

(1) 换算截面几何参数计算

1) 荷载标准组合

换算截面翼板宽度为

$$b_{eq}=\frac{b_e}{\alpha_E}=\frac{2000}{6.87}mm=291.12mm$$

换算截面中和轴距钢梁底部的距离为

$$y=\frac{200\times14\times7+9\times422\times225+200\times14\times443+150\times291.12\times525}{200\times14\times2+9\times422+150\times291.12}mm=471.87mm$$

换算截面惯性矩为

$$I_{eq}=\left[3.23\times10^8+9398\times(471.87-225)^2+\frac{1}{12}\times291.12\times150^3+150\times291.12\right.$$

$$\left.\times\left(600-471.87-\frac{150}{2}\right)^2\right]mm^4=11.01\times10^8mm^4$$

2) 荷载准永久组合

换算截面翼板宽度为

$$b_{eq} = \frac{b_e}{2\alpha_E} = \frac{2000}{2 \times 6.87} \text{mm} = 145.56 \text{mm}$$

换算截面中和轴距离钢梁底部距离为

$$y = \frac{200 \times 14 \times 7 + 9 \times 422 \times 225 + 200 \times 14 \times 443 + 150 \times 145.56 \times 525}{200 \times 14 \times 2 + 9 \times 422 + 150 \times 145.56} \text{mm} = 434.73 \text{mm}$$

换算截面惯性矩为

$$I_{eq} = \left[3.23 \times 10^8 + 9398 \times (434.73 - 225)^2 + \frac{1}{12} \times 145.56 \times 150^3 + 150 \times 145.56 \times \right.$$

$$\left. \left(600 - 434.73 - \frac{150}{2} \right)^2 \right] \text{mm}^4 = 9.55 \times 10^8 \text{mm}^4$$

（2）组合梁折减刚度计算

1）荷载标准组合

$$I_0 = I + \frac{I_{cf}}{\alpha_E} = \left(3.23 \times 10^8 + \frac{\frac{1}{12} \times 2000 \times 150^3}{6.87} \right) \text{mm}^4 = 4.05 \times 10^8 \text{mm}^4$$

$$A_0 = \frac{A_{cf}A}{\alpha_E A + A_{cf}} = \frac{2000 \times 150 \times 9398}{6.87 \times 9398 + 2000 \times 150} \text{mm}^2 = 7733.62 \text{mm}^2$$

$$A_1 = \frac{I_0 + A_0 d_c^2}{A_0} = \frac{4.05 \times 10^8 + 7733.62 \times 300^2}{7733.62} \text{mm}^2 = 1.42 \times 10^5 \text{mm}^2$$

$$\eta = \frac{36 E d_c p A_0}{n_s k h l^2} = \frac{36 \times 2.06 \times 10^5 \times 300 \times 200 \times 7733.62}{2 \times 56.6 \times 10^3 \times 600 \times 9000^2} = 0.625$$

$$j = 0.81 \sqrt{\frac{n_s k A_1}{E I_0 p}} = 0.81 \times \sqrt{\frac{2 \times 56.6 \times 10^3 \times 1.42 \times 10^5}{2.06 \times 10^5 \times 4.05 \times 10^8 \times 200}} \text{mm}^{-1} = 7.95 \times 10^{-4} \text{mm}^{-1}$$

刚度折减系数为

$$\xi = \eta \left[0.4 - \frac{3}{(jl)^2} \right] = 0.625 \times \left[0.4 - \frac{3}{(7.95 \times 10^{-4} \times 9000)^2} \right] = 0.213$$

则组合梁的折减刚度为

$$B = \frac{E_a I_{eq}}{1 + \xi} = 0.82 E_a I_{eq}$$

2）荷载准永久组合

$$I_0 = I + \frac{I_{cf}}{2\alpha_E} = \left(3.23 \times 10^8 + \frac{\frac{1}{12} \times 2000 \times 150^3}{2 \times 6.87} \right) \text{mm}^4 = 3.64 \times 10^8 \text{mm}^4$$

$$A_0 = \frac{A_{cf}A}{2\alpha_E A + A_{cf}} = \frac{2000 \times 150 \times 9398}{2 \times 6.87 \times 9398 + 2000 \times 150} \text{mm}^2 = 6570.06 \text{mm}^2$$

$$A_1 = \frac{I_0 + A_0 d_c^2}{A_0} = \frac{3.64 \times 10^8 + 6570.06 \times 300^2}{6570.06} \text{mm}^2 = 1.45 \times 10^5 \text{mm}^2$$

$$\eta = \frac{36 E d_c p A_0}{n_s k h l^2} = \frac{36 \times 2.06 \times 10^5 \times 300 \times 200 \times 6570.06}{2 \times 56.6 \times 10^3 \times 600 \times 9000^2} = 0.531$$

$$j = 0.81 \sqrt{\frac{n s k A_1}{E I_0 p}} = 0.81 \times \sqrt{\frac{2 \times 56.6 \times 10^3 \times 1.45 \times 10^5}{2.06 \times 10^5 \times 3.64 \times 10^8 \times 200}} \text{mm}^{-1} = 8.47 \times 10^{-4} \text{mm}^{-1}$$

刚度折减系数为

$$\xi = \eta \left[0.4 - \frac{3}{(jl)^2} \right] = 0.531 \times \left[0.4 - \frac{3}{(8.47 \times 10^{-4} \times 9000)^2} \right] = 0.185$$

则组合梁的折减刚度为

$$B = \frac{E_a I_{eq}}{1 + \xi} = 0.84 E_a I_{eq}$$

（3）组合梁挠度变形验算

1）荷载标准组合

组合梁所承受的荷载标准组合值为

$$g_k + q_k = 32 \text{kN/m}$$

则组合梁荷载标准组合下挠度为

$$f_k = \frac{5(g_k + q_k) l^4}{384 B_s} = \frac{5 \times 32 \times 9000^4}{384 \times 0.82 \times 2.06 \times 10^5 \times 11.01 \times 10^8} \text{mm} = 14.70 \text{mm} < \frac{l}{400} = 22.5 \text{mm}$$

2）荷载准永久组合

组合梁所承受的荷载准永久组合值为

$$g_k + \psi_q q_k = (20 + 0.8 \times 12) \text{kN/m} = 29.6 \text{kN/m}$$

则组合梁在荷载准永久组合下的挠度为

$$f_k = \frac{5(q_k + \psi_q q_k) l^4}{384 B_l} = \frac{5 \times 29.6 \times 9000^4}{384 \times 0.84 \times 2.06 \times 10^5 \times 9.55 \times 10^8} = 15.30 \text{mm} < \frac{l}{400} = 22.5 \text{mm} \quad （满足要求）$$

6.10　组合梁的构造要求

6.10.1　一般要求

1）组合梁截面高度不宜超过钢梁截面高度的 2 倍；混凝土板托高度不宜超过翼板厚度的 1.5 倍。

2）有板托的组合梁边梁混凝土翼板伸出长度不宜小于板托高度；无板托时，伸出钢梁中心线不应小于 150mm、伸出钢梁翼缘边不小于 50mm（图 6-25）。

3）连续组合梁在中间支座负弯矩区的

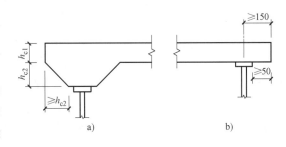

图 6-25　边梁构造

a）有板托　b）无板托

上部纵向钢筋及分布钢筋，应按《混凝土结构设计规范》（GB 50010—2010）的规定设置。负弯矩区的钢梁下翼缘在没有采取防止局部失稳的特殊措施时，其宽厚比应符合塑性设计规定。

4）槽钢连接件宜采用 Q235 钢，截面不宜大于［12.6。

5）板托的外形尺寸及构造应符合以下规定（图 6-26）。

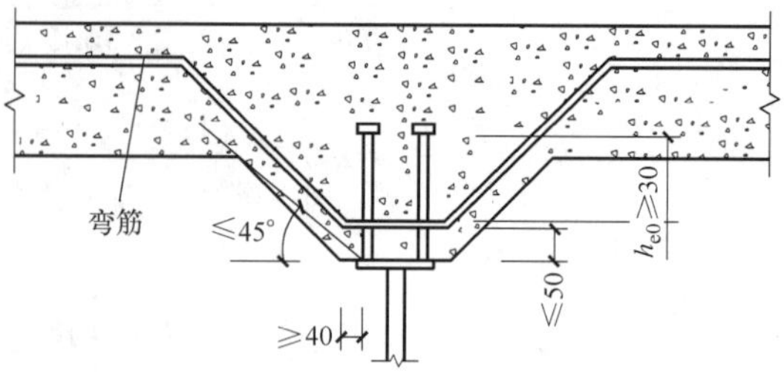

图 6-26　板托的构造规定

① 为了保证板托中抗剪连接件能够正常工作，板托边缘距抗剪连接件外侧的距离不得小于 40mm，同时板托外形轮廓应在自抗剪连接件根部算起的 45°仰角线之外。

② 因为板托中邻近钢梁上翼缘的部分混凝土受到抗剪连接件的局部压力作用，容易产生劈裂，需要配筋加强，板托中横向钢筋的下部水平段应该设置在距钢梁上翼缘 50mm 的范围以内。

③ 横向钢筋的间距应不大于 $4h_{e0}$，且不应大于 200mm。h_{e0} 为圆柱头焊钉连接件钉头下表面或槽钢连接件上翼缘下表面高出翼板底部钢筋顶面的距离。

对于无板托的组合梁，混凝土翼板中的横向钢筋也应满足后两项的构造要求。

6）对于承受负弯矩的箱形截面组合梁，可在钢箱梁底板上方或腹板内侧设置抗剪连接件并浇筑混凝土。

6.10.2　抗剪连接件的构造要求

（1）一般要求

1）圆柱头焊钉连接件钉头下表面或槽钢连接件上翼缘下表面高出翼板底部钢筋顶面的距离不宜小于 30mm。

2）连接件沿梁跨度方向的最大间距不应大于混凝土翼板及板托厚度的 3 倍，且不应大于 300mm；当组合梁受压上翼缘不符合塑性设计规定的宽厚比限值，但连接件设置符合下列规定时，仍可采用塑性方法进行设计：

① 当混凝土板沿全长和组合梁接触时，连接件最大间距不大于 $22t_f\sqrt{235/f_y}$；当混凝土板和组合梁部分接触时，连接件最大间距不大于 $15t_f\sqrt{235/f_y}$；t_f 为钢梁受压上翼缘厚度。

② 连接件的外侧边缘与钢梁翼缘边缘之间的距离不大于 $9t_f\sqrt{235/f_y}$，t_f 为钢梁受压上翼缘厚度。

3）连接件的外侧边缘与钢梁翼缘边缘之间的距离不应小于 20mm。

4）连接件的外侧边缘至混凝土翼板边缘间的距离不应小于 100mm。

5）连接件顶面的混凝土保护层厚度不应小于 15mm。

（2）圆柱头焊钉连接件

1）钢梁上翼缘承受拉力时，焊钉杆直径不应大于钢梁上翼缘厚度的 1.5 倍；当钢梁上翼缘不承受拉力时，焊钉杆直径不应大于钢梁上翼缘厚度的 2.5 倍。

2）焊钉长度不应小于其杆径的 4 倍。

3）焊钉沿梁轴线方向的间距不应小于杆径的 6 倍；垂直于梁轴线方向的间距不应小于杆径的 4 倍。

4）用压型钢板作底模的组合梁，焊钉杆直径不宜大于 19mm，混凝土凸肋宽度不应小于焊钉杆直径的 2.5 倍；焊钉高度不应小于 h_e+30mm，且不应大于 h_e+75mm，h_e 为混凝土凸肋高度。

本 章 小 结

1）钢-混凝土组合梁是指将通过抗剪连接件将钢梁与混凝土板组合在一起形成的组合梁。相比钢梁和混凝土梁有众多优点，主要有：承载力和刚度均显著提高，能有效降低梁高和房屋总高，降低工程造价；受力合理，节约材料；有效防止钢梁的整体和局部失稳；抗疲劳性能及抗冲击性能有所改善。

2）钢-混凝土组合梁截面受弯时，沿翼板宽度方向板内的压应力分布不均匀，在腹板附近较大，远离腹板的板中压应力较小。为计算简便起见，计算时取有效宽度 b_e，并假定在 b_e 范围内压应力均匀分布。

3）组合梁的设计方法可以分为弹性方法和塑性方法。弹性设计方法是以弹性理论为基础，把混凝土翼缘板按钢与混凝土的弹性模量比 α_E 折算成钢材截面，然后按材料力学方法计算截面的最大应力，并应使其小于材料强度。塑性设计方法考虑梁破坏前塑性变形发展，更符合组合梁的实际受力情况。组合梁受弯时塑性中和轴的位置有两种情况。当塑性中和轴位于混凝土翼板内时，整个钢梁均位于受拉区，不会产生局部屈曲。但当塑性中和轴位于钢梁腹板内时，受压区的钢梁上翼缘及腹板有可能产生局部压屈。

4）组合梁的纵向抗剪计算时，考虑混凝土翼板及板托的最不利受剪界面。在验算中，对于任意一个潜在的纵向剪切破坏界面，要求单位长度上纵向剪力的设计值不得超过单位长度上的界面抗剪强度。其中抗剪连接件的设计应满足每个剪跨区段内抗剪连接件的受剪承载力应不小于钢梁与混凝土翼板交界面的纵向剪力，逐段进行布置。

5）连续组合梁在中间支座附近的负弯矩区，会出现钢梁受压、混凝土翼板受拉的不利情况，因此在靠近板面的混凝土中应当配置纵向受拉钢筋。其弹性内力分析方法主要有不考虑混凝土开裂的分析方法和考虑混凝土开裂区影响的分析方法。塑性设计方法考虑到连续组合梁各潜在控制截面的延性和转动能力，允许结构形成一系列塑性铰而达到极限状态，塑性内力分析时可采用适当减小支座截面弯矩、相应地增大跨中截面弯矩的弯矩调幅法。

6）组合梁的挠度应分别按荷载的标准组合和准永久组合进行计算，其中较大值不应超过规范规定的挠度限值。组合梁的挠度计算可按结构力学公式进行，且在计算截面刚度时应将其转换为由一种材料（钢）组成的换算截面。采用柔性抗剪连接件的简支组合梁，其抗弯刚度应取考虑滑移效应的折减刚度；连续组合梁的挠度应按变刚度梁进行计算，还应验算负弯矩区混凝土翼板的最大裂缝宽度不超过规范限值。

思 考 题

6-1 混凝土板与钢梁通过抗剪连接件共同受力后的组合梁与没有连接的非组合梁受力

有何不同？

6-2　组合梁与钢梁和钢筋混凝土梁相比，有哪些主要特点？

6-3　什么情况下组合梁采用弹性设计方法？什么情况下采用塑性设计方法？

6-4　采用塑性设计方法时，对组合梁中的钢梁有何要求？

6-5　组合梁的弹性设计方法和塑性设计方法中分别采用了哪些基本假定？

6-6　简述组合梁的弹性和塑性设计方法的基本过程。

6-7　部分抗剪连接组合梁的受弯性能与完全抗剪连接组合梁有何不同？

6-8　采用塑性方法计算组合梁正截面承载力时，塑性中和轴在混凝土翼板内、钢梁翼缘内或钢梁腹板内时，哪一种情况下计算出的受弯承载力较大？

6-9　为什么要进行组合梁沿混凝土翼板及其板托的纵向界面的受剪承载力计算？

6-10　简述组合梁抗剪连接件的计算过程。

6-11　简述组合梁的挠度计算过程。

6-12　与简支组合梁相比，连续组合梁的受力性能有哪些特点？

6-13　简述组合梁在设计时，有哪些构造要求。

习　　题

6-1　某简支组合梁，计算跨度为 12m，间距 3.60m，截面尺寸如图 6-27 所示。混凝土强度等级为 C30，钢材为 Q345。使用阶段楼面活荷载标准值为 $2.5kN/m^2$，楼面铺装及吊顶荷载标准值为 $1.5kN/m^2$。施工时梁下设置足够的临时支撑。试分别按弹性方法和塑性方法验算其截面承载力。

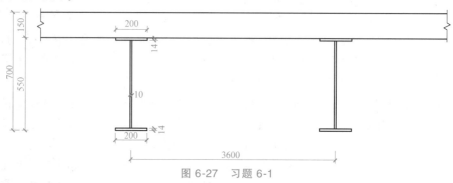

图 6-27　习题 6-1

6-2　试对习题 6-1 中的组合梁进行变形验算。已知活荷载的准永久值系数为 0.5，栓钉列数为 2，间距为 150mm，单个栓钉的受剪承载力设计值 N_v^c 为 56.6kN。

第 7 章

钢-混凝土组合剪力墙

7.1 概述

近年来，随着我国经济的快速发展和城市化进程的推进，超高层建筑在我国得到了迅速发展与应用。目前超高层建筑中常用的结构体系有框架-核心筒结构体系和筒中筒结构体系等。作为超高层结构中的主要竖向承重和抗侧力结构构件，核心筒剪力墙承担着巨大的轴力、弯矩和剪力作用。为使核心筒剪力墙具有足够的抗震承载能力和高轴向压力作用下的侧向变形能力，近年来发展形成了型钢混凝土剪力墙、钢板混凝土剪力墙和带钢斜撑混凝土剪力墙等多种组合剪力墙形式，并在工程中得到了较为广泛的应用。

7.2 组合剪力墙的受力性能和特点

7.2.1 型钢混凝土剪力墙

型钢混凝土剪力墙是指在钢筋混凝土剪力墙两端的边缘构件中或同时沿墙截面长度分布设置型钢后形成的剪力墙。按照配置钢骨截面形式的不同，型钢混凝土剪力墙可分为普通型钢混凝土剪力墙（图7-1a）和钢管混凝土剪力墙（图7-1b）。型钢（钢管）混凝土剪力墙中的型钢（钢管）可以提高剪力墙的压弯承载力、延性和耗能能力；提高剪力墙的平面外刚度，避免墙受压边缘在加载后期出现平面外失稳。型钢（钢管）的销栓作用和对墙体的约束作用可以提高剪力墙的受

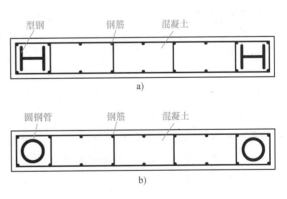

图 7-1 型钢混凝土剪力墙截面构造

a) 普通型钢混凝土剪力墙 b) 钢管混凝土剪力墙

剪承载力。剪力墙端部设置型钢后也易于实现与型钢混凝土梁或钢梁的可靠连接。钢管混凝土剪力墙中的钢管能够有效约束管内混凝土，因此其抗震性能优于普通型钢混凝土剪力墙。

图 7-2 所示为大剪跨比型钢混凝土剪力墙试件在轴向压力和往复水平力作用下的试验结

果。试件的截面尺寸为140mm×1100mm，两端220mm范围为约束边缘构件，配置有6Φ12的竖向钢筋和工字形型钢，边缘构件型钢含钢率为3.6%，两端160mm范围内的箍筋为Φ6@50，160~220mm范围内的箍筋为Φ6@100；竖向和水平分布钢筋的配筋率分别为0.6%和0.9%；试件采用的型钢屈服强度为282MPa，混凝土立方体抗压强度为43.4MPa；剪力墙的剪跨比为2.43，轴压比设计值为0.57。如图7-2所示，试件发生了弯曲破坏；由滞回曲线可知：由于型钢自身较高的强度和延性以及型钢对边缘构件内混凝土的约束作用，型钢混凝土剪力墙具有较高的承载力、变形能力和耗能能力。

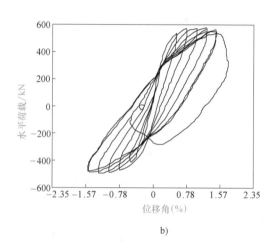

a)　　　　　　　　　　　　　　　b)

图7-2　大剪跨比型钢混凝土剪力墙试验结果

a）破坏形态　b）滞回曲线

7.2.2　钢板混凝土剪力墙

钢板混凝土剪力墙主要应用于高度超过400m的超高层建筑的核心筒底部。超高层建筑核心筒底部剪力墙的厚度一般由轴压比限值控制，在剪力墙中设置钢板后可降低剪力墙的轴压比，从而减小剪力墙厚度，减轻结构自重，提高建筑有效使用面积。由于钢材的抗剪强度是混凝土抗剪强度的几十倍，钢板混凝土剪力墙具有很高的受剪承载力，可承担核心筒底部的巨大剪力。

根据钢板布置方式的不同，钢板混凝土剪力墙可分为内置钢板混凝土剪力墙（图7-3a）和外包钢板混凝土剪力墙（图7-3b）。内置钢板混凝土剪力墙是在型钢混凝土剪力墙的基础上，进一步在墙体内设置钢板而形成的。内置钢板上需设置栓钉等抗剪连接件，保证钢板与外包混凝土协同变形。由于外包混凝土可约束钢板的平面外变形，从而有效防止钢板发生局部屈曲。外包钢板混凝土剪力墙是将钢板包在混凝土外侧，并通过一定的构造措施使钢板与混凝土协同工作而形成的剪力墙。外包钢板混凝土剪力墙的外包钢板可作为混凝土浇筑的模板使用，在使用阶段也可防止混凝土裂缝外露。因此，外包钢板混凝土剪力墙具有较好的正常使用性能和施工便利性，值得在工程中推广应用。

对于受弯控制的钢板混凝土剪力墙和型钢混凝土剪力墙，当剪力墙的配筋和轴压比接近时，两者的变形能力相近。对于剪跨比较小的剪力墙，由于钢板的抗剪贡献，钢板混凝土剪力墙仍具有较好的受力性能。图7-4所示为小剪跨比钢板混凝土剪力墙试件在轴向压力和往复水平力作用下的试验结果。试件的截面尺寸为120mm×1000mm，两端边缘构件内配置有4Φ20的纵向钢筋和工字形型钢，边缘构件型钢含钢率为5.7%；竖向和水平分布钢筋的配筋率均为0.59%，墙身钢板含钢率为4.7%；试件采用的型钢和钢板屈服强度度为369MPa，混凝土立方体抗压强度度为82MPa；剪力墙的剪跨比为1.0，轴压比设计值为0.42。如图7-4所示，虽然试件剪跨比较小，但由于钢板较强的抗剪能力，剪力墙仍发生了弯曲破坏，滞回曲线较为饱满，具有较高的延性和耗能能力。

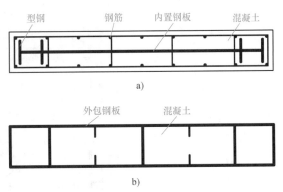

图7-3 钢板混凝土剪力墙截面构造

a) 内置钢板混凝土剪力墙 b) 外包钢板混凝土剪力墙

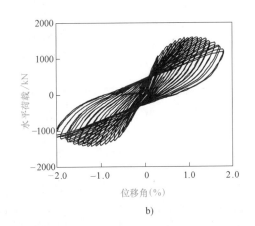

a)   b)

图7-4 小剪跨比钢板混凝土剪力墙试验结果

a) 破坏形态 b) 滞回曲线

7.2.3 带钢斜撑混凝土剪力墙

带钢斜撑混凝土剪力墙（图7-5）是在钢筋混凝土剪力墙内埋置型钢柱、型钢梁和钢支撑而形成的剪力墙。设置钢斜撑可显著提高剪力墙的受剪承载力，防止剪力墙发生剪切脆性破坏。带钢斜撑混凝土剪力墙主要用于超高层建筑核心筒中剪力需求较大的部位，如设伸臂桁架的楼层。钢斜撑上需设置栓钉，保证与周围混凝土协同工作。钢斜撑一般采用工字形截面，也可采用钢板斜撑。为保证钢板斜撑的受压稳定性，需要在斜撑周围加密拉筋，增强混凝土对钢板斜撑的约束作用。

图7-6所示为某小剪跨比带钢斜撑混凝土剪力墙在轴压向力和往复水平力作用下的试验结果。该剪力墙内配置有工字形型钢柱、工字形型钢梁和工字形型钢支撑。剪力墙两端带有翼缘，截面总高度为1470mm，翼缘宽度和高度分别为300mm和150mm，墙身厚度为140mm；两端边缘构件内配置有8Φ14和4Φ18的纵向钢筋和工字形型钢，边缘构件型钢含钢率为4.7%，箍筋的体积配箍率为2.0%；竖向和水平分布钢筋的配筋率分别为0.65%和0.75%；工字形型钢支撑的截面高度为126mm，翼缘宽度为42mm，翼缘和腹板厚度均为

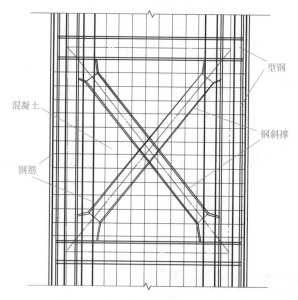

图 7-5　带钢斜撑混凝土剪力墙构造

5mm；型钢柱和梁的钢材牌号为 Q345，型钢支撑的钢材牌号为 Q235，混凝土立方体抗压强度为 41.2MPa；剪力墙的剪跨比为 1.06，轴压比设计值为 0.27。如图 7-6 所示，虽然剪力墙发生了剪切破坏，但由于钢斜撑屈服后具有较好的延性，剪力墙的滞回曲线无明显捏拢现象，呈现出较好的滞回特性。

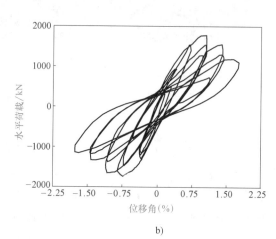

图 7-6　小剪跨比带钢斜撑混凝土剪力墙试验结果

a）破坏形态　b）滞回曲线

7.3　组合剪力墙的承载力验算

7.3.1　内力设计值

剪力墙应分别按持久、短暂设计状况以及地震设计状况进行荷载和荷载效应组合的计算，取控制截面的最不利组合内力值或对其调整后的组合内力值（统称为内力设计值）进行截面承载力验算。墙肢的控制截面一般取墙底截面以及改变墙厚、混凝土强度等级或竖向钢筋（型钢或钢板）配置的截面。

为了使墙肢的塑性铰出现在底部加强部位，避免底部加强部位以上的墙肢出现塑性铰，其弯矩设计值应按下述要求进行调整：抗震等级为特一级的剪力墙，底部加强部位的弯矩设计值乘以增大系数1.1，其他部位的弯矩设计值乘以增大系数1.3；抗震等级为一级的剪力墙，底部加强部位以上部位，墙肢的弯矩设计值乘以增大系数1.2；其他抗震等级剪力墙的弯矩设计值不做调整。

为了加强特一、一、二、三级剪力墙底部加强部位的受剪承载力，避免过早出现剪切破坏，实现强剪弱弯，墙肢截面组合的剪力设计值应按式（7-1）进行调整；特一、一、二、三级剪力墙的其他部位和四级剪力墙的剪力设计值可不调整。

$$V = \eta_{vw} V_w \tag{7-1}$$

9度一级剪力墙底部加强部位不按乘以增大系数调整剪力设计值，而按剪力墙的实际受弯承载力调整剪力设计值，即按下式调整

$$V = 1.1 \frac{M_{wua}}{M_w} V_w \tag{7-2}$$

式中 V——底部加强部位墙肢截面组合的剪力设计值；

    V_w——底部加强部位墙肢截面组合的剪力计算值；

  M_{wua}——墙肢底部截面按实配竖向钢筋面积、材料强度标准值和竖向力等计算的抗震受弯承载力所对应的弯矩值，有翼墙时应计入墙两侧各一倍翼墙厚度范围内的竖向钢筋；

    M_w——墙肢底部截面组合的弯矩设计值；

    η_{vw}——墙肢剪力放大系数，特一级为1.9（底部加强部位以上的其他部位为1.4），一级为1.6，二级为1.4，三级为1.2。

7.3.2 偏心受压承载力验算

（1）型钢混凝土剪力墙   型钢混凝土剪力墙偏心受压时，其正截面受压承载力应符合下列公式规定（图7-7）：

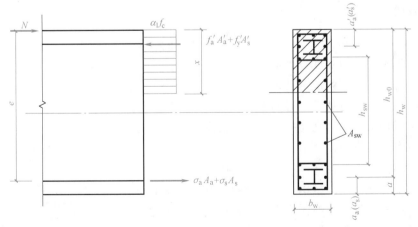

图 7-7   型钢混凝土剪力墙偏心受压时正截面受压承载力计算示意图

持久、短暂设计状况

$$N \leqslant \alpha_1 f_c b_w x + f_a' A_a' + f_y' A_s' - \sigma_a A_a - \sigma_s A_s + N_{sw} \tag{7-3}$$

$$Ne \leqslant \alpha_1 f_c b_w x \left(h_{w0} - \frac{x}{2} \right) + f_a' A_a' (h_{w0} - a_a') + f_y' A_s' (h_{w0} - a_s') + M_{sw} \tag{7-4}$$

地震设计状况

$$N \leqslant \frac{1}{\gamma_{RE}} \left[\alpha_1 f_c b_w x + f_a' A_a' + f_y' A_s' - \sigma_a A_a - \sigma_s A_s + N_{sw} \right] \tag{7-5}$$

$$Ne \leqslant \frac{1}{\gamma_{RE}} \left[\alpha_1 f_c b_w x \left(h_{w0} - \frac{x}{2} \right) + f_a' A_a' (h_{w0} - a_a') + f_y' A_s' (h_{w0} - a_s') + M_{sw} \right] \tag{7-6}$$

$$e = e_0 + \frac{h_w}{2} - a \tag{7-7}$$

$$e_0 = \frac{M}{N} \tag{7-8}$$

$$h_{w0} = h_w - a \tag{7-9}$$

N_{sw}、M_{sw} 应按下列公式计算：

当 $x \leqslant \beta_1 h_{w0}$ 时

$$N_{sw} = \left(1 + \frac{x - \beta_1 h_{w0}}{0.5 \beta_1 h_{sw}} \right) f_{yw} A_{sw} \tag{7-10}$$

$$M_{sw} = \left[0.5 - \left(\frac{x - \beta_1 h_{w0}}{\beta_1 h_{sw}} \right)^2 \right] f_{yw} A_{sw} h_{sw} \tag{7-11}$$

当 $x > \beta_1 h_{w0}$ 时

$$N_{sw} = f_{yw} A_{sw} \tag{7-12}$$

$$M_{sw} = 0.5 f_{yw} A_{sw} h_{sw} \tag{7-13}$$

受拉或受压较小边的钢筋应力 σ_s 和型钢翼缘应力 σ_a 可按下列规定计算：

当 $x \leqslant \xi_b h_{w0}$ 时　$\sigma_s = f_y$，$\sigma_a = f_a$。

当 $x > \xi_b h_{w0}$ 时　$\sigma_s = \frac{f_y}{\xi_b - \beta_1} \left(\frac{x}{h_{w0}} - \beta_1 \right)$，$\sigma_a = \frac{f_a}{\xi_b - \beta_1} \left(\frac{x}{h_{w0}} - \beta_1 \right)$

界限相对受压区高度　　　$$\xi_b = \frac{\beta_1}{1 + \frac{f_y + f_a}{2 \times 0.003 E_s}} \tag{7-14}$$

式中　f_y——钢筋的抗拉强度设计值；

　　　f_a——型钢的抗拉强度设计值；

　　　e_0——轴向压力对截面重心的偏心距；

　　　e——轴向力作用点到受拉型钢和纵向受拉钢筋合力点的距离；

　　　M——剪力墙弯矩设计值；

　　　N——剪力墙弯矩设计值 M 相对应的轴向压力设计值；

a_s、a_a——受拉端钢筋、型钢合力点至截面受拉边缘的距离；

a_s'、a_a'——受拉端钢筋、型钢合力点至截面受压边缘的距离；

　　　a——受拉端型钢和纵向受拉钢筋合力点到受拉边缘的距离；

x——受压区高度；

α_1——受压区混凝土压应力影响系数；

A_a、A_a'——剪力墙受拉、受压边缘构件阴影部分内（图7-11和图7-12）配置的型钢截面面积；

A_s、A_s'——剪力墙受拉、受压边缘构件阴影部分内（图7-11和图7-12）配置的纵向钢筋截面面积；

A_{sw}——剪力墙边缘构件阴影部分外的竖向分布钢筋总面积；

f_{yw}——剪力墙竖向分布钢筋抗拉强度设计值；

β_1——受压区混凝土应力图形影响系数；

N_{sw}——剪力墙竖向分布钢筋所承担的轴向力；

M_{sw}——剪力墙竖向分布钢筋合力对受拉型钢截面重心的力矩；

h_{sw}——剪力墙边缘构件阴影部分外的竖向分布钢筋配置高度；

h_{w0}——剪力墙截面有效高度；

b_w——剪力墙厚度；

h_w——剪力墙截面高度；

γ_{RE}——承载力抗震调整系数。

（2）钢板混凝土剪力墙　钢板混凝土剪力墙偏心受压时，其正截面受压承载力应符合下列公式规定（图7-8）：

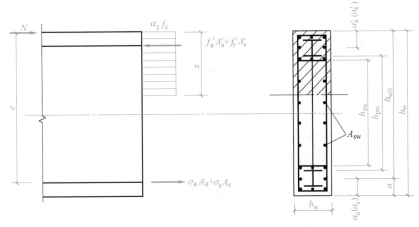

图7-8　钢板混凝土剪力墙偏心受压时正截面受压承载力计算示意图

持久、短暂设计状况

$$N \leqslant \alpha_1 f_c b_w x + f_a' A_a' + f_y' A_s' - \sigma_a A_a - \sigma_s A_s + N_{sw} + N_{pw} \tag{7-15}$$

$$Ne \leqslant \alpha_1 f_c b_w x \left(h_{w0} - \frac{x}{2} \right) + f_a' A_a' (h_{w0} - a_a') + f_y' A_s' (h_{w0} - a_s') + M_{sw} + M_{pw} \tag{7-16}$$

地震设计状况

$$N \leqslant \frac{1}{\gamma_{RE}} (\alpha_1 f_c b_w x + f_a' A_a' + f_y' A_s' - \sigma_a A_a - \sigma_s A_s + N_{sw} + N_{pw}) \tag{7-17}$$

$$Ne \leqslant \frac{1}{\gamma_{RE}}\left[\alpha_1 f_c b_w x\left(h_{w0}-\frac{x}{2}\right)+f'_a A'_a\left(h_{w0}-a'_a\right)+f'_y A'_s\left(h_{w0}-a'_s\right)+M_{sw}+M_{pw}\right] \tag{7-18}$$

$$e = e_0 + \frac{h_w}{2}-a \tag{7-19}$$

$$e_0 = \frac{M}{N} \tag{7-20}$$

$$h_{w0} = h_w - a \tag{7-21}$$

N_{sw}、N_{pw}、M_{sw}、M_{pw} 应按下列公式计算：

当 $x \leqslant \beta_1 h_{w0}$ 时

$$N_{sw}=\left(1+\frac{x-\beta_1 h_{w0}}{0.5\beta_1 h_{sw}}\right)f_{yw}A_{sw} \tag{7-22}$$

$$N_{pw}=\left(1+\frac{x-\beta_1 h_{w0}}{0.5\beta_1 h_{pw}}\right)f_p A_p \tag{7-23}$$

$$M_{sw}=\left[0.5-\left(\frac{x-\beta_1 h_{w0}}{\beta_1 h_{sw}}\right)^2\right]f_{yw}A_{sw}h_{sw} \tag{7-24}$$

$$M_{pw}=\left[0.5-\left(\frac{x-\beta_1 h_{w0}}{\beta_1 h_{pw}}\right)^2\right]f_p A_p h_{pw} \tag{7-25}$$

当 $x > \beta_1 h_{w0}$ 时

$$N_{sw}=f_{yw}A_{sw} \tag{7-26}$$

$$N_{pw}=f_p A_p \tag{7-27}$$

$$M_{sw}=0.5f_{yw}A_{sw}h_{sw} \tag{7-28}$$

$$M_{pw}=0.5f_p A_p h_{pw} \tag{7-29}$$

受拉或受压较小边的钢筋应力 σ_s 和型钢翼缘应力 σ_a 的计算与型钢混凝土剪力墙的规定相同。

式中　A_p——剪力墙截面内配置的钢板截面面积；

　　　　f_p——剪力墙截面内配置钢板的抗拉和抗压强度设计值；

　　　　β_1——受压区混凝土应力图形影响系数；

　　　　N_{pw}——剪力墙截面内配置钢板所承担的轴向力；

　　　　M_{pw}——剪力墙截面内配置钢板合力对受拉型钢截面重心的力矩；

　　　　h_{pw}——剪力墙截面内钢板配置高度；

其余符号意义同前。

（3）带钢斜撑混凝土剪力墙　由于钢斜撑对剪力墙的正截面受弯承载力的提高作用不明显，因此带钢斜撑混凝土剪力墙的正截面受压承载力计算中，可不考虑斜撑的压弯作用，按型钢混凝土剪力墙计算。

7.3.3　偏心受拉承载力验算

（1）型钢混凝土剪力墙　型钢混凝土剪力墙偏心受拉承载力采用 M-N 相关曲线受拉段近似线性计算，其计算公式如下：

持久、短暂设计状况

$$N \leqslant \frac{1}{\dfrac{1}{N_{0u}} + \dfrac{e_0}{M_{wu}}} \tag{7-30}$$

地震设计状况

$$N \leqslant \frac{1}{\gamma_{RE}} \left(\frac{1}{\dfrac{1}{N_{0u}} + \dfrac{e_0}{M_{wu}}} \right) \tag{7-31}$$

N_{0u}、M_{wu} 应按下列公式计算

$$N_{0u} = f_y(A_s + A_s') + f_a(A_a + A_a') + f_{yw}A_{sw} \tag{7-32}$$

$$M_{wu} = f_y A_s (h_{w0} - a_s') + f_a A_a (h_{w0} - a_a') + f_{yw}A_{sw}\left(\frac{h_{w0} - a_s'}{2}\right) \tag{7-33}$$

式中　N——型钢混凝土剪力墙轴向拉力设计值；

　　　e_0——型钢混凝土剪力墙轴向拉力对截面重心的偏心距；

　　　N_{0u}——型钢混凝土剪力墙轴向受拉承载力；

　　　M_{wu}——型钢混凝土剪力墙轴向受弯承载力；

　　　其余符号意义同前。

（2）钢板混凝土剪力墙　钢板混凝土剪力墙偏心受拉承载力采用 $M\text{-}N$ 相关曲线受拉段近似线性计算，其计算公式如下：

持久、短暂设计状况

$$N \leqslant \frac{1}{\dfrac{1}{N_{0u}} + \dfrac{e_0}{M_{wu}}} \tag{7-34}$$

地震设计状况

$$N \leqslant \frac{1}{\gamma_{RE}} \left(\frac{1}{\dfrac{1}{N_{0u}} + \dfrac{e_0}{M_{wu}}} \right) \tag{7-35}$$

N_{0u}、M_{wu} 应按下列公式计算

$$N_{0u} = f_y(A_s + A_s') + f_a(A_a + A_a') + f_{yw}A_{sw} + f_p A_p \tag{7-36}$$

$$M_{wu} = f_y A_s (h_{w0} - a_s') + f_a A_a (h_{w0} - a_a') + f_{yw}A_{sw}\left(\frac{h_{w0} - a_s'}{2}\right) + f_p A_p \left(\frac{h_{w0} - a_a'}{2}\right) \tag{7-37}$$

式中　N——钢板混凝土剪力墙轴向拉力设计值；

　　　e_0——钢板混凝土剪力墙轴向拉力对截面重心的偏心距；

　　　N_{0u}——钢板混凝土剪力墙轴向受拉承载力；

　　　M_{wu}——钢板混凝土剪力墙无轴力时的受弯承载力；

　　　A_p——剪力墙截面内配置的钢板截面面积；

　　　f_p——剪力墙截面内配置钢板的抗拉和抗压强度设计值；

　　　其余符号意义同前。

（3）带钢斜撑混凝土剪力墙 由于钢斜撑对剪力墙的正截面受弯承载力的提高作用不明显，因此带钢斜撑混凝土剪力墙的正截面受拉承载力计算中，可不考虑斜撑的拉弯作用，按型钢混凝土剪力墙计算。

7.3.4 斜截面受剪承载力验算

（1）型钢混凝土剪力墙 型钢混凝土剪力墙的剪力主要由钢筋混凝土墙体承担。为避免墙肢剪应力水平过高，组合剪力墙中的钢筋混凝土墙体发生斜压脆性破坏，墙肢截面应大于最小受剪截面。由于端部型钢的销栓作用和对墙体的约束可提高剪力墙的受剪承载力，型钢混凝土剪力墙的受剪截面控制中，可扣除型钢的受剪承载力贡献，具体规定如下：

持久、短暂设计状况

$$V_{cw} \leqslant 0.25\beta_c f_c b_w h_{w0} \tag{7-38}$$

$$V_{cw} = V - \frac{0.4}{\lambda}f_a A_{a1} \tag{7-39}$$

地震设计状况

剪跨比 $\lambda > 2.5$

$$V_{cw} \leqslant \frac{1}{\gamma_{RE}}(0.20\beta_c f_c b_w h_{w0}) \tag{7-40}$$

剪跨比 $\lambda \leqslant 2.5$

$$V_{cw} \leqslant \frac{1}{\gamma_{RE}}(0.15\beta_c f_c b_w h_{w0}) \tag{7-41}$$

$$V_{cw} = V - \frac{0.32}{\lambda}f_a A_{a1} \tag{7-42}$$

型钢混凝土偏心受压（受拉）剪力墙，其斜截面受剪承载力计算公式如下（图7-9）：

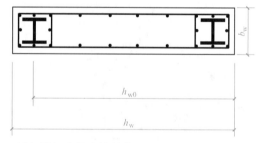

图7-9 型钢混凝土剪力墙斜截面受剪承载力计算参数示意图

持久、短暂设计状况

$$V \leqslant \frac{1}{\lambda - 0.5}\left(0.5f_t b_w h_{w0} + 0.13N\frac{A_w}{A}\right) + f_{yh}\frac{A_{sh}}{s}h_{w0} + \frac{0.4}{\lambda}f_a A_{a1} \tag{7-43}$$

地震设计状况

$$V \leqslant \frac{1}{\gamma_{RE}}\left[\frac{1}{\lambda - 0.5}\left(0.4f_t b_w h_{w0} + 0.1N\frac{A_w}{A}\right) + 0.8f_{yh}\frac{A_{sh}}{s}h_{w0} + \frac{0.32}{\lambda}f_a A_{a1}\right] \tag{7-44}$$

式中 V_{cw}——仅考虑由墙肢截面钢筋混凝土部分承受的剪力设计值；

β_c——混凝土强度影响系数，混凝土强度等级不超过 C50 时取 1.0，混凝土强度为 C80 时取 0.8，C50~C80 之间取线性插值；

f_c——混凝土轴心抗压强度设计值；

f_a——型钢的抗拉强度设计值；

f_{a1}——剪力墙一端所配型钢的截面面积，当两端所配型钢截面面积不同时，取较小一端的面积；

λ——计算截面处的剪跨比，$\lambda = M/(Vh_{w0})$；当 $\lambda < 1.5$ 时，取 1.5；当 $\lambda > 2.2$ 时，取 2.2；此处，M 为与剪力设计值 V 对应的弯矩设计值，当计算截面与墙底之间距离小于 $0.5h_{w0}$ 时，应按距离墙底 $0.5h_{w0}$ 处的弯矩设计值与剪力设计值计算；

b_w、h_{w0}——墙肢截面腹板厚度和有效高度；

γ_{RE}——承载力抗震调整系数；

f_t——混凝土抗拉强度设计值；

N——剪力墙的轴向力（轴向压力或拉力）设计值，若剪力墙受压，N 取正值，且 $N > 0.2f_c b_w h_w$ 时，取 $0.2f_c b_w h_w$；若剪力墙受拉，N 取负值，且式（7-43）中 $0.5f_t b_w h_{w0} + 0.13NA_w/A < 0$ 时，取 0，式（7-44）中 $0.4f_t b_w h_{w0} + 0.1NA_w/A < 0$ 时，取 0；

A、A_w——墙肢全截面面积和墙肢的腹板面积，矩形截面 $A = A_w$；

f_{yh}——剪力墙水平分布钢筋抗拉强度设计值；

A_{sh}——配置在同一水平截面内的水平分布钢筋的全部截面面积；

s——水平分布钢筋间距。

带边框型钢混凝土偏心受压（受拉）剪力墙，其斜截面受剪承载力计算公式如下（图 7-10）：

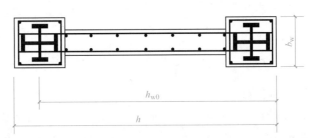

图 7-10　带边框型钢混凝土剪力墙斜截面受剪承载力计算参数示意图

持久、短暂设计状况

$$V \leqslant \frac{1}{\lambda - 0.5}\left(0.5\beta_r f_t b_w h_{w0} + 0.13N\frac{A_w}{A}\right) + f_{yh}\frac{A_{sh}}{s}h_{w0} + \frac{0.4}{\lambda}f_a A_{a1} \tag{7-45}$$

地震设计状况

$$V \leqslant \frac{1}{\gamma_{RE}}\left[\frac{1}{\lambda - 0.5}\left(0.4\beta_r f_t b_w h_{w0} + 0.1N\frac{A_w}{A}\right) + 0.8f_{yh}\frac{A_{sh}}{s}h_{w0} + \frac{0.32}{\lambda}f_a A_{a1}\right] \tag{7-46}$$

式中　V——带边框型钢混凝土剪力墙整个墙肢截面的剪力设计值；

N——剪力墙整个墙肢截面的轴向压力（拉力）设计值，若剪力墙受压，N 取正值；

若剪力墙受拉，N 取负值，且式（7-45）中 $0.5\beta_r f_t b_w h_{w0}+0.13NA_w/A<0$ 时，取 0，式（7-46）中 $0.4\beta_r f_t b_w h_{w0}+0.1NA_w/A<0$ 时，取 0；

A_{a1}——带边框型钢混凝土剪力墙一端边框柱中宽度等于墙肢厚度范围内的型钢面积；

β_r——周边柱对混凝土墙体的约束系数，取 1.2。

（2）钢板混凝土剪力墙 与型钢混凝土剪力墙类似，在钢板混凝土剪力墙的受剪截面控制中，可扣除型钢和钢板的受剪承载力贡献，具体规定如下：

持久、短暂设计状况

$$V_{cw} \leqslant 0.25\beta_c f_c b_w h_{w0} \tag{7-47}$$

$$V_{cw} = V - \left(\frac{0.3}{\lambda} f_a A_{a1} + \frac{0.6}{\lambda-0.5} f_p A_p \right) \tag{7-48}$$

地震设计状况

剪跨比 $\lambda>2.5$

$$V_{cw} \leqslant \frac{1}{\gamma_{RE}} (0.20\beta_c f_c b_w h_{w0}) \tag{7-49}$$

剪跨比 $\lambda \leqslant 2.5$

$$V_{cw} \leqslant \frac{1}{\gamma_{RE}} (0.15\beta_c f_c b_w h_{w0}) \tag{7-50}$$

$$V_{cw} = V - \frac{1}{\gamma_{RE}} \left(\frac{0.25}{\lambda} f_a A_{a1} + \frac{0.5}{\lambda-0.5} f_p A_p \right) \tag{7-51}$$

钢板混凝土偏心受压（受拉）剪力墙截面的受剪承载力采用叠加法计算，包括截面中部钢筋混凝土墙体、内置钢板和端部型钢的贡献，其斜截面受剪承载力的计算公式如下：

持久、短暂设计状况

$$V \leqslant \frac{1}{\lambda-0.5} \left(0.5 f_t b_w h_{w0} + 0.13 N \frac{A_w}{A} \right) + f_{yh} \frac{A_{sh}}{s} h_{w0} + \frac{0.3}{\lambda} f_a A_{a1} + \frac{0.6}{\lambda-0.5} f_p A_p \tag{7-52}$$

地震设计状况

$$V \leqslant \frac{1}{\gamma_{RE}} \left[\frac{1}{\lambda-0.5} \left(0.4 f_t b_w h_{w0} + 0.1 N \frac{A_w}{A} \right) + 0.8 f_{yh} \frac{A_{sh}}{s} h_{w0} + \frac{0.25}{\lambda} f_a A_{a1} + \frac{0.5}{\lambda-0.5} f_p A_p \right] \tag{7-53}$$

式中 f_t——混凝土抗拉强度设计值；

N——钢板剪力墙的轴力（轴向压力或拉力）设计值，若剪力墙受压，N 取正值，且 $N>0.2f_c b_w h_w$ 时，取 $0.2f_c b_w h_w$；若剪力墙受拉，N 取负值，且式（7-52）中 $0.5f_t b_w h_{w0}+0.13NA_w/A<0$ 时，取 0，式（7-53）中 $0.4f_t b_w h_{w0}+0.1NA_w/A<0$ 时，取 0；

f_a——型钢的抗拉强度设计值；

A_{a1}——剪力墙一端所配型钢的截面面积，当两端所配型钢截面面积不同时，取较小一端的面积。

f_p——剪力墙截面内配置钢板的抗拉和抗压强度设计值；

A_p——剪力墙截面内配置的钢板截面面积；

γ_{RE}——承载力抗震调整系数；

其余符号意义同前。

（3）带钢斜撑混凝土剪力墙　在带钢斜撑混凝土剪力墙的受剪截面控制中，可扣除型钢和钢斜撑的受剪承载力贡献，具体规定如下：

持久、短暂设计状况

$$V_{cw} \leqslant 0.25\beta_c f_c b_w h_{w0} \tag{7-54}$$

$$V_{cw} = V - \left[\frac{0.3}{\lambda} f_a A_{a1} + (f_g A_g + \varphi f'_g A'_g) \cos\alpha \right] \tag{7-55}$$

地震设计状况：

剪跨比 $\lambda > 2$

$$V_{cw} \leqslant \frac{1}{\gamma_{RE}} (0.20\beta_c f_c b_w h_{w0}) \tag{7-56}$$

剪跨比 $\lambda \leqslant 2$

$$V_{cw} \leqslant \frac{1}{\gamma_{RE}} (0.15\beta_c f_c b_w h_{w0}) \tag{7-57}$$

$$V_{cw} = V - \frac{1}{\gamma_{RE}} \left[\frac{0.25}{\lambda} f_a A_{a1} + 0.8(f_g A_g + \varphi f'_g A'_g) \cos\alpha \right] \tag{7-58}$$

钢斜撑可有效提高剪力墙受剪承载力，其斜截面受剪承载力的验算公式如下：

持久、短暂设计状况

$$V \leqslant \frac{1}{\lambda - 0.5} \left(0.5 f_t b_w h_{w0} + 0.13 N \frac{A_w}{A} \right) + f_{yh} \frac{A_{sh}}{s} h_{w0} + \frac{0.3}{\lambda} f_a A_{a1} + (f_g A_g + \varphi f'_g A'_g) \cos\alpha \tag{7-59}$$

地震设计状况

$$V \leqslant \frac{1}{\gamma_{RE}} \left[\frac{1}{\lambda - 0.5} \left(0.4 f_t b_w h_{w0} + 0.1 N \frac{A_w}{A} \right) + 0.8 f_{yh} \frac{A_{sh}}{s} h_{w0} + \frac{0.25}{\lambda} f_a A_{a1} + 0.8(f_g A_g + \varphi f'_g A'_g) \cos\alpha \right]$$
$$\tag{7-60}$$

式中　N——剪力墙的轴向力（轴向压力或拉力）设计值，若剪力墙受压，N 取正值，且 $N > 0.2 f_c b_w h_w$ 时，取 $0.2 f_c b_w h_w$；若剪力墙受拉，N 取负值，且式（7-59）中 $0.5 f_t b_w h_{w0} + 0.13 N A_w/A < 0$ 时，取 0，式（7-60）中 $0.4 f_t b_w h_{w0} + 0.1 N A_w/A < 0$ 时，取 0；

f_g、f'_g——剪力墙受拉、受压钢斜撑的强度设计值；

A_g、A'_g——剪力墙钢受拉、受压斜撑的截面面积；

φ——受压斜撑面外稳定系数，按现行国家标准 GB 50017《钢结构设计标准》的规定计算；

α——斜撑与水平方向的倾斜角度；

γ_{RE}——承载力抗震调整系数；

其余符号意义同前。

7.4　组合剪力墙的构造要求

7.4.1　轴压比限值

随着建筑高度的增加，剪力墙墙肢的轴向压力增大。轴压比是影响剪力墙变形能力的主要因素之一；对于相同情况的剪力墙，随着轴压比的增大，剪力墙的变形能力减小。为了保证剪力墙具有足够的变形能力，有必要限制剪力墙的轴压比。各类结构的特一、一、二、三级剪力墙在重力荷载代表值作用下的墙肢轴压比限值见表7-1。组合剪力墙轴压比计算中考虑型钢和钢板的贡献；型钢混凝土剪力墙和带钢斜撑混凝土剪力墙的轴压比按式（7-61）计算，钢板混凝土剪力墙的轴压比按式（7-62）计算。

$$n = \frac{N}{f_c A_c + f_a A_a} \quad\quad (7\text{-}61)$$

$$n = \frac{N}{f_c A_c + f_a A_a + f_p A_p} \quad\quad (7\text{-}62)$$

式中　N——墙肢在重力荷载代表值作用下轴向压力设计值；

　　　A_a——剪力墙两端暗柱中全部型钢截面面积；

　　　A_p——剪力墙截面内配置的钢板截面面积。

表 7-1　组合剪力墙轴压比限值

抗震等级	特一级、一级（9度）	一级（6、7、8度）	二、三级
轴压比限值	0.4	0.5	0.6

7.4.2　边缘构件

剪力墙墙肢两端设置边缘构件是改善剪力墙延性的重要措施。边缘构件分为约束边缘构件和构造边缘构件两类。试验研究表明，轴压比低的墙肢，即使其端部设置构造边缘构件，在轴向力和水平力作用下仍然有比较大的弹塑性变形能力。特一、一、二、三级剪力墙墙肢底截面在重力荷载代表值作用下的轴压比大于表7-2的规定时，以及部分框支剪力墙结构的剪力墙，应在底部加强部位及相邻的上一层设置约束边缘构件。墙肢截面轴压比不大于表7-2的规定时，剪力墙可设置构造边缘构件。

表 7-2　组合剪力墙可不设约束边缘构件的最大轴压比

抗震等级	特一级、一级（9度）	一级（6、7、8度）	二、三级
轴压比限值	0.1	0.2	0.3

（1）型钢混凝土剪力墙　型钢混凝土剪力墙约束边缘构件包括暗柱（矩形截面墙的两端，带端柱墙的矩形端，带翼墙的矩形端）、端柱和翼墙（图7-11）三种形式。端柱截面边长不小于2倍墙厚，翼墙长度不小于其3倍厚度，不足时视为无端柱或无翼墙，按暗柱要求设置约束边缘构件。约束边缘构件的构造主要包括三个方面：沿墙肢的长度 l_c、箍筋配箍特征值 λ_v 以及竖向钢筋最小配筋率。表7-3列出了约束边缘构件沿墙肢的长度 l_c 及箍筋配箍特征值 λ_v 的要求。约束边缘构件沿墙肢的长度除应符合表7-3的规定外，约束边缘构件为暗柱时，还不应小于墙厚和400mm的较大者，有端柱、翼墙或转角墙时，还不应小于翼墙厚度或端柱沿墙肢方向截面高度加300mm。特一、一、二、三级抗震等级的型钢混凝土剪力墙端部约束边缘构件的纵向钢筋截面面积分别不应小于图7-11中阴影部分面积的1.4%、1.2%、1.0%、1.0%。由表7-3可以看出，约束边缘构件沿墙肢长度、配箍特征值与设防烈度、抗震等级和墙肢轴压比有关，而约束边缘构件沿墙肢长度还与其形式有关。

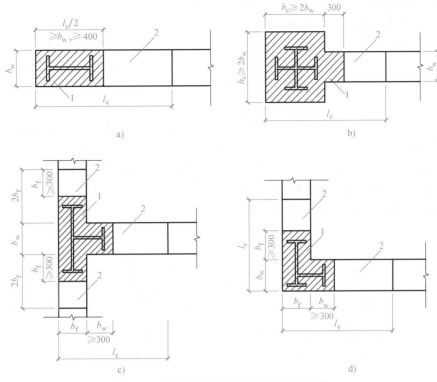

图 7-11　型钢混凝土剪力墙约束边缘构件

a）暗柱　b）端柱　c）翼墙　d）转角墙

1—阴影部分　2—非阴影部分

表 7-3　型钢混凝土剪力墙约束边缘构件沿墙肢长度 l_c 及配箍特征值 λ_v

抗震等级	特一级		一级（9 度）		一级（6、7、8 度）		二、三级	
轴压比	$n \leq 0.2$	$n > 0.2$	$n \leq 0.2$	$n > 0.2$	$n \leq 0.3$	$n > 0.3$	$n \leq 0.4$	$n > 0.4$
l_c（暗柱）	$0.2h_w$	$0.25h_w$	$0.2h_w$	$0.25h_w$	$0.15h_w$	$0.2h_w$	$0.15h_w$	$0.2h_w$
l_c（翼墙或端柱）	$0.15h_w$	$0.2h_w$	$0.15h_w$	$0.2h_w$	$0.10h_w$	$0.15h_w$	$0.10h_w$	$0.15h_w$
λ_v	0.14	0.24	0.12	0.20	0.12	0.20	0.12	0.20

注：h_w 为墙肢截面长度。

　　配箍特征值需要换算为体积配筋率，才能进一步确定箍筋配置。箍筋体积配筋率 ρ_v 按下式计算

$$\rho_v = \lambda_v \frac{f_c}{f_{yv}} \qquad (7\text{-}63)$$

式中　ρ_v——箍筋体积配筋率，计入箍筋、拉筋截面面积；当水平分布钢筋伸入约束边缘构件，绕过端部型钢后 90° 弯折延伸至另一排分布筋并勾住其竖向钢筋时，可计入水平分布钢筋截面面积，但计入的体积配箍率不应大于总体积配箍率的 30%；

　　　　λ_v——约束边缘构件的配箍特征值；

　　　　f_c——混凝土轴心抗压强度设计值；当强度等级低于 C35 时，按 C35 取值；

f_{yv}——箍筋及拉筋的抗拉强度设计值。

约束边缘构件长度 l_c 范围内的箍筋配置分为两部分：图 7-11 中的阴影部分为墙肢端部，压应力大，要求的约束程度高，其配箍特征值取表 7-3 规定的数值；图 7-11 中约束边缘构件的无阴影部分，压应力较小，其配箍特征值可为表 7-3 规定值的一半。约束边缘构件内纵向钢筋应有箍筋约束，当部分箍筋采用拉筋时，应配置不少于一道封闭箍筋。箍筋或拉筋沿竖向的间距，特一级、一级不宜大于 100mm，二、三级不宜大于 150mm。

除了要求设置约束边缘构件的各种情况外，剪力墙墙肢两端要设置构造边缘构件，如底层墙肢轴压比不大于表 2 的特一、一、二、三级剪力墙，四级剪力墙，特一、一、二、三级剪力墙约束边缘构件以上部位。型钢混凝土剪力墙构造边缘构件的范围按图 7-12 所示的阴影部分采用，其纵向钢筋、箍筋的设置应符合表 7-4 的规定。表 7-4 中，A_c 为边缘构件的截面面积，即图 7-12 所示剪力墙的阴影部分。

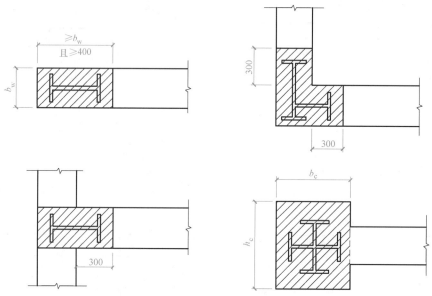

图 7-12　型钢混凝土剪力墙构造边缘构件

表 7-4　型钢混凝土剪力墙构造边缘构件的配筋要求

抗震等级	底部加强部位			其他部位		
	竖向钢筋最小量（取较大值）	箍筋		竖向钢筋最小量（取较大值）	拉筋	
		最小直径/mm	沿竖向最大间距/mm		最小直径/mm	沿竖向最大间距/mm
特一级	$0.012A_c$，$6\phi18$	8	100	$0.012A_c$，$6\phi18$	8	150
一级	$0.010A_c$，$6\phi16$	8	100	$0.008A_c$，$6\phi14$	8	150
二级	$0.008A_c$，$6\phi14$	8	150	$0.006A_c$，$6\phi12$	8	200
三级	$0.006A_c$，$6\phi12$	6	150	$0.005A_c$，$4\phi12$	6	200
四级	$0.005A_c$，$4\phi12$	6	200	$0.004A_c$，$4\phi12$	6	200

各种结构体系中的剪力墙，当下部采用型钢混凝土约束边缘构件，上部采用型钢混凝土

构造边缘构件或钢筋混凝土构造边缘构件时，为避免剪力墙承载力突变，宜在两类边缘构件间设置 1~2 层过渡层，其型钢、纵筋和箍筋配置可低于下部约束边缘构件的规定，但应高于上部构造边缘构件的规定。

型钢混凝土剪力墙边缘构件内型钢的混凝土保护层厚度不宜小于 150mm，水平分布钢筋应绕过墙端型钢，且符合钢筋锚固长度规定。

（2）钢板混凝土剪力墙 钢板混凝土剪力墙端部型钢周围应配置纵向钢筋和箍筋，组成内配型钢的约束边缘构件或构造边缘构件。边缘构件沿墙肢的长度、纵向钢筋和箍筋的设置要求同型钢混凝土剪力墙。钢板混凝土剪力墙约束边缘构件阴影部分的箍筋应穿过钢板或与钢板焊接形成封闭箍筋；阴影部分外的箍筋可采用封闭箍筋或与钢板有连接的拉筋。

（3）带钢斜撑混凝土剪力墙 带钢斜撑混凝土剪力墙端部型钢周围应配置纵向钢筋和箍筋，组成内配型钢的约束边缘构件或构造边缘构件。边缘构件沿墙肢的长度、纵向钢筋和箍筋的设置要求同型钢混凝土剪力墙。

7.4.3 分布钢筋

各类组合剪力墙的水平和竖向分布钢筋的最小配筋率应符合表 7-5 的规定。另外，特一级型钢混凝土剪力墙的底部加强部位的竖向和水平分布钢筋的最小配筋率为 0.4%。为增强钢板（钢斜撑）两侧钢筋混凝土对钢板（钢斜撑）的约束作用，防止钢板（钢斜撑）发生屈曲，同时加强钢筋混凝土部分与钢板（钢斜撑）的协同工作，钢板混凝土剪力墙和带钢斜撑混凝土剪力墙的水平和竖向分布钢筋的最小配筋率、间距等要求比型钢混凝土剪力墙更为严格。型钢混凝土剪力墙的分布钢筋间距不宜大于 300mm，直径不应小于 8mm，拉结钢筋间距不宜大于 600mm。钢板混凝土剪力墙和带钢斜撑混凝土剪力墙的分布钢筋间距不宜大于 200mm，拉结钢筋间距不宜大于 400mm。

表 7-5 组合剪力墙分布钢筋最小配筋率

抗震等级	剪力墙类型	水平和竖向分布钢筋
特一级	型钢混凝土剪力墙	0.35%
	钢板混凝土剪力墙 带钢斜撑混凝土剪力墙	0.45%
一级、二级、三级	型钢混凝土剪力墙	0.25%
	钢板混凝土剪力墙 带钢斜撑混凝土剪力墙	0.4%
四级	型钢混凝土剪力墙	0.2%
	钢板混凝土剪力墙 带钢斜撑混凝土剪力墙	0.3%

7.4.4 内置钢板

钢板混凝土剪力墙的内置钢板厚度不宜小于 10mm。为了保证钢板两侧的钢筋混凝土墙体能够有效约束内置钢板的侧向变形，使钢板与混凝土协同工作，内置钢板厚度与墙体厚度之比不宜大于 1/15。钢板混凝土剪力墙在楼层标高处应设置型钢暗梁，使墙内钢板处于四周约束状态，保证钢板发挥抗剪、抗弯作用。内置钢板与四周型钢宜采用焊接连接。钢板混凝土剪力墙的钢板两侧应设置栓钉，保证钢筋混凝土与钢板共同工作。栓钉布置应满足传递钢板和混凝土之间界面剪力的要求，栓钉直径不宜小于16mm，间距不宜大于300mm。

7.4.5 钢斜撑

带钢斜撑混凝土剪力墙在楼层标高处应设置型钢，其钢斜撑与周边型钢应采用刚性连接。为防止钢斜撑局部压屈变形，钢斜撑每侧混凝土厚度不宜小于墙厚的1/4，且不宜小于100mm。钢斜撑全长范围和横梁端1/5跨度范围内的型钢翼缘部位应设置栓钉，其直径不宜小于16mm，间距不宜大于200mm，以保证钢斜撑与钢筋混凝土之间的可靠连接。钢斜撑倾角宜取40°～60°。

7.5 组合剪力墙设计实例

某超高层框架-核心筒结构，7度抗震设防，设计基本地震加速度为0.1g，设计地震分组为第一组，Ⅱ类场地。核心筒底部某一字形剪力墙墙肢的长度为5m，根据建筑使用要求，剪力墙厚度确定为800mm。该剪力墙的抗震等级为一级。在重力荷载代表值作用下，该剪力墙底截面的轴向压力设计值为79.2MN。墙肢底截面有两组最不利组合的内力设计值：$M=85.2\text{MN·m}$，$N=-109\text{MN}$，$V=11.4\text{MN}$；$M=85.2\text{MN·m}$，$N=-51.6\text{MN}$，$V=11.4\text{MN}$。剪力墙的混凝土强度等级采用C60，纵筋和分布钢筋采用HRB400级钢筋，钢板和型钢采用Q355钢。试设计该剪力墙墙肢。

1. 轴压比限值计算

若采用钢筋混凝土剪力墙，轴压比

$$n=\frac{N}{f_c A_g}=\frac{79.2\times10^6}{27.5\times4\times10^6}=0.72$$

根据规范要求，抗震等级为一级（7度）时，钢筋混凝土剪力墙的轴压比限值为0.5。钢筋混凝土剪力墙 $n=0.72>0.5$，故不能采用钢筋混凝土剪力墙。

若采用型钢混凝土剪力墙，端部型钢采用 H 型钢，截面为 428mm×407mm×20mm×35mm，$A_a=36140\text{mm}^2$，型钢混凝土剪力墙的轴压比

$$n=\frac{N}{f_c A_c+f_a A_a}=\frac{79.2\times10^6}{27.5\times(4\times10^6-2\times36140)+295\times(2\times36140)}=0.61>0.5\text{（不满足要求）}$$

需采用钢板混凝土剪力墙，钢板长度取3750mm，则边缘构件内端部型钢的混凝土保护层厚度为

$$\frac{5000-3750-428\times2}{2}\text{mm}=197\text{mm}>150\text{mm}\text{（满足构造要求）}$$

设钢板厚度为 x，因为钢板混凝土剪力墙需满足轴压比设计，即

$$n=\frac{N}{f_c A_c+f_a A_a+f_p A_p}=\frac{79.2\times10^6}{27.5\times(4\times10^6-72280-3750x)+295\times72280+295\times3750x}<0.5$$

解得 $x>28.97\text{mm}$，即所需钢板最小厚度为29.0mm。

取钢板厚度为35mm，$A_p = 131250\text{mm}^2$，则采用钢板混凝土剪力墙的轴压比

$$n = \frac{N}{f_c A_c + f_a A_a + f_p A_p} = 0.48 < 0.5 \text{（满足要求）}$$

2. 边缘构件设计

由于轴压比 $n = 0.48 > 0.3$，查表 7-3 可知 $l_c = 0.2 h_w = 0.2 \times 5000\text{mm} = 1000\text{mm}$（$h_w$ 为墙肢截面长度）。当约束边缘构件为暗柱时，约束边缘构件长度不应小于墙厚和 400mm 的较大者，即 $l_c = 1000\text{mm} > \max(b_w = 800\text{mm}, 400\text{mm})$，符合要求，故 l_c 取值为 1000mm。

约束边缘构件阴影部分的长度取 $\max(b_w, 0.5 l_c, 400\text{mm}) = 800\text{mm}$。一级抗震等级的钢板混凝土剪力墙端部约束边缘构件的纵向钢筋截面面积不应小于计算阴影部分面积的 1.2%。即

$$A_s \geqslant 800\text{mm} \times 800\text{mm} \times 1.2\% = 76800\text{mm}^2$$

实配 20 根直径 25mm 的钢筋，$A_s = 9820\text{mm}^2$。

查表 7-3 可知，当 $n > 0.3$ 时，约束边缘构件的配箍特征值应为 0.20。$\lambda_v = 0.20$ 时箍筋体积配筋率

$$\rho_v = \lambda_v \frac{f_c}{f_{yv}} = 0.2 \times \frac{27.5}{360} = 1.53\%$$

箍筋直径 14mm，间距 80mm，布置方式如图 7-13 所示，则实际体积配筋率为 1.68%，满足要求。

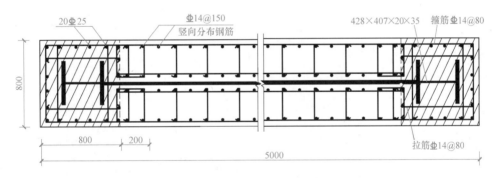

图 7-13　剪力墙算例配筋图

3. 偏心受压承载力验算

钢板混凝土剪力墙的分布钢筋间距不宜大于 200mm，查表 7-5 可知，抗震等级为一级时，钢板混凝土剪力墙分布钢筋最小配筋率为 0.4%。

根据构造要求，采用 4 排分布钢筋，钢筋直径采用 14mm，间距为 150mm，则分布钢筋配筋率为 $\dfrac{154 \times 4}{800 \times 150} = 0.51\% > 0.4\%$（符合要求）

剪力墙边缘构件阴影部分外的竖向分布钢筋总面积 $A_{sw} = 154 \times 4 \times 23\text{mm}^2 = 14168\text{mm}^2$。

受拉端钢筋、型钢合力点至截面受拉边缘的距离 $a_a = a_s = 197\text{mm} + \dfrac{428}{2}\text{mm} = 411\text{mm}$。

剪力墙边缘构件阴影部分外的竖向分布钢筋配置高度 $h_{sw} = 5000 - (411 \times 2 - 50) \times 2 = 3456\text{mm}$（50mm 为最外侧钢筋中心到剪力墙边缘的距离）。

受压区混凝土应力图形影响系数 β_1，当混凝土强度等级不超过 C50 时，β_1 取 0.8，当混凝土强度等级为 C80 时，β_1 取 0.74，其间按线性内插法确定。因为采用 C60，故 β_1 取 0.78。

钢筋弹性模量 $E_s = 2\times10^5\,\mathrm{N/mm^2}$。

界限相对受压区高度 $\xi_b = \dfrac{\beta_1}{1+\dfrac{f_y+f_a}{2\times0.003E_s}} = \dfrac{0.78}{1+\dfrac{360+295}{2\times0.003\times2\times10^5}} = 0.510$

$$h_{w0} = h_w - a = 5000\,\mathrm{mm} - 411\,\mathrm{mm} = 4589\,\mathrm{mm}$$

受压区混凝土应力影响系数 α_1，当混凝土强度等级不超过 C50 时，α_1 取 1.0，当混凝土强度等级为 C80 时，α_1 取 0.94，其间按线性内插法确定。因为采用 C60，故 α_1 取 0.98。

（1）对于第一组最不利荷载组合

$$N \leqslant \frac{1}{\gamma_{RE}}\left[\alpha_1 f_c b_w x + f'_a A'_a + f'_y A'_s - \sigma_a A_a - \sigma_s A_s + N_{sw} + N_{pw}\right]$$

假设 $x \leqslant \beta_1 h_{w0}$，$x \leqslant \xi_b h_{w0}$，则

$$N_{sw} = \left(1 + \frac{x - \beta_1 h_{w0}}{0.5\beta_1 h_{sw}}\right) f_{yw} A_{sw}$$

$$N_{pw} = \left(1 + \frac{x - \beta_1 h_{w0}}{0.5\beta_1 h_{pw}}\right) f_p A_p$$

$\sigma_s = f_y$；$\sigma_a = f_a$

所以

$$x = \frac{\gamma_{RE}N - \left(1 - \dfrac{\beta_1 h_{w0}}{0.5\beta_1 h_{sw}}\right) f_{yw} A_{sw} - \left(1 - \dfrac{\beta_1 h_{w0}}{0.5\beta_1 h_{pw}}\right) f_p A_p}{\alpha_1 f_c b_w + \dfrac{f_{yw} A_{sw}}{0.5\beta_1 h_{sw}} + \dfrac{f_p A_p}{0.5\beta_1 h_{pw}}}$$

$$= \frac{8.5\times10^{-1}\times1.09\times10^8 - \left(1 - \dfrac{0.78\times4589}{0.5\times0.78\times3456}\right)\times360\times14168 - \left(1 - \dfrac{0.78\times4589}{0.5\times0.78\times3750}\right)\times295\times131250}{0.98\times27.5\times800 + \dfrac{360\times14168}{0.5\times0.78\times3456} + \dfrac{295\times131250}{0.5\times0.78\times3750}}$$

$= 3032.5\,\mathrm{mm}$

$\beta_1 h_{w0} = 0.78\times4589\,\mathrm{mm} = 3579.42\,\mathrm{mm} > x > \xi_b h_{w0} = 0.510\times4589\,\mathrm{mm} = 2340.39\,\mathrm{mm}$

此时

$$\sigma_s = \frac{f_y}{\xi_b - \beta_1}\left(\frac{x}{h_{w0}} - \beta_1\right)$$

$$\sigma_a = \frac{f_a}{\xi_b - \beta_1}\left(\frac{x}{h_{w0}} - \beta_1\right)$$

将上式重新代回原式，解得

$$x = 2879.5\,\mathrm{mm} > \xi_b h_{w0} = 2340.39$$

$$M_{sw} = \left[0.5 - \left(\frac{x - \beta_1 h_{w0}}{\beta_1 h_{sw}}\right)^2\right] f_{yw} A_{sw} h_{sw} = \left[0.5 - \left(\frac{2879.5 - 0.78\times4589}{0.78\times3456}\right)^2\right]\times360\times14168\times3456\ \mathrm{N\cdot mm} =$$

$7.63\times10^{9}\,\text{N}\cdot\text{mm}$

$$M_{\text{pw}}=\left[0.5-\left(\frac{x-\beta_1 h_{\text{w0}}}{\beta_1 h_{\text{pw}}}\right)^2\right]f_{\text{p}}A_{\text{p}}h_{\text{pw}}=\left[0.5-\left(\frac{2879.5-0.78\times4589}{0.78\times3750}\right)^2\right]\times295\times131250\times3750\,\text{N}\cdot\text{mm}=$$

$6.42\times10^{10}\,\text{N}\cdot\text{mm}$

所以

$$\frac{1}{\gamma_{\text{RE}}}\left[\alpha_1 f_{\text{c}}b_{\text{w}}x\left(h_{\text{w0}}-\frac{x}{2}\right)+f'_{\text{a}}A'_{\text{a}}(h_{\text{w0}}-a'_{\text{a}})+f'_{\text{y}}A'_{\text{s}}(h_{\text{w0}}-a'_{\text{s}})+M_{\text{sw}}+M_{\text{pw}}\right]$$

$$=\frac{1}{0.85}\left[\begin{array}{l}0.98\times27.5\times800\times2879.5\times\left(4589-\frac{2879.5}{2}\right)+295\times36140\times(4589-411)+\\360\times9820\times(4589-411)+7.63\times10^{9}+6.42\times10^{10}\end{array}\right]\,\text{N}\cdot\text{mm}$$

$$=3.84\times10^{11}\,\text{N}\cdot\text{mm}$$

$$e_0=\frac{M}{N}=\frac{85.2\times10^{9}}{1.09\times10^{8}}\,\text{mm}=7.82\times10^{2}\,\text{mm}$$

$$e=e_0+\frac{h_{\text{w}}}{2}-a=7.82\times10^{2}\,\text{mm}+\frac{5000}{2}\,\text{mm}-411\,\text{mm}=2.87\times10^{3}\,\text{mm}$$

$Ne=(1.09\times10^{8}\times2.87\times10^{3})\,\text{N}\cdot\text{mm}=3.13\times10^{11}\,\text{N}\cdot\text{mm}<3.84\times10^{11}\,\text{N}\cdot\text{mm}$（承载力符合要求）

（2）对于第二组最不利荷载组合

假设 $x\le\beta_1 h_{\text{w0}}$，$x\le\xi_{\text{b}}h_{\text{w0}}$，解得 $x=20909.9\,\text{mm}<\xi_{\text{b}}h_{\text{w0}}=2340.39\,\text{mm}$，且 $x\le\beta_1 h_{\text{w0}}=3579.42\,\text{mm}$。假设成立。

此时

$$M_{\text{sw}}=\left[0.5-\left(\frac{x-\beta_1 h_{\text{w0}}}{\beta_1 h_{\text{sw}}}\right)^2\right]f_{\text{yw}}A_{\text{sw}}h_{\text{sw}}$$

$$=\left[0.5-\left(\frac{2090.9-0.78\times4589}{0.78\times3456}\right)^2\right]\times360\times14168\times3456\,\text{N}\cdot\text{mm}=3.44\times10^{9}\,\text{N}\cdot\text{mm}$$

$$M_{\text{pw}}=\left[0.5-\left(\frac{x-\beta_1 h_{\text{w0}}}{\beta_1 h_{\text{pw}}}\right)^2\right]f_{\text{p}}A_{\text{p}}h_{\text{pw}}$$

$$=\left[0.5-\left(\frac{5090.9-0.78\times4589}{0.78\times3750}\right)^2\right]\times295\times131250\times3750\,\text{N}\cdot\text{mm}=3.50\times10^{10}\,\text{N}\cdot\text{mm}$$

所以

$$\frac{1}{\gamma_{\text{RE}}}\left[\alpha_1 f_{\text{c}}b_{\text{w}}x\left(h_{\text{w0}}-\frac{x}{2}\right)+f'_{\text{a}}A'_{\text{a}}(h_{\text{w0}}-a'_{\text{a}})+f'_{\text{y}}A'_{\text{s}}(h_{\text{w0}}-a'_{\text{s}})+M_{\text{sw}}+M_{\text{pw}}\right]$$

$$=\left[\frac{0.98\times27.5\times800\times2090.9\times\left(4589-\frac{2090.9}{2}\right)+295\times36140\times(4589-411)}{0.85}+\frac{360\times9820\times(4589-411)+3.44\times10^{9}+3.50\times10^{10}}{0.85}\right]\,\text{N}\cdot\text{mm}$$

$$=3.03\times10^{11}\,\text{N}\cdot\text{mm}$$

$$e_0=\frac{M}{N}=\frac{85.2\times10^{9}}{51.6\times10^{6}}\,\text{mm}=1.65\times10^{3}\,\text{mm}$$

$$e = e_0 + \frac{h_w}{2} - a = 1.65 \times 10^3 \, \text{mm} + \frac{5000}{2} \, \text{mm} - 411 \, \text{mm} = 3.74 \times 10^3 \, \text{mm}$$

$Ne = (51.6 \times 10^6 \times 3.74 \times 10^3) \, \text{N} \cdot \text{mm} = 1.93 \times 10^{11} \, \text{N} \cdot \text{mm} < 3.03 \times 10^{11} \, \text{N} \cdot \text{mm}$（承载力符合要求）

综上所述，该钢板混凝土剪力墙满足偏心受压承载力计算。

4. 斜截面受剪承载力验算

为了加强一级剪力墙底部加强部位的受剪承载力，避免过早出现剪切破坏，实现强剪弱弯，墙肢截面组合的剪力设计值应按下式进行调整

$$V = \eta_{vw} V_w = (1.6 \times 11.4 \times 10^6) \, \text{N} = 1.82 \times 10^7 \, \text{N}$$

计算截面处的剪跨比 $\lambda = M/Vh_{w0}$：当 $\lambda < 1.5$ 时，取 1.5；当 $\lambda > 2.2$ 时，取 2.2。$\lambda = M/Vh_{w0} = 1.02 < 1.5$，故取 $\lambda = 1.5$。

因为剪跨比 $\lambda < 2.5$，所以

$$V_{cw} = V - \frac{1}{\gamma_{RE}} \left(\frac{0.25}{\lambda} f_a A_{a1} + \frac{0.5}{\lambda - 0.5} f_p A_p \right) = 1.82 \times 10^7 \, \text{N} - \frac{\dfrac{0.25}{1.5} \times 295 \times 36140 + \dfrac{0.5 \times 295 \times 131250}{1.5 - 0.5}}{0.85} \, \text{N}$$

$$= -6.67 \times 10^6 \, \text{N}$$

又 $\beta_c = 0.93$，所以

$$\frac{1}{\gamma_{RE}} (0.15 \beta_c f_c b_w h_{w0}) = \frac{0.15 \times 0.93 \times 27.5 \times 800 \times 4589}{0.85} \, \text{N} = 1.66 \times 10^7 \, \text{N} > V_{cw}$$（符合要求）

剪力墙的轴力设计值，若剪力墙受压，N 取正值，且 $N > 0.2 f_c b_w h_w$ 时，取 $0.2 f_c b_w h_w$。

$$N = \min(51.6 \times 10^6, 0.2 f_c b_w h_w) = 2.2 \times 10^7 \, \text{N} \cdot \text{mm}$$

$$\frac{1}{\gamma_{RE}} \left[\frac{1}{\lambda - 0.5} \left(0.4 f_t b_w h_{w0} + 0.1 N \frac{A_w}{A} \right) + 0.8 f_{yh} \frac{A_{sh}}{s} h_{w0} + \frac{0.25}{\lambda} f_a A_{a1} + \frac{0.5}{\lambda - 0.5} f_p A_p \right]$$

$$= \frac{\dfrac{0.4 \times 2.04 \times 800 \times 4589 + 0.1 \times 2.2 \times 10^7}{1.5 - 0.5} + 0.8 \times 360 \times \dfrac{616}{150} \times 4589 + \dfrac{0.25 \times 295 \times 36140}{1.5} + \dfrac{0.5 \times 295 \times 131250}{1.5 - 0.5}}{0.85} \, \text{N}$$

$$= 3.74 \times 10^7 \, \text{N} > V$$

综上所述，该钢板混凝土剪力墙满足斜截面受剪承载力验算。

本 章 小 结

1）相比普通钢筋混凝土剪力墙，组合剪力墙具有更高的承载力、延性和耗能能力。钢板混凝土剪力墙和带钢斜撑混凝土剪力墙具有较高的受剪承载力，适用于核心筒中剪力需求较大的部位。

2）组合剪力墙的偏心受压承载力计算采用基于平截面假定的计算方法，偏心受拉承载力采用 M-N 相关曲线受拉段近似线性计算，斜截面受剪承载力采用叠加方法进行计算。

3）组合剪力墙的轴压比需控制在一定限值以内，以保证剪力墙具有足够的变形能力。

4）组合剪力墙两端需设置边缘构件以改善剪力墙的延性。边缘构件沿墙肢的长度、纵向钢筋和箍筋的设置需满足相关构造要求。

思　考　题

7-1　钢-混凝土组合剪力墙有哪些类型？分别用在结构的哪些部位？

7-2　型钢混凝土剪力墙、钢板混凝土剪力墙和带钢斜撑混凝土剪力墙中，型钢、钢板和钢斜撑的受力作用分别有哪些？

7-3　如何控制各类组合剪力墙的受剪截面？

7-4　如何计算各类组合剪力墙的轴压比？

7-5　型钢混凝土剪力墙约束边缘构件的构造要求与哪些因素有关？

7-6　型钢混凝土剪力墙和钢板混凝土剪力墙的分布钢筋要求有何不同？并说明原因。

习　　题

7-1　某超高层框架-核心筒结构，7 度抗震设防，设计基本地震加速度为 0.15g，设计地震分组为第一组，Ⅲ类场地。核心筒底部某一字形剪力墙墙肢的长度为 7m，厚度为 1000mm，抗震等级为一级。在重力荷载代表值作用下，该剪力墙底截面的轴向压力设计值为 142MN。采用钢板混凝土剪力墙进行设计，混凝土强度等级采用 C60，纵筋和分布钢筋采用 HRB400 级钢筋，钢板和型钢采用 Q355 钢。试选取合适的端部型钢截面，并确定满足轴压比限值要求的最小钢板厚度。

7-2　某高层框架-核心筒结构，8 度抗震设防，设计基本地震加速度为 0.2g，设计地震分组为第二组，Ⅱ类场地。核心筒底部某一字形剪力墙墙肢的长度为 4m，厚度为 600mm，抗震等级为特一级。在重力荷载代表值作用下，该剪力墙底截面的轴向压力设计值为 28.5MN。墙肢底截面有两组最不利组合的内力设计值：$M = 35.8$MN·m，$N = -39.2$MN，$V = 5.12$MN；$M = 35.8$MN·m，$N = -10.3$MN，$V = 5.12$MN。剪力墙的混凝土强度等级采用 C60，纵筋和分布钢筋采用 HRB400 级钢筋，钢板和型钢采用 Q355 钢。试设计该剪力墙墙肢。

7-3　习题 7-2 中的剪力设计值提高为 $V = 8.05$MN，其他设计条件不变，试采用带钢斜撑混凝土剪力墙设计该墙肢。

第8章

其他组合结构

8.1 概述

随着工程结构的不断发展，研究人员和工程师在传统组合结构的基础上提出了很多新型组合结构形式，来满足特定条件下的应用需求。传统的组合结构及构件类型主要有压型钢板-混凝土组合板、钢-混凝土组合梁、型钢混凝土和钢管混凝土结构。新型组合结构总体上可分为两类：一类是对传统组合结构的发展，如中空夹层钢管混凝土、部分包裹混凝土组合柱以及钢管混凝土叠合柱等；另一类是结合新材料进行创新，如 FRP（Fiber Reinforced Polymer）包裹混凝土和 FRP 包裹钢管混凝土等。常见的 FRP 材料包括 CFRP（Carbon Fiber Reinforced Polymer）和 GFRP（Glass Fiber Reinforced Polymer）等。

沈阳皇朝万鑫国际大厦（图 8-1）是我国首座采用钢管混凝土叠合柱体系的高层建筑。该建筑地下 3 层、局部 5 层，占地面积 $10606m^2$，总建筑面积约 $250000m^2$，高度达 177m。采用叠合柱设计后，最大柱截面仅为 1200mm×1200mm，显著降低工程造价，加快施工进度，目前已成为沈阳城市金廊最具展示力的地标建筑。

浙江舟山大猫山岛输电塔（图 8-2）是目前世界最高、最重的铁塔，高 370m，重 5710t。该输电塔建于舟山凉帽山岛和大猫山岛，施工难度大、技术要求高。采用中空夹层钢管混凝土柱设计后，原方案中钢管壁厚超过 40mm 的难题得以解决，刷新了多项国内和国际纪录。

图 8-1　沈阳皇朝万鑫国际大厦

图 8-2　舟山大猫山岛输电塔

除了采用新型组合结构体系进行建筑的设计和施工外，还可以结合新材料，对既有建筑物进行加固修缮。纤维增强复合材料（简称 FRP）作为一种在土木工程中广泛应用的新型建筑材料，受到广泛关注。FRP 通过与混凝土或钢材组合，能够充分发挥各自优点，构成新型组合结构构件。目前常见的 FRP 包裹组合柱类型主要有 FRP 包裹钢管混凝土柱、FRP 包裹型钢混凝土柱和 FRP-混凝土-钢组合柱等。

8.2　FRP 包裹钢管混凝土柱

8.2.1　FRP 包裹钢管混凝土柱的概念与特点

FRP 包裹钢管混凝土柱（FRP Wrapped Steel Tube Concrete Column）是指将 FRP 以特定方式包裹在钢管表面，形成 FRP-钢复合管，并在管内浇筑混凝土；或在钢管混凝土表面包裹 FRP 形成的一种新型组合构件，主要截面形式如图 8-3 所示。

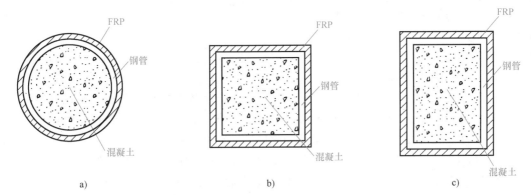

图 8-3　FRP 包裹钢管混凝土柱的主要截面形式

a）圆形截面　b）方形截面　c）矩形截面

FRP 包裹钢管混凝土柱具有下列特点：

1）强度及延性良好。外部 FRP 可为钢管和核心混凝土提供有效的约束，提高构件的整体强度，内部钢管保证柱子的刚度和延性，充分发挥两者不同的优势。

2）自重轻，适用范围广。钢管外包裹 FRP，可减小钢管壁厚，降低耗钢量，减轻构件自重，提高耗能能力。FRP 具有良好的化学性质，能够为钢管提供有效的防腐保护，同时通过合理设计 FRP 的加固形式，实现柱体力学性能的多样性，拓宽了柱的适用范围。

8.2.2　FRP 包裹钢管混凝土柱的轴心受力性能

从现有试验结果可以得到 FRP 包裹钢管混凝土柱轴心受压时的受力性能；本文以 FRP 部分包裹钢管混凝土短柱为例，简要介绍其轴心受压破坏模式及受力机理。

1. FRP 部分包裹钢管混凝土短柱轴压作用下的破坏模式

（1）FRP 断裂　FRP 的断裂主要集中于柱高度中部附近。由于 FRP 部分包裹钢管混凝土短柱在轴压作用下，柱高度中部向外鼓胀，FRP 将产生较大的横向变形，率先断裂破坏。

（2）核心混凝土局部压溃　核心混凝土的局部压溃区主要集中于柱高度附近非包裹区。相较于柱端及 FRP 包裹区，柱高度中部附近非包裹区约束作用较小，核心混凝土相应的极限受压应力比其他部位小。因此，该部分核心混凝土率先压溃。

（3）钢管局部屈曲　钢管在短柱非包裹区由于没有 FRP 条带的约束作用，在轴向压力较大时首先发生屈曲，进而导致核心混凝土局部压溃。

2. FRP 部分包裹钢管混凝土短柱轴压作用下的受力机理

基于试验和理论分析，FRP 部分包裹钢管混凝土短柱的轴向压力 N-变形 Δ 曲线的特征大致可以分为五个阶段，主要与钢材强度和 FRP 的约束效应系数有关，如图 8-4 所示。

（1）弹性阶段（OA） 在弹性阶段，钢管的压应力和 FRP 的拉应力表现为线性增长模式。当钢材起始进入弹塑性阶段时，曲线达到 B 点。

（2）弹塑性阶段（AB） 随着轴向荷载的进一步增加，N-Δ 曲线进入弹塑性阶段。钢管内核心混凝土在荷载作用下产生裂缝并不断开

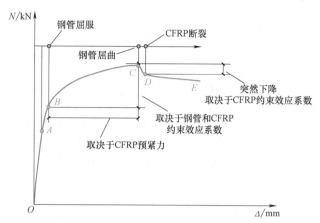

图 8-4　FRP 部分包裹钢管混凝土短柱的 N-Δ 曲线

展，使得混凝土和钢管相互接触，钢管对核心混凝土产生约束作用。随着变形的持续增大，钢管对核心混凝土的环向约束作用也越加明显。在 B 点时，钢材应力达到屈服强度。

（3）塑性强化阶段（BC） 进入塑性强化段后，钢材达到屈服强度后进一步强化。FRP 部分包裹钢管混凝土短柱荷载进一步提高。通过参数分析表明，B 点和 C 点的荷载级差随着构件的钢材强度和 FRP 提供的约束效应系数的增大而增大。而 B 点和 C 点之间的水平距离则随着 CFRP 预紧力的增大而减小。

（4）突然下降段（CD） N-Δ 曲线达到 C 点后，柱高度中部包裹的 FRP 条带达到其极限抗拉强度，发生断裂。随后，钢管混凝土失去 FRP 的约束作用，承载力急速下降。尤其是 C 点和 D 点的下降幅度随着 CFRP 约束效应系数的增大而增大。

（5）缓慢下降段（DE） 在 FRP 发生断裂，试件承载力急速下降后，钢管混凝土仍能承受一定的轴向荷载，并呈缓慢下降的趋势。

在试验基础上，可得 FRP 包裹钢管混凝土柱的轴心受压承载力计算公式

$$N_u = (0.95 + 1.3\xi_s)A_s f'_{co} + \xi_{ef} A_c f'_{co} \qquad (8-1)$$

式中　f'_{co}——非约束混凝土柱的极限抗压强度；

　　　ξ_s——钢管对核心混凝土的约束效应系数；

　　　ξ_{ef}——FRP 和钢管对核心混凝土的等效约束效应系数；

　　　A_c——核心混凝土的截面面积；

　　　A_s——钢管的截面面积。

8.3　FRP 包裹型钢混凝土柱

8.3.1　FRP 包裹型钢混凝土柱的概念与特点

FRP 包裹型钢混凝土柱（FRP Wrapped Steel Concrete Column），是指以 FRP 管为模板，内置钢骨，在 FRP 管内灌注混凝土形成的一种新型组合构件，主要截面形式如图 8-5 所示。

FRP 包裹型钢混凝土柱通过内置钢骨，解决了 FRP 管混凝土结构实际应用时易发生脆性破坏、延性性能差、耗能能力弱的缺陷。FRP 管对混凝土提供约束作用，使其处于三向

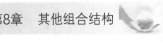

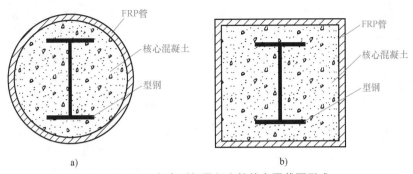

图 8-5 FRP 包裹型钢混凝土柱的主要截面形式

a）圆形截面 b）方形截面

受力状态，使得混凝土强度、塑性和韧性均得到改善；型钢提高构件承载能力的同时，增大了构件的延性和抗震性能；混凝土的存在又避免了 FRP 管过早发生局部破坏，保证其材料性能充分发挥。另外，该结构还具有下列特点：

（1）优良的耐腐蚀性能 FRP 包裹型钢混凝土柱可在暴露、具有腐蚀性及特殊的不利环境下使用。

（2）整体性能好 由于混凝土与 FRP 的线膨胀系数接近，受热后变形基本相同，整个结构产生的热应力较小，能够承受较为剧烈的温差变化。

（3）抗震性能好 FRP 材料质量较轻，强度较高，其弹性模量远大于钢材的弹性模量，使得采用 FRP 的建筑物自重明显降低，进而减少地震造成的危害。

8.3.2 FRP 包裹型钢混凝土柱的轴心受压性能

根据试验资料，FRP 包裹型钢混凝土柱的轴心受压过程可以分为三个阶段：

1）第一阶段：线弹性阶段。在荷载作用初期，轴压荷载与轴向位移有良好的线性关系，试件处于弹性工作状态，表面没有发现裂缝，可以认为此时型钢、FRP 管和混凝土具有较好的共同受力性能。

2）第二阶段：弹塑性阶段。随着轴向压力的增加，内部混凝土微裂缝不断产生，试件的轴压刚度减小，混凝土横向变形增大，FRP 管对内部混凝土产生环向约束力。当荷载增大至极限荷载的 65% 左右时，型钢与外包混凝土仍保持较好的协同工作性能，但型钢、FRP 管和混凝土共同受力工作的性能逐渐减弱。

3）第三阶段：强化阶段。随着荷载继续增加，试件内混凝土逐渐向外膨胀。当荷载达到极限荷载的 85% 左右时，可听到玻璃纤维开裂的声音，随后 FRP 管表面裂缝迅速扩展，FRP 管对混凝土的约束消失，承载力急剧降低。FRP 管随着混凝土横向变形的增加而对内部混凝土的约束应力随之增大，最终发生破坏。

8.4 FRP-混凝土-钢管组合柱

8.4.1 FRP-混凝土-钢管组合柱的概念与特点

FRP-混凝土-钢管组合柱（Hybrid FRP-Concrete-Steel Double Skin Tubular Column）由内

层钢管、外层 FRP 管和两者之间的夹层混凝土构成，其截面形式如图 8-6 所示。混凝土受到 FRP 管与钢管的双重约束，同时钢管的屈曲延缓，从而使组合柱具有较高的延性。同时，组合柱内层钢管的空心还有利于建筑结构中一些预埋管线的通过，便于施工布线。FRP-混凝土-钢管组合柱的特点与 FRP 包裹钢管混凝土柱类似。

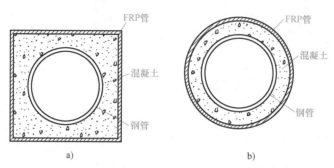

图 8-6　FRP-混凝土-钢管组合柱的主要截面形式

a）方形截面　b）圆形截面

8.4.2　FRP-混凝土-钢管组合柱的轴心受压性能

通过大量轴压试验表明，FRP-混凝土-钢管组合柱的轴向压力-应变曲线（图 8-7）与破坏形式（图 8-8）对应，可以归纳为三种：

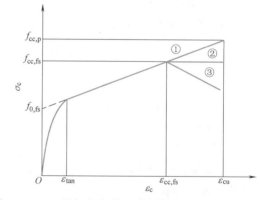

1）应变随轴向压力的增大而增大，直至达到最大轴向压力，如图 8-8a 所示。

2）应变随轴向压力的增大而增大，达到最大轴向压力，轴力保持不变，应变继续增大，如图 8-8b 所示。

3）应变随轴向压力的增大而增大，达到最大轴向压力后，轴力下降，应变继续增大，如图 8-8c 所示。

图 8-7　FRP-混凝土-钢管组合柱轴向压力-应变关系曲线

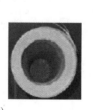

a）　　　　　　　　　　　　　　b）　　　　　　　　　　　　　　c）

图 8-8　FRP-混凝土-钢管组合柱的主要破坏形式

a）FRP 管纤维拉断破坏　b）FRP 管纤维拉断、钢管压屈破坏　c）整体压屈破坏

8.4.3　FRP-混凝土-钢管组合柱的轴心受压承载力计算

FRP-混凝土-钢管组合柱轴心受压承载力计算采用以下基本假定：

1）由于在轴向加载时不考虑 FRP 管对构件轴心受压承载力的贡献，因而可假设 FRP 管处于径向受压和环向受拉的双向应力状态。

2）在实际应用中，双层空心管柱中钢管的径厚比 d_e/t_2 一般大于 20，将其视为薄壁圆筒进行承载力分析更为合理。

3）内层钢管主要承担轴压作用，侧向抗压能力较弱，因而在承载力计算中仍用其屈服强度 σ_s。

极限承载力计算公式推导过程如下：

设 σ_{rf} 和 σ_{rs} 分别为外层 FRP 管和内层钢管对夹层混凝土所提供的侧向压力，其总侧向压力 σ_{rc} 为

$$\sigma_{rc} = \sigma_{rf} - \sigma_{rs} \tag{8-2}$$

利用材料力学知识可得

$$\sigma_{rf} = \frac{2t_o\sigma_{\theta f}}{D_o} \tag{8-3}$$

$$\sigma_{rs} = \frac{2t_i P_2}{D_i - t_i} \tag{8-4}$$

$$P_2 = \frac{2t_i(1+b)\sigma_s}{\dfrac{D_i}{2}(1+b+2a) + 2t_i\alpha b} \tag{8-5}$$

式中　t_o——外层 FRP 管的壁厚；

D_o——外层 FRP 管的内径；

$\sigma_{\theta f}$——外层 FRP 管所受环向拉应力；

σ_s——钢管的抗压强度；

t_i——内层钢管的壁厚；

D_i——内层钢管的外径；

P_2——薄壁钢管外压力的极限荷载。

将式（8-3）~式（8-5）代入式（8-2）可得

$$\sigma_{rc} = \frac{2t_o\sigma_{\theta f}}{D_o} - \frac{8t_i^2(1+b)\sigma_s}{(D_i - t_i)\left[(1+b+2\alpha)D_i + 4t_i\alpha b\right]} \tag{8-6}$$

核心混凝土处于三向受压应力状态，套箍作用使其抗压强度提高，由双剪统一强度理论可得

$$f_c' = f_c + k\sigma_{rc} \tag{8-7}$$

$$k = \frac{1+\sin\varphi}{1-\sin\varphi} \tag{8-8}$$

式中　f_c——混凝土的单轴抗压强度；

f_c'——提高后的混凝土抗压强度；

k——混凝土内摩擦角系数，对于钢管混凝土，取 $k = 1.5 \sim 3.0$，具体由试验确定。

FRP-混凝土-钢管组合柱的轴心受压承载力为

$$N = f'_c A_c + \sigma_s A_s$$

$$= \left\{ f_c + k \left[\frac{2t_o \sigma_{\theta f}}{D_o} - \frac{8t_i^2(1+b)\sigma_s}{(D_i-t_i)(1+b+2\alpha)D_i+4t_i\alpha b(D_i-t_i)} \right] \right\} \times \frac{\pi}{4}(D_o^2-D_i^2) + \sigma_s \pi t_2(D_i-t_i) \tag{8-9}$$

8.5 部分包裹混凝土组合柱

近年来，型钢混凝土柱在建筑和桥梁结构中得到广泛应用。这种结构具有钢筋混凝土结构刚度大、可成型性好的特点，也有钢结构施工经济性的优势。然而，利用全包裹混凝土组合形式对既有建筑的钢柱加固不易实现，且不经济，也不适合用于层数适中的钢结构。为此，有学者提出了部分包裹混凝土组合柱。

8.5.1 部分包裹混凝土组合柱的概念与特点

部分包裹混凝土组合柱（Partially Encased Concrete Composite Columns，简称 PEC 柱）是指在 H 型钢柱的腹板和翼缘之间填充混凝土，形成一种能够同时承受水平和竖向荷载的组合构件。根据翼缘宽厚比的不同，部分包裹混凝土组合柱分为厚实型和薄柔型两种，常见截面形式如图 8-9 所示。

部分包裹混凝土组合柱与传统柱相比，具有以下优势：

1）与 H 型钢柱相比，部分包混凝土组合柱提高了承载力和刚度，减小了横截面面积，但是延性降低较小；由于外包混凝土的保护作用，使型钢的直接受火面积减小，提高了构件的抗火能力。

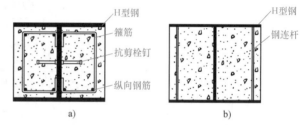

图 8-9 部分包裹混凝土组合柱截面形式

a）厚实型截面 b）薄柔型截面

2）与型钢混凝土柱相比，部分包裹混凝土组合柱的施工更加方便，降低工程造价。

部分包裹混凝土组合柱在新建和既有钢结构的工程加固应用中具有良好前景。

8.5.2 部分包裹混凝土组合柱的轴心受压承载力计算

通过部分包裹混凝土组合柱轴压试验，试验现象如下：随着荷载的不断增加，试件中部受压混凝土出现竖向裂缝，如图 8-10a 所示，发生劈裂破坏，H 型钢翼缘开始屈服；继续加载，中部两侧混凝土出现脱落，H 型钢翼缘出现局部屈曲，柱脚混凝土出现压碎脱落，H 型钢翼缘出现屈曲；最后试件整体绕弱轴弯曲（图 8-10b），承载力下降，试验停止。

试验表明，部分包裹混凝土组合柱在达到极限承载力之前，H 型钢与混凝土能够较好地共同受力工作，最终破坏模式主要是混凝土压碎，H 型钢翼缘发生屈曲。根据叠加原理，部分包裹混凝土组合柱的轴心受压承载力计算公式为

$$N = A_a f_a + 0.85 A_c f_c + A_s f_s \tag{8-10}$$

式中 f_s——钢筋的抗压强度设计值；

A_s——组合截面中钢筋截面面积；

f_a——钢材的抗压强度设计值；

A_a——组合截面中钢材毛截面面积；

f_c——混凝土的抗压强度设计值；

A_c——组合截面中混凝土截面面积；

0.85——考虑组合截面中钢材承载力滞后所引入的混凝土强度折减系数。

另外，在进行部分包裹混凝土组合柱设计时，截面轴心压力设计值须同时小于轴心受压承载力（又称强度承载力）和稳定承载力，其中稳定承载力可根据强度承载力乘以轴心受压构件稳定系数获得，计算长细比时，按组合截面中钢材毛截面计算回转半径。根据轴心受压构件稳定系数，对 H 型钢主轴采用 GB 50017—2017《钢结构设计标准》规定的 b 类曲线；对 H 型钢弱轴采用 GB 50017—2017《钢结构设计标准》规定的 c 类曲线。

a)   b)

图 8-10 部分包裹混凝土组合短柱试件破坏形态

a）混凝土出现竖向裂缝 b）试件整体绕弱轴弯曲

8.5.3 部分包裹混凝土组合柱的构造要求

1）钢材与钢筋面积之和不超过 20% 全截面面积。纵筋的配筋率不宜超过混凝土截面积的 6%。

2）翼缘宽厚比限制应满足：$b_1/t_f \leqslant 22\sqrt{235/f_y}$。

3）截面高宽比宜为 0.9~5.0。

4）系杆（连杆）与翼缘可采用角焊缝，要求等强焊接。系杆间距不宜大于 500mm 或截面最小尺寸 2/3 的较小值。系杆截面面积要求取下列数值的最大值：max｛78.5mm^2，0.01$b_f t$，0.5mm^2/每毫米系杆间距｝。

5）系杆混凝土的保护层厚度不宜小于 25mm。

6）腹板厚度宜不大于翼缘厚度。

8.6 中空夹层钢管混凝土柱

8.6.1 中空夹层钢管混凝土柱的概念与特点

中空夹层钢管混凝土柱（Concrete Filled Double Skin Steel Tubes Column）是指在钢管混

凝土基础上发展创新出的一种新型组合结构。它是将实心钢管混凝土中部的夹层混凝土用空心钢管替代而形成的组合构件。除了具有钢管混凝土的优点外，中空夹层钢管混凝土柱还具有截面开展、抗弯刚度大（相同自重情况下）、自重轻和防火性能好等特点，适用于在抗弯刚度和抗震性能方面有较高要求的结构，如高架桥、高层建筑和高耸结构等。中空夹层钢管混凝土柱常用截面形式如图 8-11 所示。

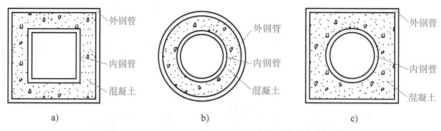

图 8-11 中空夹层钢管混凝土柱的常用截面形式

a）方套方截面 b）圆套圆截面 c）方套圆截面

8.6.2 中空夹层钢管混凝土柱的轴心受压性能

通过试验和理论分析，中空夹层钢管混凝土柱在轴心受压作用下的荷载-变形关系曲线可以分为四个阶段：

（1）弹性阶段 内、外钢管和夹层混凝土的相互作用力很小。由于钢管的泊松比（$\mu_s = 0.3$）大于混凝土的泊松比（$\mu_c = 0.2$），钢管的横向变形要大于混凝土，因此外钢管与夹层混凝土间有微小的拉应力，夹层混凝土对内钢管有微小的压应力。随着荷载增加，外钢管进入弹塑性阶段，内钢管过后进入弹塑性阶段，夹层混凝土中截面的纵向应力基本均匀分布。

（2）弹塑性阶段 进入弹塑性阶段后，夹层混凝土的纵向应力大幅增长。当接近圆柱体抗压强度 f_c 时，夹层混凝土微裂缝不断开展，其横向变形系数超过了外钢管的横向变形系数，外钢管对混凝土开始产生约束作用；内钢管对夹层混凝土的微小压应力逐渐减弱。由于与夹层混凝土的相互作用逐渐增大，外钢管先于内钢管达到屈服，进入塑性阶段；随后内钢管也达到屈服。在此阶段，混凝土截面的纵向应力分布仍然较为均匀。

（3）塑性阶段 在此阶段，夹层混凝土的纵向应力继续增长。随后，内、外钢管和夹层混凝土共同承载的荷载达到峰值，此时，夹层混凝土的纵向应力均超过其圆柱体抗压强度 f_c，说明外钢管对夹层混凝土的约束作用使得混凝土的强度有较大幅度的提高。由于外钢管与夹层混凝土相互作用的提高，使得夹层混凝土截面的纵向应力分布趋于不均匀，越靠近外管的夹层混凝土纵向应力越大。内钢管与夹层混凝土的相互作用力继续减小，并出现拉应力，表明此时内钢管与夹层混凝土有分离的趋势。

（4）下降阶段 内、外钢管和夹层混凝土共同承担的荷载达到峰值后，夹层混凝土承担的荷载很快达到峰值，此后，混凝土纵向应力值开始迅速降低。随着纵向应变的继续增长，外钢管对夹层混凝土的约束力不断增长，开始时增长较快；当夹层混凝土达到峰值应力后，增长速度逐渐减慢。由于混凝土向外的横向变形受到外钢管较强的约束，横向变形的速度减小，内钢管在进入弹塑性后的横向变形速度赶上了内混凝土，重新对混凝土产生压应力。

8.6.3 中空夹层钢管混凝土柱的轴心受压承载力计算

中空夹层钢管混凝土的轴心受压承载力计算如下

$$N \leqslant \varphi N_{u} \tag{8-11}$$

$$N_{u} = N_{osc,u} + N_{i,u} \tag{8-12}$$

式中 N——中空夹层钢管混凝土柱的轴心受压承载力设计值；

φ——轴心受压构件的稳定系数，根据中空夹层钢管混凝土规定查得；

N_{u}——轴心受压构件的强度承载力；

$N_{osc,u}$——外钢管和夹层混凝土的承载力，$N_{osc,u} = f_{osc}(A_{so} + A_{c})$；

$N_{i,u}$——内钢管的承载力，$N_{i,u} = f_{i}A_{si}$；

A_{so}——外钢管的截面面积；

A_{si}——内钢管的截面面积；

f_{i}——内钢管钢材的抗拉、抗压强度设计值。

外钢管和夹层混凝土的组合轴心受压强度设计值 f_{osc} 按下式计算：

1) 对于圆套圆中空夹层钢管混凝土

$$f_{osc} = C_{1}\chi^{2}f_{o} + C_{2}(1.14 + 1.02\xi_{o})f_{c} \tag{8-13}$$

2) 对于方套圆和矩形套矩形中空夹层钢管混凝土

$$f_{osc} = C_{1}\chi^{2}f_{o} + C_{2}(1.18 + 0.85\xi_{o})f_{c} \tag{8-14}$$

$$\xi_{o} = \frac{A_{so}f_{o}}{A_{ce}f_{c}} = \alpha_{n}\frac{f_{o}}{f_{c}} \tag{8-15}$$

式中 C_{1}——计算系数，$C_{1} = \alpha/(1+\alpha)$；

C_{2}——计算系数，$C_{2} = (1+\alpha_{n})/(1+\alpha)$；

ξ_{o}——构件截面名义约束效应系数设计值；

α——构件截面含钢率，$\alpha = A_{so}/A_{c}$；

α_{n}——构件截面含钢率；

A_{so}——外钢管的截面面积；

A_{c}——夹层混凝土的横截面面积；

A_{ce}——中空夹层钢管混凝土的核心混凝土的截面面积；

χ——中空夹层钢管混凝土的空心率；

f_{o}——外钢管钢材的抗拉、抗压和抗弯强度设计值；

f_{c}——夹层混凝土的轴心抗压强度设计值。

中空夹层钢管混凝土柱的轴心受拉承载力应满足

$$N \leqslant N_{ut} \tag{8-16}$$

式中 N_{ut}——中空夹层钢管混凝土轴心受拉构件的强度承载力，按下式计算：

1) 对于圆套圆中空夹层钢管混凝土

$$N_{ut} = (1.1 - 0.05\xi_{o})(1.09 - 1.06\chi)f_{o}A_{so} + f_{i}A_{si} \tag{8-17}$$

2) 对于方套圆和矩形套矩形中空夹层钢管混凝土

$$N_{ut} = 1.05f_{o}A_{so} + f_{i}A_{si} \tag{8-18}$$

式中 A_{si}——内钢管的截面面积；

f_i——内钢管钢材的抗拉、抗压强度设计值。

8.6.4 中空夹层钢管混凝土柱的构造要求

1）外钢管的外直径或最小外边长不宜小于 300mm，钢管壁厚不宜小于 4mm；混凝土最大骨料粒径不宜大于内、外钢管之间净间距的 1/3。外钢管的外直径 D 与壁厚 t_o 比值不得大于无混凝土时相应限值的 1.5 倍，即

圆管
$$\frac{D}{t_o} \leqslant 150\left(\frac{235}{f_{yo}}\right)$$

方管
$$\frac{B}{t_o} \leqslant 60\sqrt{\frac{235}{f_{yo}}}$$

矩形管
$$\frac{H}{t_o} \leqslant 60\sqrt{\frac{235}{f_{yo}}}$$

内钢管的径厚比限值应按现行国家标准 GB 50017—2017《钢结构设计标准》对于空钢管轴心受压构件的相应规定取值，且内钢管壁厚不宜小于 4mm。

2）中空夹层钢管混凝土的空心率宜为 0~0.75。空心率 χ 按下列公式计算：

对于圆套圆中空夹层钢管混凝土

$$\chi = \frac{D_i}{D-2t_o} \tag{8-19}$$

对于方套圆中空夹层钢管混凝土

$$\chi = \frac{D_i}{B-2t_o} \tag{8-20}$$

对于矩形套矩形中空夹层钢管混凝土

$$\chi = \sqrt{\frac{B_i H_i}{(B-2t_o)(H-2t_o)}} \tag{8-21}$$

式中 χ——柱截面空心率；

D_i——柱截面内钢管外直径；

D——柱截面外钢管外直径；

t_o——外钢管管壁厚度；

B_i——矩形套矩形中空夹层钢管混凝土的内钢管短边长；

B——方套圆中空夹层钢管混凝土的外钢管外边长，或矩形套矩形中空夹层钢管混凝土的外钢管短边长；

H_i——矩形套矩形中空夹层钢管混凝土的内钢管长边长；

H——矩形套矩形中空夹层钢管混凝土的外钢管长边长。

3）对于有抗震要求的中空夹层钢管混凝土，其单个截面的约束效应系数标准值 ξ 应处于 0.6~4.0 的范围内。约束效应系数标准值按下式计算

$$\xi = \frac{A_{so}f_{yo}}{A_{ce}f_{ck}} = \alpha_n \frac{f_{yo}}{f_{ck}} \tag{8-22}$$

式中 α_n——截面含钢率；

A_{so}——外钢管的横截面面积；

A_{ce}——核心混凝土横截面面积，$A_{ce}=\pi(D-2t_o)^2/4$；

f_{yo}——外钢管钢材的屈服强度；

f_{ck}——混凝土的轴心抗压强度标准值。

8.7 钢管混凝土叠合柱

8.7.1 钢管混凝土叠合柱的概念与特点

钢管混凝土叠合柱（Steel Tube Reinforced Concrete Column）由截面中部的钢管混凝土和钢管外的钢筋混凝土叠合形成。按照钢管内外混凝土是否同期浇筑，叠合柱可分为同期施工叠合柱和不同期施工叠合柱。其中，不同时期施工的叠合柱通过叠合二次受力，可以使管内混凝土承担总轴力的较大部分，充分发挥钢管混凝土柱轴压承载能力高的优点，弯矩主要由管外钢筋混凝土部分承担。常用钢管混凝土叠合柱的截面形式如图8-12所示。

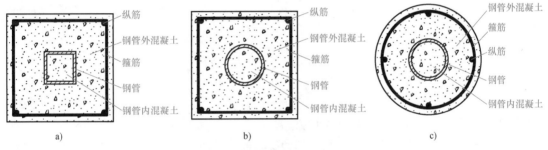

图8-12 钢管混凝土叠合柱截面形式

a）方套方截面 b）方套圆截面 c）圆套圆截面

钢管混凝土叠合柱具有承载力高、刚度大、良好的抗火性能和变形能力等特点，在实际工程中得到了广泛应用。与普通框架相比，采用钢管混凝土叠合柱的框架还具有以下特点：

1）简化了框架柱的施工工艺，节约了施工成本和周期。

2）一般情况下，框架梁内预应力筋和纵筋可方便从钢管两侧穿越梁柱节点，保证节点内钢管的连续贯通。

3）钢管可有效地提高节点核心区的受剪承载力和延性、优化节点受力性能，其内部钢管易于与钢梁连接。

8.7.2 钢管混凝土叠合柱的轴心受压性能

通过大量试验和理论分析，钢管混凝土叠合柱的轴心受压破坏过程可分为三个阶段，如图8-13所示：

1）第一阶段：钢管内部混凝土及外围箍筋约束混凝土的应力-应变曲线均处于上升阶段，直到外围混凝土达到峰值应变。

2）第二阶段：钢管内部混凝土的应力-应变曲线仍处于上升阶段，但外围混凝土的应力开始下降，直到内部混凝土达到峰值应变。

3）第三阶段：钢管内部及外围箍筋约束混凝土的应力均处于下降阶段，直至破坏。

因此，钢管混凝土叠合柱破坏开始于外围混凝土的压碎、剥落，箍筋外鼓。虽然在外围箍筋约束混凝土达到极限应变之后叠合柱的承载能力仍有提高，但此时已不能满足使用要求。因此，将轴压破坏第一阶段与第二阶段的临界点定义为钢管混凝土叠合柱的极限状态，将其对应的承载力定义为钢管混凝土叠合柱的极限承载力。第二阶段钢管内部混凝土应力的上升只作为强度储备，在设计时不予考虑。

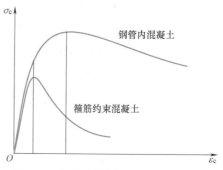

图 8-13　钢管内部混凝土与外围混凝土的应力-应变曲线

8.7.3　钢管混凝土叠合柱的轴心受压承载力计算

1）同期施工的叠合柱

$$N_{cc} = \frac{N E_{cc} A_{cc}(1+1.8\theta)}{E_{co} A_{co} + E_{cc} A_{cc}(1+1.8\theta)} \tag{8-23}$$

2）不同期施工的叠合柱

$$N_{cc} = \frac{(N-N_i) E_{cc} A_{cc}(1+1.8\theta)}{E_{co} A_{co} + E_{cc} A_{cc}(1+1.8\theta)} + N_i \tag{8-24}$$

$$N_{co} = N - N_{cc} \tag{8-25}$$

式中　N——叠合柱组合的轴向压力设计值；

N_{cc}——叠合柱钢管内混凝土承受的轴向压力设计值；

N_{co}——叠合柱钢管外混凝土承受的轴向压力设计值；

E_{cc}——叠合柱钢管内混凝土弹性模量；

E_{co}——叠合柱钢管外混凝土弹性模量；

N_i——浇筑钢管外混凝土前钢管混凝土已承受的轴向压力设计值，可考虑由施工阶段结构自重和施工荷载产生，荷载分项系数分别取 1.3 和 1.5；

θ——钢管混凝土套箍指标，计算方法见式（8-28）。

叠合柱中钢管混凝土承受的轴向压力设计值还应符合下列规定

$$N_{cc} \leqslant 0.9 N_u \tag{8-26}$$

$$N_u = \varphi_l f_{cc} A_{cc}(1+1.8\theta) \tag{8-27}$$

$$\theta = f_a A_a / (f_{cc} A_{cc}) \tag{8-28}$$

式中　φ_l——考虑长细比影响后，钢管混凝土柱轴心受压承载力的折减系数；

f_a——叠合柱钢管抗压强度设计值；

A_a——钢管截面面积；

f_{cc}——叠合柱钢管内混凝土抗压强度设计值；

A_{cc}——叠合柱钢管内混凝土截面面积。

钢管混凝土柱考虑长细比影响的轴心受压承载力折减系数 φ_l 可按下列规定计算：

1）当 $l_e/d_a \leqslant 4$ 时

$$\varphi_l = 1.0 \tag{8-29}$$

2）当 $l_e/d_a > 4$ 时

$$\varphi_l = 1 - 0.115\left(\frac{l_e}{d_a} - 4\right)^{0.5} \tag{8-30}$$

式中 l_e——钢管混凝土叠合柱的等效计算长度；

d_a——钢管混凝土叠合柱的外径。

轴心受压叠合柱的正截面受压承载力在考虑有无地震作用时的计算如下：

无地震作用组合

$$N \le 0.9\varphi(f_{co}A_{co} + f'_y A_{ss}) + f_{cc}A_{cc}(1 + 1.8\theta) \tag{8-31}$$

有地震作用组合

$$N \le [0.9\varphi(f_{co}A_{co} + f'_y A_{ss}) + f_{cc}A_{cc}(1 + 1.8\theta)]/\gamma_{RE} \tag{8-32}$$

式中 φ——叠合柱稳定系数，可按表8-1取值；

A_{ss}——全部纵向钢筋的截面面积；

f'_y——纵向钢筋的抗压强度设计值；

γ_{RE}——承载力抗震调整系数，一般可取 0.75；

f_{co}——叠合柱钢管外混凝土抗压强度设计值；

A_{co}——叠合柱钢管外混凝土截面面积。

表 8-1 轴心受压叠合柱的稳定系数

l_0/b	≤8	10	12	14	16	18	20	22	24	26	28	30
l_0/d	≤7	8.5	10.5	12	14	15.5	17	19	21	22.5	24	26
φ	1.00	0.98	0.95	0.92	0.87	0.81	0.75	0.70	0.65	0.60	0.56	0.52

注：l_0 为叠合柱的计算长度，底层柱可取 1.0H，其余各层柱可取 1.25H。底层柱的 H 可取基础顶面到第一层楼盖顶面的高度，其余各层柱的 H 可取上、下两层楼盖顶面间的高度。

b 为矩形截面叠合柱的短边尺寸。

d 为圆形截面叠合柱的直径。

本 章 小 结

1）其他组合结构总体上可以分为两类：一类是在传统组合结构的基础上所进行的发展，另一类是与新型材料结合进行创新。目前，其他组合结构除了应用于建筑的设计和施工外，还可用于既有建筑物的加固修缮，具有良好的应用前景。

2）采用新型材料 FRP 的其他组合结构目前主要有 FRP 包裹钢管混凝土柱、FRP 包裹型钢混凝土柱和 FRP-混凝土-钢管组合柱三种。采用 FRP 对钢管和核心混凝土进行约束，或利用 FRP 管和钢管对混凝土进行双重约束，能有效提高构件的整体强度、刚度和延性，减轻自重，具有良好的防腐性能，保证材料性能的充分发挥。

3）FRP 包裹钢管混凝土柱的轴压性能可用弹性阶段、应力强化阶段和下降段三阶段表示；FRP 包裹型钢混凝土的轴压性能与之相似，分为线弹性阶段、弹塑性阶段和强化阶段三阶段；在对大量轴压试验的结果进行归纳后，FRP-混凝土-钢管组合柱的轴心受压性能总体上可分为三种情况，且均可用三阶段表示。

4）部分包裹混凝土组合柱、中空夹层钢管混凝土柱和钢管混凝土叠合柱是在传统组合结构基础上发展而来的三种其他组合结构。以上三种组合结构形式相较于传统组合结构，均提高了构件的整体强度，使得截面开展并减轻了结构自重，改善了耐火性能，在实际施工的过程中能够大大降低造价。

5）中空夹层钢管混凝土柱的轴压性能可用弹性阶段、弹塑性阶段、塑性阶段和下降阶段的四阶段表示；钢管混凝土叠合柱的轴压性能则采用三阶段表示。在进行构件设计的过程中，除考虑轴心受压承载力外，还需考虑相关的构造要求，保证构件各组成部分的性能充分发挥。

思 考 题

8-1 简述 FRP 包裹钢管混凝土柱的概念及特点。

8-2 简述 FRP 包裹型钢混凝土柱的轴心受压特性。

8-3 简述 FRP-混凝土-钢管组合柱的概念和主要破坏形式。

8-4 简述部分包裹混凝土组合柱与型钢混凝土柱的区别。

8-5 简述中空夹层钢管混凝土柱的概念及轴心受压性能。

8-6 简述钢管混凝土叠合柱的概念及轴心受压性能。

习 题

8-1 如表 8-2 所示的采用不同钢管截面形式的中空夹层钢管混凝土短柱，钢管采用 Q345 钢材，混凝土强度等级为 C40。试分析在相同含钢率条件下，圆形截面与方形截面中空夹层钢管混凝土短柱轴压承载力的差异。

表 8-2 中空夹层钢管混凝土柱的钢管截面

截面形式	外管尺寸/mm	内管尺寸/mm
圆形	ϕ420×8	ϕ200×8
方形	□420×8	□200×8

8-2 有一长 3m 的方形截面钢管混凝土叠合柱，外截面尺寸为 400mm×400mm，其内钢管截面尺寸为 ϕ200×6mm，钢管采用 Q345 钢材，混凝土强度等级为 C40。叠合柱承受的轴压力设计值均为 2400kN，浇筑钢管外混凝土前施工轴压力为 250kN。计算在同期施工与不同期施工情况下，此叠合柱的轴压力承载力差异。

第9章

混合结构设计

9.1 概述

混合结构一般是指由不同材料的结构和构件混合而成的结构或结构体系，广义的混合结构包括钢筋混凝土-砌体混合结构、钢-混凝土混合结构、砖-木混合结构及其他形式的混合结构体系。由于木结构和砌体结构工程应用已较少，当前混合结构一般是指钢-混凝土混合结构体系。

钢-混凝土混合结构是近年来在我国迅速发展起来的一种新型结构体系，已广泛地应用于我国高层建筑及超高层建筑中。钢-混凝土混合结构综合了混凝土结构和钢结构两者各自的优势，既具有钢结构自重轻、材料强度高、抗震性能好、施工速度快等特点，又具有混凝土用钢量少、抗侧刚度大、防火防腐性能好等特点。由型钢混凝土构件、钢管混凝土构件以及钢构件与钢筋混凝土组成的结构均可称为混合结构，分类见表9-1，但在实际工程中框架-核心筒和筒中筒结构体系应用较多。

表 9-1 钢-混凝土混合结构分类

结构体系	结构类型
混合框架结构	钢梁-型钢混凝土柱框架、钢梁-钢管混凝土柱框架、钢梁-钢筋混凝土柱框架、型钢混凝土梁-型钢混凝土柱框架
框架-剪力墙	钢框架-钢筋混凝土剪力墙、混合框架-钢筋混凝土剪力墙、钢框架-型钢混凝土剪力墙、混合框架-型钢混凝土剪力墙
框架-核心筒	钢框架-钢筋混凝土核心筒、混合框架-钢筋混凝土核心筒、钢框架-型钢混凝土核心筒、混合框架-型钢混凝土核心筒
筒中筒	钢框筒-钢筋混凝土内筒、混合框筒-钢筋混凝土内筒、钢框筒-型钢混凝土内筒、混合框筒-型钢混凝土内筒

国外混合结构的应用始于1972年美国芝加哥35层的捷威（Gateway）Ⅲ大厦以及1973年64层的巴黎Mantaparnasse大厦，至20世纪90年代末，美国、加拿大、日本等相继建成了一批混合结构建筑，但数量相对较少，20世纪90年代以后混合结构在世界范围内得到了广泛的应用。20世纪80年代中期我国高层建筑中开始采用混合结构体系，发展速度很快，据不完全统计，我国已建成150m以上的高层建筑，混合结构约占22.3%；200m以上高层

建筑，混合结构约占 43.8%；300m 以上高层建筑，混合结构约占 66.7%。

9.2 混合结构的特点及受力性能

9.2.1 钢-混凝土混合结构设计要求

1. 结构布置

1）结构的平面布置应简单、对称、规则以减小由于结构的抗力中心与外荷载中心不重合而产生的偏心，平面采用矩形、多边形、圆形等规则形状，CECS 230—2008《高层建筑钢-混凝土混合结构设计规程》中规定，宜避免表 9-2 中所列不规则类型。有抗震设计时，应综合考虑结构平面布置，应尽量减小结构在地震作用下的扭转，并避免设置防震缝。

2）在筒中筒混合结构体系中，当外框筒采用 H 型钢柱时，应将 H 钢截面强轴方向布置在外框筒平面内，角柱宜采用圆形、方形或十字形截面。

表 9-2 平面不规则类型

不规则类型	定义
扭转不规则	楼层的最大弹性水平位移或层间位移，大于该楼层两端弹性水平位移或层间位移平均值的 1.2 倍，超过 1.5 倍为严重不规则
凹凸不规则	结构平面凹进的一侧尺寸，大于相应投影方向总尺寸的 30%
楼板局部不连续	楼板的尺寸和平面刚度具有急剧不连续性，其有效楼板宽度小于结构平面典型宽度的 50%，或开洞面积大于该层楼面面积的 30%，以及楼层错层（错开高度大于楼面梁的截面高度）

3）结构竖向体型应规则、均匀，避免有过大的收进和外挑，结构抗侧刚度应沿竖向逐渐均匀变化，避免刚度突变，结构竖向抗侧力构件应上下连续贯通。外框架柱沿高度宜采用同类结构构件，若采用不同类构件应设置过渡层，避免出现刚度突变。

对于混合结构的最大适用高度，不同规范规定不同，甚至出现相互矛盾的地方，我国 JGJ 3—2010《高层建筑混凝土结构技术规程》中规定，结构总高度和高宽比应符合表 9-3 和表 9-4 的要求。CECS 230—2008《高层建筑钢-混凝土混合结构设计规程》中对混合结构体系的划分更具体，分为混合结构框架、双重抗侧力体系及非双重抗侧力体系。其最大适用高度见表 9-5。

表 9-3 混合结构高层建筑适用的最大高度　　　　　　　　（单位：m）

结构体系		非抗震设计	抗震设防烈度				
			6 度	7 度	8 度		9 度
					0.2g	0.3g	
框架-核心筒	钢框架-钢筋混凝土核心筒	210	200	160	120	100	70
	型钢（钢管）混凝土框架-钢筋混凝土核心筒	240	220	190	150	130	70
筒中筒	钢外筒-钢筋混凝土核心筒	280	260	210	160	140	80
	型钢（钢管）混凝土外筒-钢筋混凝土核心筒	300	280	230	170	150	90

注：平面和竖向均不规则的结构，最大适用高度应适当降低。

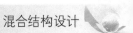

表 9-4　混合结构高层建筑适用的最大高宽比

结构体系	非抗震设计	抗震设防烈度		
		6 度、7 度	8 度	9 度
框架-核心筒	8	7	6	4
筒中筒	8	8	7	5

表 9-5　混合结构高层建筑适用的最大高度　　　　　　　　　　　（单位：m）

结构体系		非抗震设计	抗震设防烈度			
			6 度	7 度	8 度	9 度
混合框架结构	钢梁-钢骨（钢管）混凝土柱 钢骨混凝土梁-钢骨混凝土柱	60	55	45	35	25
	钢梁-钢筋混凝土柱	50	50	40	30	—
双重抗侧力体系	钢框架-钢筋混凝土剪力墙 钢框架-型骨混凝土剪力墙	160 180	150 170	130 150	110 120	50 50
	混合框架-钢筋混凝土剪力墙 混合框架-钢骨混凝土剪力墙	180 200	170 190	150 160	120 130	50 60
	钢框架-钢筋混凝土核心筒 钢框架-钢骨混凝土核心筒	210 230	200 220	160 180	120 130	70 70
	混合框架-钢筋混凝土核心筒 混合框架-钢骨混凝土核心筒	240 260	220 240	190 210	150 160	70 80
	筒中筒　钢框筒-钢筋混凝土内筒 混合框筒-钢筋混凝土内筒	280	260	210	160	80
	筒中筒　钢框筒-钢骨混凝土内筒 混合框筒-钢骨混凝土内筒	300	280	230	170	90
非双重抗侧力体系	钢框架-钢筋（钢骨）混凝土核心筒 混合框架-钢筋（钢骨）混凝土核心筒	160	120	100	—	—

4）混合结构外框架平面内梁与柱应采用刚性连接，楼面梁与外框架柱和筒体的连接可以采用刚接或铰接。

5）当高度超过 100m 时，可采用伸臂桁架并配合周边带状桁架的形式在顶层和每隔 15~20 层设置结构加强层，其原理为通过伸臂桁架将核心筒的弯曲变形转换为外围框架柱轴向变形，以增加结构抗侧刚度，减小结构在水平地震作用下的侧向位移。伸臂桁架的设置应沿核心筒纵、横墙体中线，所有桁架均应采用钢桁架，伸臂桁架与核心筒应采用刚性连接，与外框架柱可采用刚接或铰接。核心筒墙体与桁架连接处应设置构造钢柱，且至少延伸至加强层高度范围外上、下各一层。

6）混合结构楼盖应采用整体性和刚度较好的现浇楼板，如现浇钢筋混凝土楼板和压型钢板混凝土组合楼板等，钢梁和楼板应采用可靠的抗剪连接措施，且楼盖的主梁不应搁置在筒体的连梁上。

2. 结构计算

1）当现浇混凝土楼板与钢梁或型钢混凝土梁有可靠的抗剪连接时，形成组合梁，刚度有较大的提高，弹性分析时，应考虑楼板对钢梁和型钢混凝土梁刚度的提高，对钢梁取1.5~2.0的刚度增大系数，对型钢混凝土梁取1.3~2.0的刚度增大系数。弹塑性分析时，可不考虑此刚度的提高。

2）由于混凝土的收缩、徐变以及结构施工、后期沉降等因素影响，混合结构体系内力计算时，应考虑外框架柱与混凝土核心筒轴向变形差异引起伸臂桁架的附加内力，结构高度超过100m，轴向变形差较明显时，应采取相应措施。

3）对楼板有较大开洞及设置伸臂桁架的加强层，楼板在平面内变形较大，内力和位移计算时应考虑此不利影响。

4）高度超过100m或不规则高层混合结构建筑进行弹性分析时，应采用两个不同力学模型计算程序进行整体计算。

5）结构分析时，混合结构计算模型可采用空间计算模型，梁、柱构件可采用杆单元模型，剪力墙采用薄壁单元、壳单元等，支撑可采用两端铰接杆单元。

9.2.2 混合结构受力性能

混合结构按照受力体系形式划分为混合框架混合结构体系、框架-剪力墙混合结构体系、框架-核心筒混合结构体系、框筒混合结构体系、筒中筒混合结构体系等几种常见类型。

1. 混合框架混合结构体系

混合框架混合结构体系通常包括钢框架、型钢混凝土框架、钢管混凝土框架等混合结构体系。楼盖体系较多采用现浇钢筋混凝土楼板或钢-混凝土组合楼板。由梁和柱组成的主体骨架承重结构形成框架受力体系承受竖向及水平作用。

2. 框架-剪力墙混合结构体系

框架-剪力墙混合结构体系是以钢框架或型钢（钢管）混凝土框架为主体，沿房屋的纵、横向设置一定数量的剪力墙。该结构体系兼有框架结构布置灵活和剪力墙结构抗侧性能好的特点。整个结构的竖向荷载大部分由框架承担，水平荷载引起的剪力主要由剪力墙承担，水平荷载引起的倾覆力矩由框架和混凝土剪力墙所形成的混合结构共同承受。由于框架间布置了钢筋混凝土剪力墙，其抗侧刚度和受剪承载力较框架结构得到了大幅提高，地震作用下的层间侧移量也显著减小，多用于30层以下的高层建筑中。

3. 框架-核心筒混合结构体系

框架-核心筒混合结构体系是指由外钢框架或混合框架与混凝土核心筒所组成的共同承受水平和竖向作用的高层建筑结构，是目前超高层建筑广泛采用的结构形式，如图9-1a所示。核心筒中可以布置采光要求不高的电梯井、管道井、楼梯间、设备间等，外围区域由于柱距较大，可以获得较大的开间和较好采光，便于房间布置。该结构体系中，核心筒是空间受力构件，在各个方向都具有较大的水平抗侧刚度，成为主要的抗侧力构件，承担主要的风荷载和水平地震作用（有时可达80%~90%），外框架则按刚度分配承担小部分水平荷载及大部分竖向荷载。因此在地震区，这种结构可以用来建造较高的高层建筑。此外结构较小的自重有利于现代高层建筑的减震与抗震设计，通过设置消能机构减小地震反应，以达到明显的抗风、抗震效果。

4. 框筒混合结构体系

框筒混合结构体系是由外围密柱深梁构成的型钢（钢管）混凝土框筒，内部采用钢框架或型钢（钢管）混凝土框架组成的结构体系，如图9-1b所示。在这种结构体系中，外框筒为主要抗侧力构件，承受绝大部分水平荷载和部分竖向荷载，内部框架仅承担从属面积内的竖向荷载。框筒梁以剪切变形或弯剪变形为主，具有较大的刚度，而框筒柱主要产生与结构整体弯曲相适应的轴向变形。由于主要抗侧力构件布置在外侧，故具有很大的抗侧刚度和抗扭刚度，且结构形式上下统一，安装和施工方便。框筒混合结构体系的缺点是由于密柱深梁的布置，一方面不利于建筑采光，视线被宽外柱遮挡严重；另一方面受力存在"剪力滞后"效应，框筒的抗弯效能会减弱，且要实现梁铰屈服机制有一定困难，框筒的延性难保证。

5. 筒中筒混合结构体系

在框筒结构内部，利用建筑中心部位电梯竖井的可封闭性，将其周围的内框架改成密柱内框筒或混凝土核心筒而构成筒中筒混合结构体系，超高层塔式建筑常采用这种结构体系，如图9-1c所示。但是这种结构体系同样存在框筒体系的不足，即剪力滞后效应、梁铰机制难以保证。为降低不足带来的影响，同时减小结构的侧移，与框架-核心筒结构体系类似，在顶层及中部设备层设置加强层（伸臂桁架+带状桁架），将内外筒连接在一起，成为一个大型的整体抗弯构件，同时使周边框架柱更有效地共同工作。与框架-核心筒结构相比，筒中筒体系由于外框筒抗侧、抗倾覆能力强，结构自振周期相对较短，顶点位移及层间位移都小，抗侧刚度相对较高。与框筒结构相比，由于内筒承担了大部分水平剪力，外框筒柱所承担的剪力大幅度减小，降低了外框筒柱发生脆性剪切破坏的危险。因此，这种结构体系的安全储备较高，是一种更强、更有效的抗侧力体系，特别适用于超高层建筑中。

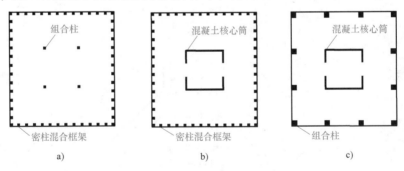

图 9-1 筒体结构平面图

a）框架-核心筒结构 b）框筒结构 c）筒中筒结构

9.3 平面混合结构

9.3.1 钢框架-钢筋混凝土核心筒混合结构体系

钢框架-钢筋混凝土核心筒混合结构体系是由外围钢框架与钢筋混凝土剪力墙构成的核心筒共同承受水平和竖向荷载的结构体系，该结构体系已广泛地应用于我国超高层建筑。钢筋混凝土剪力墙构成的核心筒具有较大的抗侧刚度，主要承担水平作用，外围钢框架主要承担竖向作用。当梁柱间采用铰接时，则核心筒承担所有水平作用，钢框架仅承担竖向作用。核心筒主要呈弯曲变形，钢框架呈剪切变形，两者通过楼板和伸臂桁架协同工作，结构变形协调，总体呈弯剪型变形，各楼层变形均匀，层间变形较小，可减小轻质隔墙等非结构构件的破坏。

上海新金桥大厦是较为典型的钢框架-核心筒混合结构体系建筑，该结构高164m，共41层，层高3.8m，平面图如图9-2所示。钢框架柱距为4m，每边9跨，核心筒到外框架距离最大为12m，采用钢梁和组合楼板形成的组合梁体系。

图9-3所示是上海希尔顿酒店平面图，该结构建筑面积46170m²，地上43层，结构高度143.62m，采用钢框架-混凝土核心筒混合结构，其外框柱采用方形空腹钢柱和工字钢梁，18层以下柱截

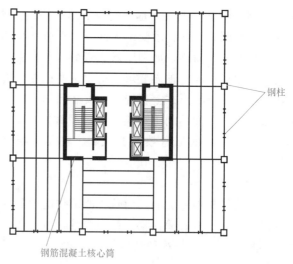

图9-2 上海新金桥大厦结构平面图

面为400mm×400mm，以上为300mm×300mm。楼板采用压型钢板混凝土组合楼板并与钢梁形成组合梁楼盖体系。核心筒形状呈"凸"字形，墙厚500mm，角部设H型钢暗柱。为减小核心筒形状不规则引起的结构受力偏心，在左右侧各布置L形钢筋混凝土剪力墙，墙厚500mm。钢框架柱与梁采用铰接连接，故水平作用均由核心筒和L形剪力墙承担。

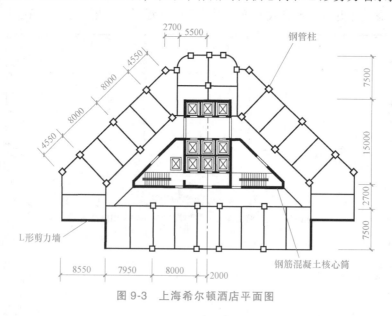

图9-3 上海希尔顿酒店平面图

9.3.2 型钢混凝土框架-钢筋混凝土核心筒混合结构体系

型钢混凝土混合结构体系是当前高层建筑中使用最多的混合结构体系，其形式可以是型钢混凝土框架-钢筋混凝土（型钢混凝土）剪力墙、型钢混凝土框架-钢筋混凝土（型钢混凝土）核心筒、钢框架（钢管混凝土框架）-型钢混凝土剪力墙（核心筒）等。在钢筋混凝土结构中加入型钢可提高钢筋混凝土构件承载能力、变形能力及延性，显著增强

了结构抗震耗能能力，同时由于外围混凝土对型钢的保护，使构件具有较好的防腐蚀和抗火性能。

在钢筋混凝土剪力墙或核心筒中设置型钢暗柱以增强核心筒刚度及承载力已是目前工程中较常用的做法，型钢暗柱还可与钢梁形成型钢暗框架，也可在该暗框架中设置钢斜撑。同时也可以在混凝土墙体中设置钢板剪力墙形成组合剪力墙。

图9-4所示南京绿地紫峰大厦为南京市地标性建筑，采用型钢混凝土框架-钢筋混凝土核心筒混合结构体系，该建筑总建筑面积261075m²，屋顶高度381m，天线高度451m，标准层高为4.2m和3.8m，为地下4层、地上70层的办公酒店建筑。该结构外框架柱采用圆截面型钢混凝土柱，直径为900~1750mm，37层以下柱混凝土强度等级为C70，型钢混凝土柱与钢梁刚性连接，构成抗弯框架，形成除核心筒之外的第二道抗侧力体系。在结构10~11层、35~36层、60~61层设置了三个钢结构伸臂桁架和带状桁架加强层，钢结构桁架穿过混凝土核心筒，每道桁架均为两个楼层8.4m高，钢筋混凝土核心筒形状为三角形，墙体厚度为400~1500mm，由下至上核心筒截面逐渐内收减小。

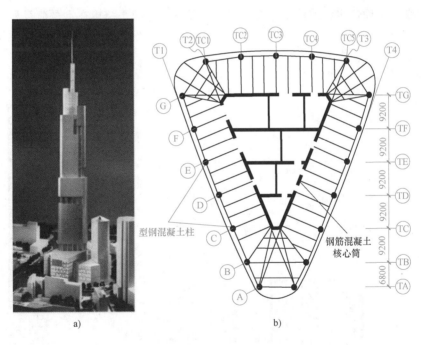

a) b)

图9-4 南京绿地紫峰大厦

a) 建筑效果图 b) 结构平面布置图

9.3.3 钢管混凝土框架-钢筋混凝土核心筒混合结构体系

钢管混凝土具有承载力高、延性好、抗火性能好等特点，在施工过程中钢管可直接作为模板使用，简化了施工过程，加快了施工速度，可获得较好的经济效果，核心混凝土在钢管的约束下承载力提高较多，相对构件截面较小，可增加建筑使用面积。钢管混凝土混合结构体系已成为高层和超高层建筑一种主要结构类型。

大连国际贸易大厦采用方形钢管混凝土柱-钢筋混凝土核心筒混合结构，结构平面布置如图 9-5a 所示。该结构地下 5 层、地上 78 层，总高度 341m，总建筑面积 32 万 m²。地下部分采用型钢混凝土框架，钢筋混凝土核心筒墙体厚度为 1100~600mm，并设置型钢暗柱以改善筒体剪力墙开裂后的延性。在第 10、23、37、50、62 层设置钢伸臂桁架加强层，桁架高度为一个楼层，采用人字形支撑，结构剖面图如图 9-5b 所示。根据建筑方案需要，在裙楼顶即塔楼第 10 层处设置转换层，柱距由 10.3m 转换为 5.15m 小柱网。

兰州盛达金城广场超高层建筑项目位于兰州市城关区天水路，地上裙楼部分主要功能为商业综合体，裙楼以上 A 塔楼为办公用房，B 塔楼为办公及酒店，建筑平面及效果图如图 9-6a、b 所示。A 塔楼为地上 39 层，高 165.50m，B 塔楼为地上 51 层，高 205.70m。裙楼层数为 9 层，裙楼在 1~9 层将 A、B 塔楼连为一个整体。A 塔楼 10 层及 25 层为避难层，B 塔楼 10 层、25 层及 40 层为避难层。该建筑结构类型为钢管混凝土外框架-钢筋混凝土核心筒混合结构体系，圆形钢管混凝土柱直径由 1500mm 逐渐内收为 1000mm，核心筒外部剪力墙厚度为 1100mm，内部剪力墙厚度为 300~500mm，并配有型钢暗柱。伸臂桁架位于塔楼 25 层及 40 层，呈"十字形"布置，如图 9-6c 所示。通过伸臂桁架可将外围框架柱与剪力墙核心筒连接起来，从而使得结构的整体刚度明显增强，有效减小结构在水平荷载和地震作用下的侧向变形。

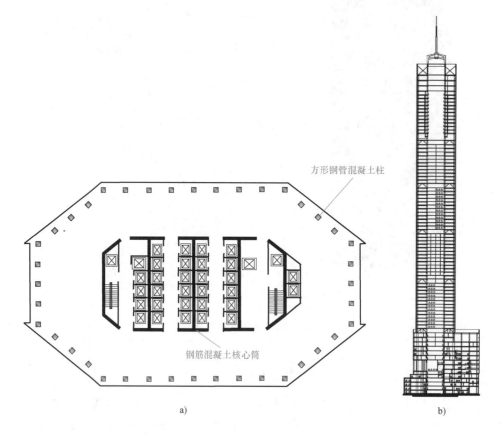

图 9-5 大连国际贸易大厦

a）办公标准层平面图 b）结构剖面图

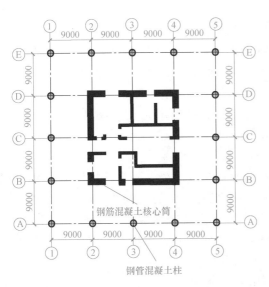

钢筋混凝土核心筒

钢管混凝土柱

a)

b)

c)

图9-6 兰州盛达金城广场

a）B塔楼标准层平面图 b）建筑效果图 c）剖面图

9.3.4　筒中筒混合结构体系

筒体的基本形式主要有实腹筒、框筒及桁架筒。实腹筒为混凝土剪力墙围成的筒体，框筒一般为密排柱和刚度较大的窗群梁形成的密柱深梁框架围成的筒体，桁架筒由竖杆和斜杆形成的桁架组成。筒体具有较好的空间受力性能，相比单片结构具有更大的抗侧刚度和承载力。筒中筒结构是筒体单元的组合，通常由实腹筒作为内部核心筒，框筒或桁架筒作为外筒，两个筒通过楼板联系，共同抵抗水平作用。

2010 年建成的广州西塔如图 9-7 所示。该建筑地下 4 层、地上 103 层，总高度 432m，层高为 4.5m，塔楼总建筑面积 250000m²，采用圆形钢管混凝土斜交网格柱外筒-钢筋混凝土核心筒的筒中筒结构体系，钢管混凝土柱直径由底层 1800mm 逐渐减小至顶层 700mm。在核心筒混凝土角部和内外墙交接处设置了钢管暗柱，以提高核心筒延性，墙体厚度由 1000mm 逐渐减小至顶层 300mm 厚。为减小结构构件尺寸，增加建筑有效使用面积，节点区域钢管内混凝土强度等级为 C90~C60，核心筒强度等级为 C80~C50。该结构受水平和竖向作用时斜柱的内力均为轴力，充分利用了钢管混凝土构件轴向承载力高、刚度大的特点。

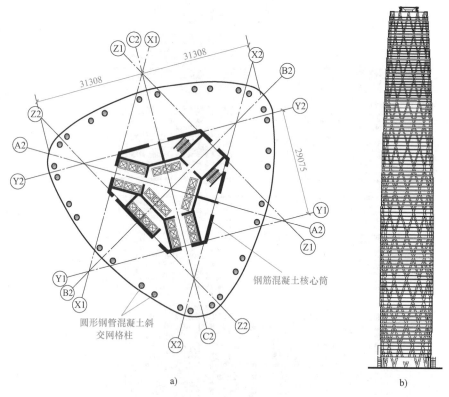

图 9-7　广州西塔

a）典型结构平面图　b）结构立面图

2007 年建成的北京国贸三期，位于北京市朝阳区建国门外大街 1 号的 CBD 核心区，是一座集五星级酒店、高档写字楼、购物为一体的现代化智能建筑，地下 3 层，地上 74 层，建筑高度 330m，采用筒中筒结构体系，外筒为型钢混凝土框架筒体，内筒为型钢混凝土框支筒体+钢板组合剪力墙，如图 9-8 所示。由于核心筒角部受轴力和双向弯矩，受力复杂。故在该部位设置型钢混凝土 L 形异形柱，并在 16 层以下核心筒采用钢板组合剪力墙，以改善核心筒的延性。外框筒在 6~8 层、28~30 层、55~57 层设置腰桁架，以增强外框筒的整体抗弯和抗剪强度。

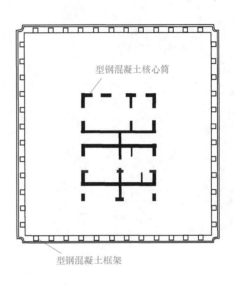

型钢混凝土核心筒

型钢混凝土框架

a)　　　　　　　　　　　　　　　　　　　b)

图 9-8　北京国贸三期

a）建筑效果图　b）结构平面布置图

天津高银 117 大厦位于天津市西青区高新技术产业园区。总建筑高度约 597m，共 117 层，总建筑面积 37 万 m^2，采用筒中筒混合结构体系，外框筒由钢管混凝土多腔巨柱+密柱+支撑组成，如图 9-9 所示。内部核心筒为矩形，平面尺寸为 37m×37m，为含钢骨的型钢混凝土剪力墙结构，并在下部采用内嵌钢板的组合钢板剪力墙结构，可改善普通混凝土墙的延性，并以较小的墙体厚度满足轴压比的要求，降低了结构自重。核心筒周边墙体厚度由 1500mm 逐渐内收为顶层的 300mm，筒内墙体由 600mm，逐渐内收为 300mm。多腔钢管混凝土巨柱尺寸由底层 11.2m×5.2m，截面面积 45m^2，逐渐减少至顶层 3m^2，结构平面布置为正方形，塔楼平面尺寸由首层 65mm×65mm 渐变为顶层的 45mm×45mm。

9.3.5　巨型柱框架-核心筒混合结构体系

巨型柱框架-核心筒是通过设置少量巨型组合柱，以使得结构的空间布置更加灵活、造价更经济、施工更便利。同时，巨型组合柱具有较大的抗侧刚度和轴向刚度，其与外伸臂桁架、核心筒的有效结合，可以使得结构体系的侧向刚度进一步提高。故该结构体系在超高层

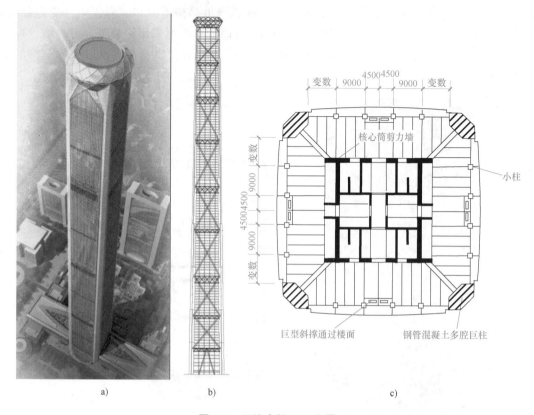

图 9-9　天津高银 117 大厦

a）建筑效果图　b）立面图　c）结构平面图

建筑结构中得到了广泛的应用，如上海金茂大厦、上海中心大厦、天津高银 117 大厦、中国尊大楼等。

上海中心大厦位于上海市陆家嘴金融中心区，与上海环球金融中心、金茂大厦形成超高层建筑群，如图 9-10a 所示。该建筑地上 124 层，建筑高度 632m，总建筑面积 380000m² 为我国第一，全球第二高楼。采用巨型框架-核心筒-伸臂桁架混合结构体系，巨型框架由 8 根型钢混凝土巨柱和 4 根角柱及伸臂桁架组成，如图 9-10b 所示，底部楼层巨柱截面达 3700mm×5300mm，向上逐渐内收。共设置 8 个伸臂桁架加强层，在 20～21 层、50～51 层、66～67 层、82～83 层、99～100 层、116～117 层设置高度为两个楼层高度的伸臂桁架及环带桁架，桁架贯穿核心筒内墙并与两侧巨柱相连接，提高了巨型框架整体抗侧刚度，在第 7、36 层设置一个楼层高度的伸臂桁架，钢筋混凝土核心筒墙体厚度 1200mm。

中国尊大楼位于北京 CBD 核心区，建筑立面以中国古代酒器"尊"为意象，结构典型平面布置如图 9-11 所示。该结构共计 108 层，总高度 528m，是北京市目前最高建筑，也是位于 8 度抗震设防区最高建筑。采用多腔钢管混凝土巨柱+钢筋混凝土核心筒+巨型支撑+伸臂桁架混合结构体系，其中钢筋混凝土核心筒剪力墙内含钢板剪力墙。外框筒采用全高巨型斜撑。

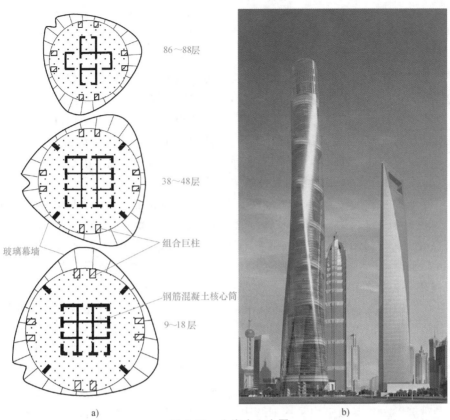

86～88层

38～48层

玻璃幕墙

组合巨柱

钢筋混凝土核心筒

9～18层

a)

b)

图 9-10 上海中心大厦

a) 平面图 b) 建筑效果图

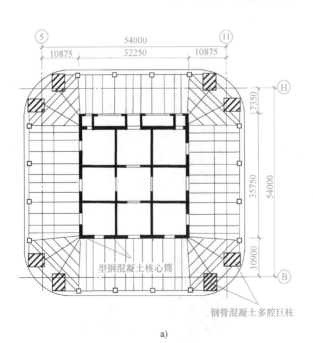

型钢混凝土核心筒

钢管混凝土多腔巨柱

a)

b)

图 9-11 中国尊大楼

a) 结构典型平面布置图 b) 建筑效果图

9.4 竖向混合结构

高层建筑沿高度采用不同结构形式的结构称为竖向混合结构体系，如在建筑高度方向混凝土结构体系和钢结构体系通过一定的过渡形式组成竖向混合结构体系。通常下部楼层采用钢筋混凝土或型钢混凝土结构，而上部楼层采用钢结构，下部混凝土结构抗侧刚度大，上部钢结构质量轻、跨度大，可发挥各自的优势。当建筑功能要求特殊，或需要减轻结构自重，或需要后期加层时，可全部或部分采用竖向混合结构。上海环球金融中心、武汉国际证券大厦、上海民生银行大厦均采用了竖向混合结构体系。

武汉国际证券大厦建成于 2003 年，地下 3 层，地上 68 层，结构主体高度 281.3m，1~40 层为写字楼，40~67 层为酒店，68 层为观光层。总建筑面积 12 万 m^2，该结构原设计为 48 层钢筋混凝土筒中筒结构，施工到第 7 层时，业主要求高度调整为 68 层，故变更后 1~7 层为钢筋混凝土结构，8~12 层为过渡层，12 以上外框柱采用矩形钢管混凝土柱，核心筒为钢框架-支撑体系，如图 9-12 所示。

上海环球金融中心采用矩形框架-核心筒-外伸臂桁架的平面混合结构体系。其核心筒采用竖向混合结构体系，79 层以下核心筒为钢筋混凝土筒体；为减轻自重，提高延性，79~95 层核心筒变为内置钢框架的钢筋混凝土筒体；95 层以上采用空间钢桁架筒体形式，如图 9-13 所示。

上海民生银行大厦原结构高度 135m，为地下 2 层，地上 35 层的钢筋混凝土框架-核心筒结构高层建筑。2005 年改造中采用钢结构加层至 45 层，总高度为 175.8m，改造后 36 层以下为钢筋混凝土结构体系，36 层以上为钢框架-混凝土核心筒结构，为典型竖向混合结构，同时对原有钢筋混凝土柱采用外套钢管的形式进行了加固。

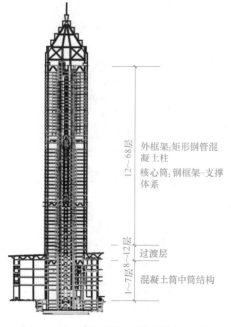

图 9-12　武汉国际证券大厦立面图

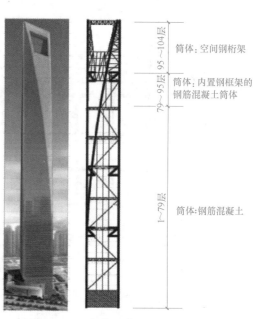

图 9-13　上海环球金融中心立面图

9.5　混合结构的抗震设计

近年来我国混合结构高层建筑发展迅速，但还未经受实际地震的考验。国外混合结构中，1965 年的美国阿拉斯加地震震害资料显示，钢筋混凝土剪力墙或核心筒承担了主要的地震作用，在地震中首先破坏。破坏后一部分剪力将由外框架承担，若框架设计较弱，则不能够成为第二道抗震防线。1995 年日本阪神地震的震害资料显示，实腹式型钢混凝土构件破坏较小而格构式式构件破坏严重，非埋入式柱脚破坏严重。我国混合结构体系抗震设计主要面临的问题是在罕遇地震作用下，内筒因为刚度大承担较多地震作用而首先破坏，外框架因刚度不足而变形过大导致整体破坏，未能起到第二道防线作用。

基于现有混合结构抗震研究成果和工程实践，我国 JGJ 3—2010《高层建筑混凝土结构技术规程》对混合结构抗震设计提出了相关规定。

1）在钢-混凝土混合结构中，钢柱、型钢混凝土柱及钢管混凝土柱宜采用埋入式柱脚，埋入深度应通过计算确定，且不小于柱截面长边尺寸的 2.5 倍，并在柱脚部位和柱脚向上延伸一层的范围内设置栓钉。

2）在混合结构体系中，混凝土筒体承担了主要的水平地震作用，应采取有效措施，确保混凝土筒体具有足够的延性。

3）7 度抗震设计时，宜在钢筋混凝土筒体四角部及楼面钢梁或型钢混凝土梁与核心筒交接处设置型钢暗柱。8、9 度抗震设计时，应在钢筋混凝土筒体四角部及楼面钢梁或型钢混凝土梁与混凝土筒体交接处设置型钢暗柱，以提高筒体的延性。

4）混合结构体系在多遇地震作用下的阻尼比可取为 0.04。

5）框架-核心筒和筒中筒混合结构体系中的内筒设计应符合我国 JGJ 3—2010《高层建筑混凝土结构技术规程》中筒体设计的有关规定。此外可通过控制剪力墙剪应力水平、剪力墙设置多层钢筋及型钢暗柱、配置钢板剪力墙、带有斜撑的剪力墙以及采用型钢混凝土连梁等措施增强核心筒延性。

9.6　混合结构的发展趋势

随着高层建筑向多用途、多功能发展，结构平面及立面布置日趋复杂，对高层建筑的安全性、舒适性要求更高，更多形式的混合结构体系将得到应用。目前钢-混凝土混合结构体系主要发展趋势为：

1）高强高性能结构材料将更多地应用于混合结构体系。随着建筑高度的不断增加，结构自重所占比例也不断增加，同时自重的增加也对结构抗震产生不利影响。高强钢材及混凝土的运用将减小结构构件尺寸，并改善结构受力性能、增加建筑有效使用空间，获得较好的综合经济效益。

2）结构形式多样化和周边构件的巨型化。巨型结构包括由巨型构件组成的巨型框架结构和巨型支撑桁架结构等形式，巨型结构具有传力明确、整体性能好、施工速度快、节约材料、降低造价等特点，还可较好地实现多种结构形式及不同材料进行组合，并能够实现多道抗震设防的思想。

3）消能减震技术将更多地应用于混合结构体系。为减小建筑结构的地震反应，保障结构的安全性和使用者的舒适性，隔震、耗能减震、吸振减震及其他结构减震技术在混合结构中的应用，可以有效地减轻结构在风和地震等动力作用下的反应和损伤，有效地提高结构的抗震能力和防灾能力。

4）BIM技术在混合结构施工中的应用。BIM（建筑信息模型）技术是在建筑行业发展需要和市场需要下产生的，是利用先进的三维数字设计和工程软件构建的可视化、数字化模型，为设计师、地产开发商和最终用户各环节人员提供模拟和分析的科学协作平台，帮助他们使用三维数字模型对工程进行设计、建造及运维管理。欧美发达国家正在迅速推进BIM技术，美国已制定国家BIM标准，并要求在所有政府项目中推广使用。我国在上海中心大厦和天津高银117大厦建设中已运用了BIM技术，为BIM技术在混合结构体系中的应用积累了宝贵的经验。

本 章 小 结

1）钢-混凝土混合结构体系已成为我国高层及超高层建筑结构的主要形式之一，既具有钢结构自重轻、材料强度高、抗震性能好、施工速度快，又具有混凝土用钢量少、结构抗侧刚度大、防火防腐性能好等特点，相比混凝土结构和钢结构，更具优势。

2）混合结构体系用于建筑结构中，可以有多重组合形式，如混合框架结构、组合框架-剪力墙结构、组合框架-核心筒结构、钢框筒-核心筒结构、组合框筒-核心筒结构、巨型柱框架-核心筒混合结构以及竖向混合结构体系等。钢筋混凝土核心筒抗侧刚度大，主要承担水平作用，而组合框架主要承受竖向荷载并构成第二道抗震防线，两者通过楼面梁和伸臂桁架相连接，可更好地协同工作。

3）随着高层建筑向多用途、多功能发展，混合结构形式日趋复杂。高强高性能材料、消能减震技术以及BIM技术将逐渐广泛应用于混合结构体系中。

思 考 题

9-1 什么是混合结构？主要有哪些形式？

9-2 相比高层钢筋混凝土结构，高层混合结构体系有哪些优势？

9-3 什么是竖向混合结构？有什么特点？

9-4 混合结构抗震设计有哪些注意事项？

9-5 当前混合结构的发展趋势是什么？

附　　录

附录1　常用压型钢板组合楼板的剪切粘结系数及标准试验方法

1.1　常用压型钢板 m、k 系数

计算剪切粘结承载力时，应按本附录给出的标准方法进行试验和数据分析确定 m、k 系数，无试验条件时，可采用附表1-1给出的 m、k 系数。

附表1-1　m、k系数

压型钢板截面及型号	端部剪力件	适用板跨	m、k
YL75-600（600，200，200，200，75）	当板跨小于2700mm时,采用焊后高度不小于135mm、直径不小于13mm的栓钉;当板跨大于2700mm时,采用焊后高度不小于135mm、直径不小于16mm的栓钉,且一个压型钢板宽度内每边不少于4个,栓钉应穿透压型钢板	1800~3600mm	$m = 203.92\text{N}/\text{mm}^2$; $k = -0.022$
YL76-688（688，344，344，76）	当板跨小于2700mm时,采用焊后高度不小于135mm、直径不小于13mm的栓钉;当板跨大于2700mm时,采用焊后高度不小于135mm、直径不小于16mm的栓钉,且一个压型钢板宽度内每边不少于4个,栓钉应穿透压型钢板	1800~3600mm	$m = 213.25\text{N}/\text{mm}^2$; $k = -0.0016$
YL65-510（510，170，170，170，65）	无剪力件	1800~3600mm	$m = 182.25\text{N}/\text{mm}^2$; $k = 0.1061$

（续）

压型钢板截面及型号	端部剪力件	适用板跨	$m \setminus k$
YL51-915	无剪力件	1800~3600mm	$m = 101.58\text{N/mm}^2$; $k = -0.0001$
YL76-915	无剪力件	1800~3600mm	$m = 137.08\text{N/mm}^2$; $k = -0.0153$
YL51-595	无剪力件	1800~3600mm	$m = 245.54\text{N/mm}^2$; $k = 0.0527$
YL66-720	无剪力件	1800~3600mm	$m = 183.40\text{N/mm}^2$; $k = 0.0332$
YL46-600	无剪力件	1800~3600mm	$m = 238.94\text{N/mm}^2$; $k = 0.0178$
YL65-555	无剪力件	2000~3400mm	$m = 137.16\text{N/mm}^2$; $k = 0.2468$
YL40-740	无剪力件	2000~3000mm	$m = 172.90\text{N/mm}^2$; $k = 0.1780$
YL50-620	无剪力件	1800~4150mm	$m = 234.60\text{N/mm}^2$; $k = 0.0513$

注：表中组合楼板端部剪力件为最小设置规定；端部未设剪力件的相关数据可用于设置剪力件的实际工程。

1.2 标准试验方法

1）试件所用压型钢板应符合 JGJ 138—2016《组合结构设计规范》的规定，钢筋、混凝土应符合 GB 50010—2010《混凝土结构设计规范》（2015 年版）的规定。

2）试件尺寸应符合下列规定：

① 长度：试件的长度应取实际工程，且应符合第 3）条中有关剪跨的规定。

② 宽度：所有构件的宽度应至少等于一块压型钢板的宽度，且不应小于 600mm。

③ 板厚：板厚应按实际工程选择，且应符合 JGJ 138—2016《组合结构设计规范》的构造规定。

3）试件数量应符合下列规定：

① 组合楼板试件总数量不应少于 6 个，其中必须保证有两组试验数据分别落在 A 和 B 两个区域（附表 1-2），每组不应少于 2 个试件。

② 应在 A、B 两个区域之间增加一组不少于 2 个试件或分别在 A、B 两个区域内各增加一个校验数据。

③ A 区组合楼板试件的厚度应大于 90mm，剪跨 a 应大于 900mm；B 区组合楼板试件可取最大板厚，剪跨 a 应不小于 450mm，且应小于试件截面宽度。试件设计应保证试件破坏形式为剪切粘结破坏。

附表 1-2　厚度及剪跨限值

区域	板厚 h	剪跨 a
A	$h_{\min} \geq 90mm$	$a > 900mm$，但 $Pa/2 < 0.9M_u$
B	$h_{\max}$	$450mm \leq a \leq$ 试件截面宽度

注：M_u 为试件采用材料实测强度计算的受弯极限承载力。

4）试件剪力件的设计应与实际工程一致。

1.3 试验步骤

1）试验加载应符合下列规定：

① 试验可采用集中加载方案，剪跨 a 取板跨 l_n 的 1/4（附图 1-1）；也可采用均布荷载加载，此时剪跨 a 应取支座到主要破坏裂缝的距离。

② 施加荷载应按所估计破坏荷载的 1/10 逐级加载，除在每级荷载读仪表记录有暂停外，应对构件连续加载，并无冲击作用。加载速率不应超过混凝土受压纤维极限的应变率（约为 1MPa/min）。

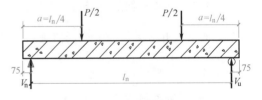

附图 1-1　集中荷载试验

2）荷载测试仪器精度不应低于 ±1%。跨中变形及钢板与混凝土间的端部滑移在每级荷载作用下测量精度应为 0.01mm。

3）试验应对试验材料、试验过程进行详细记录。

1.4 试验结果分析

1）剪切极限承载力应按下式计算

$$V_u = \frac{P}{2} + \frac{\gamma g_k l_n}{2} \qquad (\text{附 } 1\text{-}1)$$

式中　P——试验加载值；

　　　g_k——试件单位长度自重；

　　　l_n——试验时试件支座之间的净距离；

　　　γ——试件制作时与支撑条件有关的支撑系数，应按附表 1-3 取用。

附表 1-3　支撑系数 γ

支撑条件	满支撑	三分点支撑	中点支撑	无支撑
支撑系数 γ	1.0	0.733	0.625	0.0

2）剪切粘结 m、k 系数应按下列规定得出：

① 建立坐标系，竖向坐标为 $\dfrac{V_u}{bh_0 f_{t,m}}$，横向坐标为 $\dfrac{\rho_a h_0}{a f_{t,m}}$（附图 1-2）。其中，$V_u$ 为剪切极限承载力；b、h_0 为组合楼板试件的截面宽度和有效高度；ρ_a 为试件中压型钢板含钢率；$f_{t,m}$ 为混凝土轴心抗拉强度平均值，可由混凝土立方体抗压强度计算，$f_{t,m} = 0.395 f_{cu,m}^{0.55}$，$f_{cu,m}$ 为混凝土立方体抗压强度平均值。由试验数据得出的坐标点确定剪切粘结曲线，应采用线性回归分析的方法得到该线的截距 k_1 和斜率 m_1。

② 回归分析得到的 m_1、k_1 值应分别降低 15% 得到剪切粘结系数 m、k 值，该值可用于剪切粘结承载力计算。如果数据分析中有多于 8 个试验数据，则可分别降低 10%。

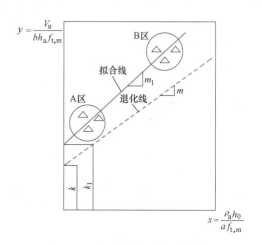

附图 1-2　剪切粘结试验拟合曲线

3）当某个试验数据的坐标值 $\dfrac{V_u}{bh_0 f_{t,m}}$ 偏离该组平均值大于 ±15% 时，至少应再进行同类型的两个附加试验并应采用两个最低值确定剪切粘结系数。

1.5　试验结果应用

1）试验分析得到的剪切粘结 m、k 系数，应用前应得到设计人员的确认。

2）已有试验结果的应用应符合下列规定：

① 对以往的试验数据，若是按本试验方法得到的数据，且符合本附录第 1.2 节第 3）条关于试验数据的规定，其 m、k 系数可用于该工程。

② 已有的试验数据未按附表 1-2 的规定落入 A 区和 B 区，可做补充试验，试验数据至少应有一个落入 A 区和一个落入 B 区，同以往数据一起分析 m、k 系数。

3）试验中无剪力件试件的试验结果所得到的 m、k 系数可用于有剪力件的组合楼板设计；当设计中采用有剪力件试件的试验结果所得到的 m、k 系数时，剪力件的形式应与试验试件相同且数量不得少于试件所采用的剪力件数量。

附录 2　组合楼盖舒适度验算

1）组合楼盖舒适度应验算振动板格的峰值加速度，板格划分可取由柱或剪力墙在平面内围成的区域（附图 2-1），峰值加速度不应超过附表 2-1 的规定。

$$\frac{a_{p}}{g}=\frac{P_{0}\exp(-0.35f_{n})}{\xi G_{E}} \qquad (附 2-1)$$

式中　a_{p}——组合楼盖加速度峰值；

　　　f_{n}——组合楼盖自振频率，可按本附录第 2）条计算或采用动力有限元计算；

　　　G_{E}——计算板格的有效荷载，按本附录第 3）条计算；

　　　P_{0}——人行走产生的激振作用力，一般可取 0.3kN；

　　　g——重力加速度；

　　　ξ——楼盖阻尼比，可按附表 2-2 取值。

附表 2-1　振动峰值加速度限值

房屋功能	住宅、办公	餐饮、商场
a_{p}/g	0.005	0.015

注：当 $f_{n}<3Hz$ 或 $f_{n}>9Hz$ 时或其他房间应做专门研究。

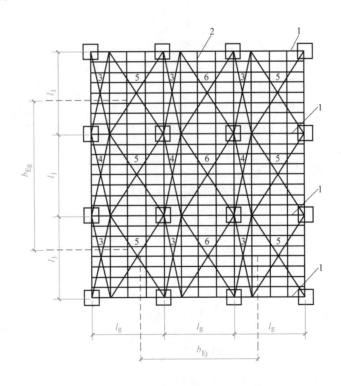

附图 2-1　组合楼盖板格

1—主梁　2—次梁　3—计算主梁挠度边区格　4—计算主梁挠度内区格

5—计算次梁挠度边区格　6—计算次梁挠度内区格

附表 2-2　楼盖阻尼比 ξ

房间功能	住宅、办公	商业、餐饮
计算板格内无家具或家具很少、没有非结构构件或非结构构件很少	0.02	
计算板格内有少量家具、有少量可拆式隔墙	0.03	0.02
计算板格内有较重家具、有少量可拆式隔墙	0.04	
计算板格内每层都有非结构分隔墙	0.05	

2）对于简支梁或等跨连续梁形成的组合楼盖，其自振频率可按下列规定计算，计算值不宜小于 3Hz 且不宜大于 9Hz：

① 频率计算公式

$$f_n = \frac{18}{\sqrt{\Delta_j + \Delta_g}}$$ （附 2-2）

② 板带挠度应按有效均布荷载计算，有效均布荷载可按下列公式计算

$$g_{Eg} = g_{gk} + q_e$$ （附 2-3）

$$g_{Ej} = g_{jk} + q_e$$ （附 2-4）

③ 当主梁跨度 l_g 小于有效宽度 b_{Ej} 时，式（附 2-2）中的主梁挠度 Δ_g 应替换为 Δ'_g，Δ'_g 可按下式计算

$$\Delta'_g = \frac{l_g}{b_{Ej}} \Delta_g$$ （附 2-5）

式中　Δ_j——组合楼盖板格中次梁板带的挠度，限于简支次梁或等跨连续次梁，此时均按有效均布荷载作用下的简支梁计算，在板格内各梁板带挠度不同时取挠度较大值；

Δ_g——组合楼盖板格中主梁板带的挠度，限于简支主梁或等跨连续主梁，此时均按有效均布荷载作用下的简支梁计算，在板格内各梁板带挠度不同时取挠度较大值；

l_g——主梁跨度；

b_{Ej}——次梁板带有效宽度，按本附录第 3）条计算；

g_{Eg}——主梁板带上的有效均布荷载；

g_{Ej}——次梁板带上的有效均布荷载；

g_{gk}——主梁板带自重；

g_{jk}——次梁板带自重；

q_e——楼板上有效可变荷载，住宅：0.25kN/m^2，其他：0.5kN/m^2。

3）组合楼盖计算板格有效荷载可按下列公式计算

$$G_E = \frac{G_{Ej}\Delta_j + G_{Eg}\Delta_g}{\Delta_j + \Delta_g}$$ （附 2-6）

$$G_{Eg} = \alpha g_{Eg} b_{Eg} l_g$$ （附 2-7）

$$G_{Ej} = \alpha g_{Ej} b_{Ej} l_j$$ （附 2-8）

$$b_{Ej} = C_j (D_s / D_j)^{\frac{1}{4}} l_j$$ （附 2-9）

$$b_{Eg} = C_g (D_j / D_g)^{\frac{1}{4}} l_g \qquad\qquad (\text{附 2-10})$$

$$D_s = \frac{h_0^3}{12(\alpha_E / 1.35)} \qquad\qquad (\text{附 2-11})$$

式中 G_{Eg}——主梁上的有效荷载；

G_{Ej}——次梁上的有效荷载；

α——系数，当为连续梁时取 1.5，简支梁取 1.0；

l_j——次梁跨度；

l_g——主梁跨度；

b_{Ej}——次梁板带有效宽度，当所计算的板格有相邻板格时，b_{Ej} 不超过计算板格与相邻板格宽度一半之和（附图 2-1）；

b_{Eg}——主梁板带有效宽度，当所计算的板格有相邻板格时，也不超过计算板格与相邻板格宽度一半之和（附图 2-1）；

C_j——楼板受弯连续性影响系数，计算板格为内板格取 2.0，边板格取 1.0；

D_s——垂直于次梁方向组合楼板单位惯性矩；

h_0——组合楼板有效高度；

α_E——钢与混凝土弹性模量比值；

D_j——梁板带单位宽度截面惯性矩，等于次梁板带上的次梁按组合梁计算的惯性矩平均到次梁板带上；

C_g——主梁支撑影响系数，支撑次梁时，取 1.8；支撑框架梁时，取 1.6；

D_g——主梁板带单位宽度截面惯性矩，等于计算板格内主梁惯性矩（按组合梁考虑）平均到计算板格内。

参 考 文 献

[1] 蔡绍怀. 现代钢管混凝土结构（修订版）[M]. 北京：人民交通出版社，2007.

[2] 陈宝春. 钢管混凝土拱桥 [M]. 3 版. 北京：人民交通出版社，2016.

[3] 韩林海. 钢管混凝土结构：理论与实践 [M]. 3 版. 北京：科学出版社，2016.

[4] 韩林海，李威，王文达，等. 现代组合结构和混合结构：试验、理论和方法 [M]. 2 版. 北京：科学出版社，2017.

[5] 韩林海，宋天诣，周侃. 钢-混凝土组合结构抗火设计原理 [M]. 2 版. 北京：科学出版社，2017.

[6] 韩林海，杨有福. 现代钢管混凝土结构技术 [M]. 2 版. 北京：中国建筑工业出版社，2007.

[7] 聂建国. 钢-混凝土组合结构原理与实例 [M]. 北京：科学出版社，2009.

[8] 王元丰. 钢管混凝土徐变理论 [M]. 北京：科学出版社，2013.

[9] 周绪红，刘界鹏. 钢管约束混凝土柱的性能与设计 [M]. 北京：科学出版社，2010.

[10] 薛建阳. 组合结构设计原理 [M]. 北京：中国建筑工业出版社，2010.

[11] 薛建阳. 钢与混凝土组合结构设计原理 [M]. 北京：科学出版社，2010.

[12] 刘维亚. 钢与混凝土组合结构理论与实践 [M]. 北京：中国建筑工业出版社，2008.

[13] 朱聘儒. 钢-混凝土组合梁设计原理 [M]. 北京：中国建筑工业出版社，1989.

[14] 周起敬，姜维山，潘泰华. 钢与混凝土组合结构设计施工手册 [M]. 北京：中国建筑工业出版社，1991.

[15] 严正庭，严立. 钢与混凝土组合结构设计构造手册 [M]. 北京：中国建筑工业出版社，1996.

[16] 林宗凡. 钢-混凝土组合结构 [M]. 上海：同济大学出版社，2004.

[17] 赵鸿铁. 钢与混凝土组合结构 [M]. 北京：科学出版社，2001.

[18] 聂建国，刘明，叶列平. 钢-混凝土组合结构 [M]. 北京：中国建筑工业出版社，2005.

[19] 薛建阳. 钢与混凝土组合结构 [M]. 武汉：华中科技大学出版社，2006.

[20] 陈忠汉，胡夏闽. 钢-混凝土组合结构设计 [M]. 北京：中国建筑工业出版社，2009.

[21] 梁兴文，史庆轩. 混凝土结构设计原理 [M]. 北京：中国建筑工业出版社，2008.

[22] 陈绍蕃. 钢结构：下册 房屋建筑钢结构设计 [M]. 北京：中国建筑工业出版社，2003.

[23] 陈绍蕃，顾强. 钢结构：上册 钢结构基础 [M]. 北京：中国建筑工业出版社，2004.

[24] 李国强. 多高层建筑钢结构设计 [M]. 北京：中国建筑工业出版社，2004.

[25] 沈祖炎. 钢结构学 [M]. 北京：中国建筑工业出版社，2005.

[26] 沈祖炎，陈扬骥，陈以一. 钢结构基本原理 [M]. 2 版. 北京：中国建筑工业出版社，2005.

[27] 《钢结构设计手册》编辑委员会. 钢结构设计手册 [M]. 北京：中国建筑工业出版社，2008.

[28] 王静峰. 组合结构设计 [M]. 北京：化学工业出版社，2011.

[29] 钱稼茹，赵作周，纪晓东，等. 高层建筑结构设计 [M]. 3 版. 北京：中国建筑工业出版社，2018.

[30] 韩林海. 钢管混凝土结构：研究与应用 [M]. 北京：清华大学出版社，2006.

[31] 黄宏，朱琪，陈梦成，等. 方中空夹层钢管混凝土压弯扭构件试验研究 [J]. 土木工程学报，2016，49（3）：91-97.

[32] 钱稼茹，刘明学. FRP-混凝土-钢双壁空心管短柱轴心抗压试验研究 [J]. 建筑结构学报，2008，29（2）：104-113.

[33] 陶忠，庄金平，于清. FRP 约束钢管混凝土轴压构件力学性能研究 [J]. 工业建筑，2005，35（9）：20-23.

[34] 韩林海，陶忠，王文达. 现代组合结构和混合结构：试验、理论和方法 [M]. 北京：科学出版

社，2009.

[35] 吕西林. 复杂高层建筑结构抗震理论与应用 [M]. 2 版. 北京：科学出版社，2015.

[36] 徐培福，王翠坤，肖从真. 中国高层建筑结构发展与展望 [J]. 建筑结构，2009，39（9）：28-32.

[37] 闫锋，周建龙，汪大绥，等. 南京绿地紫峰大厦超高层混合结构设计 [J]. 建筑结构，2007，37（5）：20-24.

[38] 郭家耀，郭伟邦，徐卫国，等. 中国国际贸易中心三期主塔楼结构设计 [J]. 建筑钢结构进展，2007，9（5）：1-6.

[39] 王立长，李凡璘，朱维平，等. 大连国贸中心大厦超高层混合结构设计 [J]. 建筑结构，2005，35（10）：5-9.

[40] 方小丹，韦宏，江毅，等. 广州西塔结构抗震设计 [J]. 建筑结构学报，2010，31（1）：47-55.

[41] 刘鹏，殷超，李旭宇，等. 天津高银 117 大厦结构体系设计研究 [J]. 建筑结构，2012，42（3）：1-9.

[42] 包世华，张铜生. 高层建筑结构设计和计算：上册 [M]. 2 版. 北京：清华大学出版社，2013.

[43] 汪大绥，周建龙. 我国高层建筑钢-混凝土混合结构发展与展望 [J]. 建筑结构学报，2010，31（6）：62-70.

[44] 丁洁民，巢斯，赵昕，等. 上海中心大厦结构分析中若干关键问题 [J]. 建筑结构学报，2010，31（6）：122-131.

[45] 刘鹏，殷超，程煜，等. 北京 CBD 核心区 Z15 地块中国尊大楼结构设计和研究 [J]. 建筑结构，2014，44（24）：1-8.

[46] 王元清，黄怡，石永久，等. 超高层钢结构建筑动力特性与抗震性能的有限元分析 [J]. 土木工程学报，2006，39（5）：65-71.

[47] 范峰，王化杰，支旭东，等. 上海环球金融中心施工竖向变形分析 [J]. 建筑结构学报，2010，31（7）：118-124.

[48] 张建平，李丁，林佳瑞，等. BIM 在工程施工中的应用 [J]. 施工技术，2012，41（371）：10-17.

[49] 田淑明. 高层钢-混凝土混合结构抗震设计与评价 [M]. 北京：中国建筑工业出版社，2016.

[50] 赵鸿铁，张素梅. 组合结构设计原理 [M]. 北京：高等教育出版社，2005.

[51] 中国工程建设标准化协会. 钢管混凝土结构技术规程：CECS 28：2012 [S]. 北京：中国计划出版社，2012.

[52] 中华人民共和国住房和城乡建设部. 钢结构设计标准：GB 50017—2017 [S]. 北京：中国建筑工业出版社，2018.

[53] 中华人民共和国住房和城乡建设部. 钢管混凝土拱桥技术规范：GB 50923—2013 [S]. 北京：中国计划出版社，2014.

[54] 中华人民共和国住房和城乡建设部. 钢管混凝土结构技术规范：GB 50936—2014 [S]. 北京：中国建筑工业出版社，2014.

[55] 中华人民共和国住房和城乡建设部. 组合结构设计规范：JGJ 138—2016 [S]. 北京：中国建筑工业出版社，2016.

[56] 中华人民共和国交通运输部. 公路钢管混凝土拱桥设计规范：JTG/T D65-06—2015 [S]. 北京：人民交通出版社股份有限公司，2015.

[57] 中华人民共和国住房和城乡建设部. 建筑结构可靠性设计统一标准：GB 50068—2018 [S]. 北京：中国建筑工业出版社，2019.

[58] 中国建筑科学研究院. 混凝土结构设计规范：GB 50010—2010 [S]. 2015 年版. 北京：中国建筑工业出版社，2015.

[59] 中华人民共和国住房和城乡建设部. 钢结构设计标准：GB 50017—2017 [S]. 北京：中国建筑工业

出版社，2018.

［60］ 湖北省发展计划委员会. 冷弯薄壁型钢结构技术规范：GB 50018—2002［S］. 北京：中国计划出版社，2002.

［61］ 中华人民共和国住房和城乡建设部. 高层民用建筑钢结构技术规程：JGJ 99—2015［S］. 北京：中国建筑工业出版社，2015.

［62］ 中华人民共和国住房和城乡建设部. 建筑抗震设计规范：GB 50011—2010［S］. 2016 年版. 北京：中国建筑工业出版社，2016.

［63］ 中华人民共和国住房和城乡建设部. 高层建筑混凝土结构技术规程：JGJ 3—2010［S］. 北京：中国建筑工业出版社，2010.

［64］ 中国工程建设标准化协会. 高层建筑钢-混凝土混合结构设计规程：CECS 230：2008［S］. 北京：中国计划出版社，2008.

［65］ Eurocode 4（EC4）. Design of composite steel and concrete structures：Part1-1 General rules and rules for buildings：EN 1994-1-1：2004［S］, Brussels：CEN, 2004.

［66］ HAN L H, LI W, BJORHOVDE R. Developments and advanced applications of concrete-filled steel tubular（CFST）structures：Members［J］. Journal of Constructional Steel Research, 2014, 100（9）：211-228.

［67］ HAN L H. Tests on stub columns of concrete-filled RHS sections［J］. Journal of Constructional Steel Research, 2002, 58（3）：353-372.

［68］ HAM L H, YAO G H, ZHAO X L. Tests and calculations for hollow structural steel（HSS）stub columns filled with self-consolidating concrete（SCC）［J］. Journal of Constructional Steel Research, 2005, 61（9）：1241-1269.

［69］ HAN L H, YAO G H, TAO Z. Performance of concrete-filled thin-walled steel tubes under pure torsion［J］. Thin-Walled Structures, 2007, 45（1）：24-36.

［70］ JOHNSON R P. Composite structures of steel and concrete：Beams, slabs, columns, and frames for buildings［M］. 3th ed. Malden：Blackwell Publishing, 2004.

［71］ LI W, HAN L H. Seismic performance of CFST column tos teel beam joint with RC slab：joint model［J］. Journal of Constructional Steel Research, 2012, 73（6）：66-79.

［72］ LI W, HAN L H. Seismic performance of CFST column to steel beam joints with RC slab：analysis［J］. Journal of Constructional Steel Research, 2011, 67（1）：127-139.

［73］ NETHERCOT D A. Composite construction［M］. New York：Spon Press, 2003.

［74］ NISHIYAMA I, MORINO S, SAKINO K, et al. Summary of research on concrete-filled structural steel tube column system carried out under the US-Japan cooperative research program on composite and hybrid structures［R］.［S. 1.］：Building Research Institute, 2002.

［75］ YANG Y F, HAN L H. Experimental behaviour of recycled aggregate concrete filled steel tubular columns［J］. Journal of Constructional Steel Research, 2006, 62（12）：1310-1324.

［76］ ZHAO X L, HAN L H, LU H. Concrete-filled Tubular Members and Connections［M］. London：Spon Press, 2010.

［77］ 日本建築学会. 鉄骨鉄筋コンクリート構造計算規準. 同解説［S］. 東京：日本建築学会, 2014.

［78］ 若林実，南宏一，谷資信. 合成構造の設計［M］. 東京：新建築学大系 42 巻，彰国社, 1982.

［79］ 松井千秋. 建築合成構造［M］. 東京：オーム社, 2004.

［80］ 南宏一. 合成構造の設計：学ひやすい構造設計［M］. 東京：日本建築学会関東支部, 2006.